・数学与文化・

# Numbers:
## Their Tales Types and Treasures

# 心中有数

## 数字的故事及其中的宝藏

〔美〕阿尔弗雷德・S.波萨门蒂（Alfred S. Posamentier）/ 著
〔奥〕伯恩德・塔勒（Bernd Thaller）

吴朝阳 / 译

世界知识出版社

## 图书在版编目（CIP）数据

心中有数：数字的故事及其中的宝藏 /（美）阿尔弗雷德·S.波萨门蒂,（奥）伯恩德·塔勒著；吴朝阳译. —北京：世界知识出版社，2019.8（2021.5 重印）

（数学与文化）

书名原文：Numbers: Their Tales Types and Treasures

ISBN 978-7-5012-6015-7

Ⅰ.①心… Ⅱ.①阿… ②伯… ③吴… Ⅲ.①数学－青少年读物 Ⅳ.① O1-49

中国版本图书馆 CIP 数据核字（2019）第 241067 号 125930 号

## 版权声明

Numbers: Their Tales Types and Treasures

NY: Prometheus Books 2015

Copyright © 2015 by Alfred S. Posamentier and Bernd Thaller

All rights reserved

Authorized translation from the English-language edition

Published by Prometheus Books

本书由美国 Prometheus 公司授权世界知识出版社独家出版。

未经出版者和权利人书面许可，不得以任何方式复制和抄袭本书内容。

版权所有，侵权必究

著作权合同登记号 图字：01-2019-2358号

| 策　　划 | 席亚兵　张兆晋 |
|---|---|
| 责任编辑 | 苏灵芝 |
| 责任校对 | 张　琨 |
| 责任印制 | 王勇刚 |
| 封面设计 | 张　乐 |

| 出版发行 | 世界知识出版社 |
|---|---|
| 网　　址 | http://www.ishizhi.cn |
| 地址邮编 | 北京市东城区干面胡同51号（100010） |
| 电　　话 | 010-65265923（发行） 010-85119023（邮购） |
| 经　　销 | 新华书店 |
| 印　　刷 | 河北赛文印刷有限公司 |
| 开本印张 | 710×1000毫米 1/16 20.5印张 |
| 字　　数 | 300千字 |
| 版　　次 | 2019年8月第1版　2021年5月第2次印刷 |
| 标准书号 | ISBN 978-7-5012-6015-7 |
| 定　　价 | 58.00元 |

# 译 者 序

这本书的原版并没有序言和前言，所以完成了翻译之后，译者觉得应该在前面写几句话，关于这本书，以及关于这个译本。

在承担这本书的翻译任务之前，译者并不知道书的具体内容，只是因为相信科普的重要性而接受这项工作。但是，随着翻译工作的进展，译者越来越喜欢这个任务，因为译者发现，自己因此而读到了一本好书。

这本书首先可以算是一本趣味数学书，它包含的趣味数学内容非常丰富，从第5章到第10章，各种关于数字和数学的奇闻异趣多不胜数，目不暇接。很特别的一点是，书中不少令人拍案叫绝的趣味数学内容是平常不容易读到的，例如绕转素数、自恋数等多种纯粹的趣味数字，又如关于勾股数的多种特殊而有趣的性质，这些在普通的趣味数学书中都是难以找到的。可以说，如果对奇妙的数字现象有兴趣的话，这部书是必读的一本。

然而，这本书又不是单纯的趣味数学书，它超越了单纯的趣味。书中介绍了数学认知学的研究进展，介绍了古代巴比伦、埃及、中国和印度的数字系统及算术，还介绍了关于数学基础讨论中的逻辑主义、形式主义等学术流派的基本思想。这些内容不仅知识性强，而且相当有趣，它们丰富读者的知识，开阔读者的视野，引发读者的思考。

在潜移默化中提倡科学，是这本书的又一个特点。例如，在介绍人类天生对小数字的准确感知和对大数字的近似感觉时，作者讲述了这些研究中进行的实验，向读者展示了科学思维与科学研究方法的案例。而在介绍大金字塔的"数字之谜"时，作者同样在讲述趣味的数学现象的同时破除迷信，传达科学观念。

总而言之，这是一本很生动的书，一本不平凡的趣味数学书，一本对数字的历史、故事、传奇和思考进行全面介绍的书。对从小学高年级学生到成年

## 心中有数

读者，这都是一本值得推荐的好书。

最后，说几件关于这个译本的事情。

一、本书介绍的研究成果证明，人类具有对小数字天生的感知力，这是我们将原书名"Numbers"译为"心中有数"的重要原因。

二、译本中的注释都是译者所注，不是原版的注释。

三、原书中偶有小的瑕疵，我们都在译文中修正，并大多在译注中做出说明。

四、本书翻译过程中得到多位专家的帮助，其中，法国阿尔多瓦大学的金丝燕教授指教了源自梵语的"宾伽罗"以及"檀陀经"两个译名，美国的林方博士建议将术语"subitizing"译成"感数"，中国科学院数学史前辈郭书春先生对贾宪是否太监的问题提供了权威见解，译者借此机会向诸位专家表示感谢！

吴朝阳

2017 年 5 月 10 日于法国巴黎

我们将这本数学启蒙之书献给我们的晚辈，期望他们能够因其威力与美丽而热爱数学。

本书献予我的女儿丽莎、儿子戴维，以及孙辈丹尼尔、劳伦、麦克思、萨缪尔和杰克，你们的未来不可限量。

——阿尔弗雷德·波萨门蒂

我愿将此书献给我的儿子沃尔夫冈。

——伯恩德·塔勒

# 致　谢

　　我们首先在此向诺贝尔·霍尔泽先生致谢。霍尔泽先生是奥地利小学教师培训专家，也是计算障碍症及其诊断方面的专家，他向我们贡献了关于儿童计数能力发展方面的前沿知识。彼得·肖普夫先生是奥地利格拉茨大学的退休数学教授，他关于数学的历史与哲学的深刻见解令我们心怀谢意。同时，我们也感谢彼得·普尔先生，感谢他对本书多个话题给予的及时帮助。

　　我们非常非常感谢凯瑟琳·罗伯兹-阿贝尔对本书出版工作的出色管理，非常非常感谢吉德·西比利亚及其助理谢拉·斯图亚特在本书出版各阶段中超凡的编辑工作。斯蒂文·米切尔主编使我们能够面对读者大众，向他们展示常识性数字观念所蕴藏的珍宝，这理所当然地值得我们的赞美。

# 目 录

译者序     1
致 谢     5

## 第1章 数与计数
1.1    心理网络     1
1.2    数是什么?     4
1.3    计 数     5
1.4    计数的原理     7
1.5    事物的集体与集合的元素     12
1.6    双射原理与集合的比较     15
1.7    不寻常的计数标签     16
1.8    基数和序数     18
1.9    抽 象     20
1.10    用序数原理计数     22
1.11    系统性枚举     23
1.12    书面记数系统     27
1.13    十进制     29
1.14    测算度量值     30

## 第2章 数与心理学
2.1    关于外部世界的核心知识     35
2.2    内置目标追踪系统     36
2.3    近似数字系统     38

| 2.4 | 对核心系统的超越 | 41 |
| --- | --- | --- |
| 2.5 | 我们如何学会计数 | 43 |
| 2.6 | 逻辑优先吗? | 45 |
| 2.7 | 数字和轴线 | 46 |
| 2.8 | 数字的演化 | 49 |
| 2.9 | 语言的特异性 | 51 |

## 第 3 章  历史上的数字

| 3.1 | 巴比伦的数字——历史上第一种位值制数字系统 | 55 |
| --- | --- | --- |
| 3.2 | 埃及的数字——历史上第一个十进制系统 | 59 |
| 3.3 | 古埃及的算术 | 61 |
| 3.4 | 中国的数字 | 65 |
| 3.5 | 中国的位值制记号 | 66 |
| 3.6 | 印度的数字 | 68 |
| 3.7 | 古印度的符号形数字记号与算盘 | 72 |
| 3.8 | 欧洲对印度—阿拉伯系统的缓慢接受 | 75 |

## 第 4 章  数字性质的发现

| 4.1 | 对数字意义的探索 | 77 |
| --- | --- | --- |
| 4.2 | 毕达哥拉斯学派关于数的哲学 | 78 |
| 4.3 | 偶数与奇数 | 80 |
| 4.4 | 矩形与正方形数 | 83 |
| 4.5 | 三角形数 | 88 |
| 4.6 | 三角形与矩形 | 89 |
| 4.7 | 多角形数 | 92 |
| 4.8 | 四面体数 | 95 |

# 目 录

## 第 5 章  诗歌与计数

5.1　诗歌的格律　97
5.2　语言学的起源　99
5.3　格律模式的计数　100
5.4　宾伽罗第一问题的特殊情形　102
5.5　宾伽罗第一问题的一般情形　103
5.6　计数问题的共同特征　105
5.7　音节计数的艺术　107
5.8　组合的艺术　108
5.9　宾伽罗第三问题的解决　112
5.10　帕斯卡三角与宾伽罗问题　118
5.11　乐透彩票及其他娱乐　121

## 第 6 章  数字探奇

6.1　菲波纳契数列在欧洲　125
6.2　兔子的世代　128
6.3　帕斯卡三角的进一步探讨　133
6.4　组合几何学　136
6.5　二项式展开　138

## 第 7 章  数字的摆放

7.1　幻　方　143
7.2　幻方的一般性质　149
7.3　双偶数阶幻方构造法　150
7.4　三阶幻方的构造法　153
7.5　构造奇数阶幻方　156
7.6　单偶数阶幻方构造法　157

| | | |
|---|---|---|
| 7.7 | 回 文 数 | 162 |
| 7.8 | 纳皮尔乘法算筹 | 166 |

## 第 8 章 特殊数字

| | | |
|---|---|---|
| 8.1 | 素 数 | 175 |
| 8.2 | 寻找素数 | 177 |
| 8.3 | 素数中的妙趣 | 180 |
| 8.4 | 尚未解决的问题 | 182 |
| 8.5 | 完 全 数 | 183 |
| 8.6 | 卡布列克数 | 186 |
| 8.7 | 卡布列克常数 | 187 |
| 8.8 | 神奇的 1 089 | 188 |
| 8.9 | 若干数字奇观 | 190 |
| 8.10 | 阿姆斯特朗数 | 193 |

## 第 9 章 数字间的关系

| | | |
|---|---|---|
| 9.1 | 美妙的数字关系 | 195 |
| 9.2 | 亲 和 数 | 197 |
| 9.3 | 其他类型的亲和性 | 199 |
| 9.4 | 勾股数及其性质 | 199 |
| 9.5 | 寻找勾股数的菲波纳契法 | 202 |
| 9.6 | 施蒂费尔产生本原勾股数的方法 | 206 |
| 9.7 | 欧几里得寻找勾股数的方法 | 207 |
| 9.8 | 勾股数初探 | 211 |
| 9.9 | 含有相继自然数的勾股数 | 211 |
| 9.10 | 勾股数的其他奇妙性质 | 214 |
| 9.11 | 自然数整除的性质 | 222 |

# 第 10 章　数字与比例

| 10.1 | 数量的比较 | 231 |
| --- | --- | --- |
| 10.2 | 长度的比例 | 233 |
| 10.3 | 辗转相除法与连分数 | 234 |
| 10.4 | 由方形构造矩形 | 237 |
| 10.5 | 黄金比例 | 240 |
| 10.6 | 不可公度性 | 243 |
| 10.7 | 圆周率 π | 246 |
| 10.8 | π 的神奇历史 | 250 |
| 10.9 | 大金字塔里的著名数字 | 255 |
| 10.10 | 圆周率与金字塔 | 258 |
| 10.11 | 历史学的解释 | 261 |

# 第 11 章　数字与哲学

| 11.1 | 数，是发现还是发明？ | 265 |
| --- | --- | --- |
| 11.2 | 柏拉图的观点 | 266 |
| 11.3 | 进行中的讨论 | 267 |
| 11.4 | 数学的哲学 | 268 |
| 11.5 | 基数的逻辑主义定义 | 270 |
| 11.6 | 数的形式主义定义 | 273 |
| 11.7 | 结构主义的观点 | 277 |
| 11.8 | 数学之不合逻辑的有效性 | 280 |
| 11.9 | 数学模型 | 283 |
| 11.10 | 自然数模型的极限 | 287 |
| 11.11 | 巨大数字带来的问题 | 288 |
| 11.12 | 大结局 | 291 |

## 附 录

| | |
|---|---|
| 附录1　菲波纳契数表 | 295 |
| 附录2　10 000以内素数表 | 296 |
| 附录3　已知的梅森素数列表 | 298 |
| 附录4　已知的完全数列表 | 299 |
| 附录5　卡布列克数表 | 301 |
| 附录6　阿姆斯特朗数表 | 302 |
| 附录7　亲和数表 | 303 |
| 附录8　回文勾股数表 | 306 |
| 附录9　部分译名对照表 | 307 |

# 第 1 章
# 数 与 计 数

## 1.1 心理网络

我们的生活离不开数，我们每时每刻都会遇到数。数塑造了我们对世界的看法，它们充满我们生活的每一个方面。从文明的黎明时期开始，我们的社会就已经是依靠数字而组织起来的，它在许多方面都取决于数字。总之，数决定着我们的生活。

我们需要数字来计数、测量、计算。我们用数字来描述日期和时间，用数字来标明商品与服务的价格。当我们购买餐点或计算日子的时候，我们也用数字。我们甚至可以操弄数字，以改变统计数据或者在游戏中作弊。社会保险号、驾驶证号、信用卡号和电话号码都可以用来确定我们的身份；描述运动成绩，例如棒球比赛中的得分和安打率，所用的也是数字。科学、经济学和商业说到底都只是些数字，甚至在音乐中，其节奏与和声本质上也不过是数字。在一些人看来，数字是永无止境的快乐和魅力的源泉；而对另一些人而言，数字是令人郁闷的、非人性的、常常不可理解的、没有灵魂的。然而，毫无疑问的是，缺乏基本数量技能的人将面临越来越少的生存机会，他们更难以找到工作，在日常生活中遭遇诸多严重的不便——这与文盲在从前的遭遇相类似。

数是如此地重要，我们有必要停下来，思考一下它们的性质及其起源。什么是数？它们从何而来？是谁首先使用它们？事实上，我们还有更多的问题。为了寻找这些问题的答案，我们将开始一段考察心理学、民族学、历史和哲学等领域的旅程。在这个旅途中，我们将了解我们自己，了解我们的思想，了解我们的数字感。我们将会考察现实和数学，其间，我们将频繁遇见有趣的想法和令人惊讶的事实。

## 心中有数

那么，数究竟是什么呢？这个问题，乍看起来像是相当奇怪而且没有必要。1、2、3、4等等符号是如此熟悉，它们的含义显而易见，解释它们似乎只会造成混乱。数字属于我们关于宇宙的共同知识，看到它们时我们都明白它们意味着什么。众所周知，对一件大家都心知肚明的事情再加以解释是极为困难的，尤其是此前未曾加以思考的事物。

马文·明斯基在他的《心灵的社会》一书中也有关于数的性质的思考，并指出为什么向他人解释事物会是那么困难。他说道："因为某个事物'意味着'什么取决于每个不同个人的心态。"希望通过精确的定义或解释，使得"不同的人可以用完全相同的方式认知事物"是不可能实现的，"因为，为使两个人对事物每一级别的细节都有完全相同的认知，他们势必是完全相同的个体"。不过，明斯基说，"人们的认知最可能近于一致的是数学，例如当我们谈论诸如'三'和'五'之类数字的时候。然而，即便像'五'这样远离主观的东西，在人们的脑海里也绝非孤立的存在，而是一个巨大网络的一部分"。

在日常生活中，很多与数字相关联的场合会对人们的知识与意义之心理网络的增长作出贡献，数字往往会在与数学没有多少关联的场合出现。想一下"四"这个数字，你肯定立刻就会联想到许多含有这个数字的东西，例如汽车的四个轮子，人类的四颗智齿，一年的四季等等。甚至像"九"这样不太突出的例子，也会产生很多不同类别的关联——但丁的九层地狱，托尔金的九只魔戒[①]，北欧神话中的九个世界；贝多芬创作了九部交响乐，中国有"龙生九子"之说，欧洲人喜欢九保龄球游戏，而加勒比海则有独特的九腕海星。在犹太文化中，光明节大烛台恰好有九个分枝烛台；棒球比赛中一支球队在赛场上有九名队员，而一场完整的比赛则有九局；俗话说猫有九条命，又说九个裁缝凑成一个壮汉，而形容很开心的俗话则是"乐上九霄"。穆斯林的"斋月"是伊斯兰教历的第九个月，通常的上班时间从早上九时开始，人类的妊娠时间是九个月，打扮得花枝招展则被说成是穿上"九重衣裳"。在中国文化中"九"是一个吉祥的数字，但在日本文化中它

---

[①] 托尔金是小说《魔戒》《霍比特人》的作者，关于本段与九相关联的其他事例，有兴趣的读者可以通过互联网了解相关知识，我们不一一注释。

又是不吉利的,因为与"急""疾"在日语里发音相同,"九"让人联想到"疾苦";此外,当我们囊括所有东西时,俗话就说是"横扫九垓"。

**图 1.1 九的几种不同表达**

当人们想到"九"这个数字时,就会联想到以上这些例子中的某一些,情形因个人背景不同而不同(参见图1.1)。对很多其他数字而言,人们往往会有相似甚至更多数量的丰富联想,它们赋予数字个性和意义。这些数字,形成每个人类个体心理网络的一部分,根本就不是客观的。保罗·奥斯特(1947—)在其小说《偶然之音》中说:"数字是有灵魂的,它不可避免地卷入我们的生活,而卷入的方式则因人而异。"而当他强调这一观点时,其说法甚至显得有些荒谬的感觉:

> 过了一会儿,你开始感觉到,每一个数字都有它自己的个性。比如说,十二与十三是截然不同的。十二是正直的、有良知的、智慧的,而十三则是一个具有阴暗个性的孤独者,为达目的它会不假思索地违法乱纪。

心中有数

十一是条喜欢穿山越岭之类户外活动的硬汉，十是头脑简单的，总是你告诉它做什么就做什么。而九又与众不同，它是深奥的、深思的佛陀。

## 1.2 数是什么？

这个问题可能很难回答，所以我们来问另一个问题："您能给我一个数字的例子吗？"很可能，回答会是像"5"或者"五"之类。然而，为什么不是"V"，或者"‖‖‖‖"，或者"3 +2"，甚至是法语"*cinq*"？

很显然，"5"只是一个符号，它并不是数。人们通常会犯这样一个错误——把"真正的事物"与表示它的符号混为一谈。当然，这里的错误是可以理解的，因为我们的日用语言并不区分它们，把它们都称为数字。然而，只要我们讨论的是"数"的意义，我们就必须精确：一个符号，比方说"5"，只是用来记录数字的记号，它本身并不是数字。事实上，"五"这个数字可以用很多不同的符号来表示，例如罗马数字符号"V"，或者汉字"五"。"五"这个数甚至可以在没有书写符号的情形下存在——在书写被发明之前很久很久，智人可能就已经使用了"五"这个数字，他们可能用一个手掌的五个手指来表示它。

同样，口语单词"五"由若干音素构成，书面单词"五"由若干笔划构成，它们也只是"五"这个数字的表示形式。数字本身是一个抽象的概念，它可以用很多不同的方式与字词来表示，在法语中它是 *cinq*，在德语中是 *fünf*，在日语中则是ご。无论如何，所有这些不同的表示方式，符号、单词、声音、甚至形如 ∴ 的点阵，都会唤起同一个概念——数字"五"。一个表示数字的单词，比如"五"或者"二十四"，无论是口语还是书面语，在语言学中都被称作"数词"。

至此，我们事实上并没有解释数字究竟是什么，而是说明了它们不是什么。我们阐明了一点：符号和数词都不是数字，它们只是称呼而已。我们需要区分"数"这个抽象概念以及描述、表示数字的单词及符号。抽象概念是唯一而且不变的，数词和符号只是人们约定俗成的表示，它们是具有任意性的。此外，数的概念与它的不同应用之间也有区别，尽管相互间存在着联系。例如，以符号"5"描述的数字，可以像序数一样用来描述一个序列中的第五个位置，或者像基数①一样来描述一个集体中事物的个数，或者作为一个测量数值来表示一根旗杆的长度。

在本章中，我们将要描述"符号背后的东西"，数这个抽象概念的创立、其真正的涵义及其范围，它是人类最伟大的发明之一。

为了探讨这个概念，我们将首先集中精力考察数字最基本的方面：它们存在的终极缘由。而数字存在的第一个理由，是它们可以用来计数。

## 1.3 计　数

可以用以计数的数字被记为 1、2、3、4 等等，它们被称为"自然数"。为了表示"没有"，"0"有时也被列入自然数的序列当中。另一方面，在古希腊的哲学家那里，"一"不被认为是数字，因此他们的计数开始于两个物体。然而，无论我们从什么数开始，自然数是理解数字的基础，是构建其他类型数字的基石。负数、有理数，甚至实数——用以度量数量的数，都可以由自然数出发而构建起来。关于自然数的基石性作用，德国数学家克罗内克（1823—1891）有一种脍炙人口的说法："上帝创造了自然数，其余则都是人类的作品。"

人类通常在学习计数时开始熟悉自然数。无论我们是否喜欢数学，计数的能力已经成为人类的第二天性。一旦我们掌握了计数的能力，我们就会忘记无趣的学习过程。此后，计数就成为一种简单的操练，其内在的复杂性则往往被忽视。计数其实是一种相当微妙的过程，对其进行更深入细致的阐述需要一定程度的抽象推理能力。

你知道图 1.2 中圆形石子的个数吗？如果你想知道确切的个数，你就需要数一数它们，即对它们进行计数。通过对计数过程的观察，我们发现它包含多个步骤：

1. 我们从需要计数的集体中任意一个物件开始计数，此时我们说"一"。
2. 我们将此物件标记为"已数过"——至少在脑子里是这么记的，这样才能保证它不被重复计算。
3. 我们选择一个新的物件，或者用手指头指定，或者简单地用目光注视。

---

① 关于"基数"与"序数"的概念，本书后文有较详细的讨论，这里我们举例通俗地解释一下："五"是基数词，而"第五"则是序数词。

4. 我们说出下一个数词。当然，我们明白"下一个"的意思，因为数词间的顺序是固定的。
5. 我们回到步骤 2，反复实施步骤 2 至步骤 5，直到穷尽集体里的所有物件为止。按这种方法，我们最后说出的数词就是集体里物件的个数。

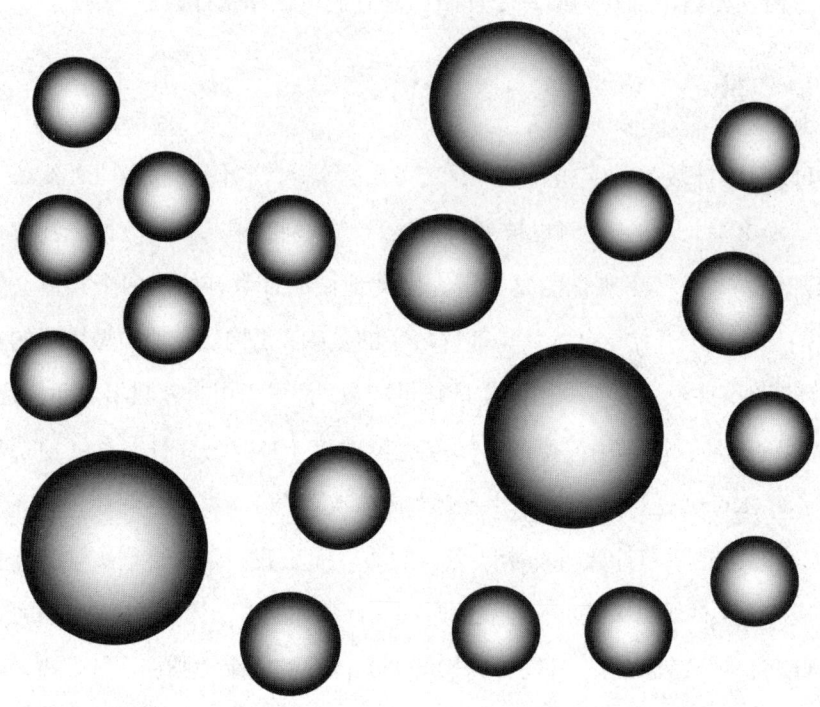

图 1.2 数一数这个石子的集合

计数是一个将数词与集体中物件对应的过程。这其中，将物件分成已经计数者与尚待计数者两个部分是一件有难度的事情。如果我们可以将这些物件排成一个序列，那么这件事情还是相当容易的；但当物件在不断地变动位置时，这也许是根本不可能做到的。

当我们对非持续存在的物品或事件进行计数时——比方说，计算教堂的钟声到底敲了几下时——我们通常在一个事件发生或物品出现的时刻说出相应的数词。而对事物出现的时间间隔较长的情形，我们常常不得不创建一个永久的记录来记载这些事物（例如在纸上画杠杠），最后再根据这些记号来计算事件的个数。

## 1.4 计数的原理

计数行为共遵守五条原理，这些原理是计数成为可能的条件和前提，我们将其称为"BOCIA"原理。这里，"B""O"等五个字母是 **B**ijection（双射）、**O**rdinality（序数）、**C**ardinality（基数）、**I**nvariance（不变性）和 **A**bstraction（抽象性）这五个英语单词的字头。这些原理是由罗歇·吉尔曼（1942—）和 C. R. 加里斯特（1941—）在认知心理学领域里提出的，它们被用来描述与区分儿童典型的计数错误。每一个学习计数的儿童都依靠直觉，经过反复的练习与试错来掌握这些原理。

在这一小节，我们将对这些原理逐条作简要的描述。在接下来的小节里，我们会对这些原理进行更为深入的探讨，并阐明它们与某些基本的数学事实的联系。明了计数过程的内在复杂性，将使我们更好地理解数字概念的心理—逻辑维度，历史发展的复杂性，以及数学基础的哲学问题——这些话题我们将分别在第 2、第 3 和第 11 章展开。

### 1. 双射原理（一一对应原理）

当我们计算一个集体中物件的个数时，我们将物件与数词相对应。这种对应是以"一对一"的方式进行的，也就是说，如图 1.3 所示，我们给**每一个**物件配上**唯一**的"计数标签"。

在实践中，计数通常是一边用手指点着物件，一边按照熟悉的"一、二、三……"的顺序念出数词。当我们这样做的时候，我们必须注意以下两点：

- 我们用手指点物件时，一个物件必须不多不少恰好被指点一次。这样，既不会有物件被重复计数，也不会有被遗漏的物件。

心中有数

- 每个数词只能使用一次,这就避免了两个物件使用同一个计数标签的情形。

以上两点的结果就是唯一的"一一对应",即物件与计数标签集合间的配对,如图1.3所示。一一对应在数学中的术语是"双射",它就是这条原理名称的来历。

图 1.3 计数是贴计数标签的过程

2. 序数原理(稳定顺序原理)

当我们计数时,我们是按某种顺序进行的。在我们将计数标签依次派给每一个物件之前,至少在我们心中,我们会将需要计数的物件按某种(任意的)次序排成序列,如图1.4所示。同时,计数标签的集合也是有序的,第一个计数标签通常会是"一",其后依次是"二""三"等等。无论是对同一集体再次计数,或者是对另一集体进行计数,计数标签的次序必须是固定不变的。

第 1 章 数与计数

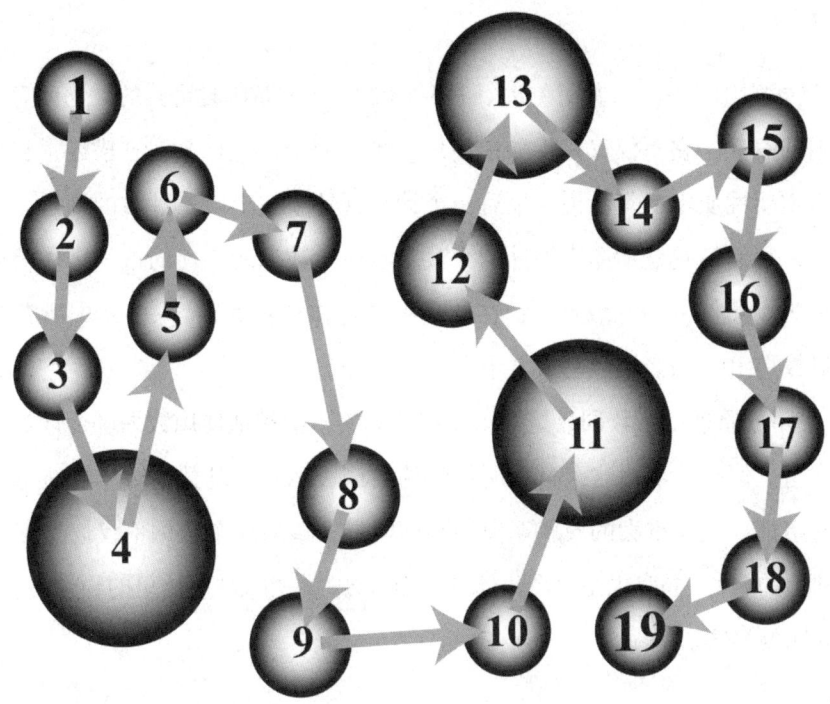

图 1.4 枚举法计数（顺序原理）

无论我们对什么东西进行计数，我们必须使用相同顺序的计数标签集。如图 1.4 中的箭头所表示的那样，就算需要计数的集体是明显没有顺序的，我们也必须指定其中物件接受计数标签的顺序。这样一来，永远具有相同次序的计数标签就描述甚至创立了集体中物件的顺序：某一个特定的物件将会是第一个，即开始计数的那一个。而直到计数过程在最后一个物件上停止之前，每一个物件之后都有唯一的"后继"（即"下一个"）。在数学中，用来标记物件在序列中位置的数被称为"序数"，这也就是本原理的名称。

为了应用这条原理，我们必须将数词的序列铭记在心，必须能够按照正确的顺序背诵数词。通用的数词序列是依照非常系统的方式构造出来的，它有严格的内在次序并且无穷无尽。一旦明白这个系统，我们就可以给出任何一个数词的"后继"。因此，无论需要计数的集体有多大，我们的数词都可以提供永不穷尽而有序的计数标签。

心中有数

3. 基数原理

当我们用"一"开始计数时，在我们数完整个集体时得到的数词就有一个非常特别的意义：它不仅仅是计数中使用的最后一个计数标签，它描述了整个集体的一个重要性质。换句话说，最后一个计数标签事实上就是计数的结果，在日常生活中，我们说它是集体中物件的个数。最后的数词所描述的这一集体的性质有时被称为（集体的）"数目"，在数学中则称作"基数"。图 1.4 中所有圆形石子的基数是 19，或者可以写成"十九"。

在序数原理中，数词只是被用作计数标签，机械地使用数词进行计数过程并不是难事。但是，明白这个过程所得到的数词表示一个基数，对年轻儿童而言是困难的事情，也是重大的成就。他们必须明白，最后那个数词不仅仅是标记在最后物件上的名称，同时也是整个集体的一个性质——它是"集体里的物件有多少个"这一问题的答案。

4. 不变性原理（次序无关原理）

计数过程的最后结果，也就是集体的基数，与我们进行计数的具体方式是完全无关的。不管我们从哪一个物件开始计数，以什么样的顺序进行计数，是从左到右或是从上到下，计数过程所得到的最后结果是不会改变的。图 1.5 给出了一个与图 1.4 类似的计数方式，但起始的石子与计数的顺序都不同，获得最后的计数标签的物件也不同。然而，两种计数方式是等价的，它们的结果完全相同，最后的计数标签都是"19"。在其《数学哲学导论》一书中，伯特兰·罗素（1872—1970）描述道："在计数中，我们必须对需要计数的物件给予一定的顺序，即第一个，第二个，如此等等，但这种顺序与数的本质无关：它是一种无关的增加物，从逻辑的角度看是不必要的复杂化。"

确实，计数的结果或者说集体的基数，在集体中物件顺序的重新排列下是一个不变量，重新安排集体中物件的顺序并不会改变集体的基数。因此，不变性原理告诉我们：基数是集体的一个属性，而不是关于某个特定计数过程的性质。

第 1 章 数与计数

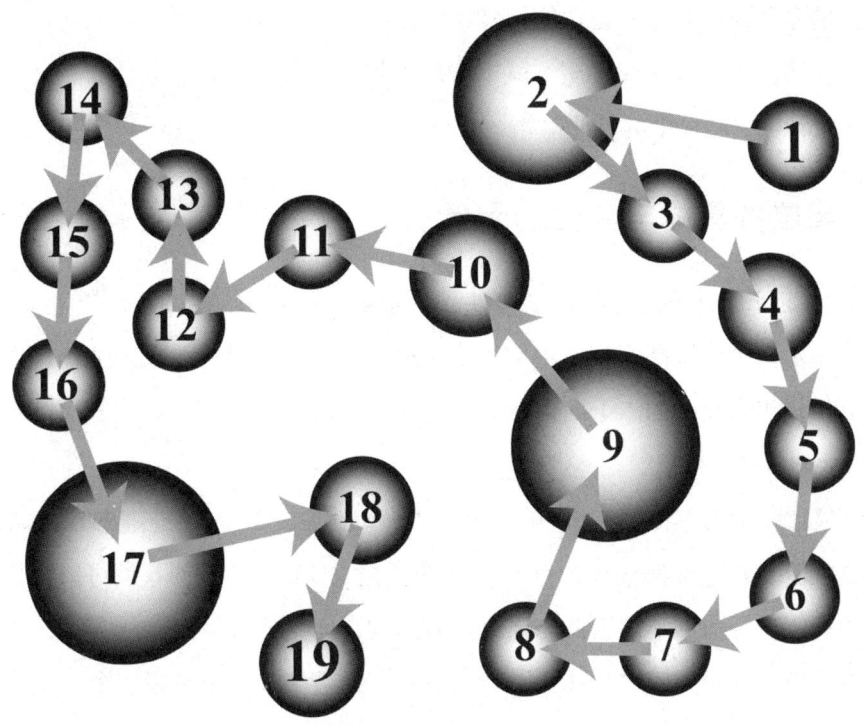

图 1.5 按不同顺序计数（不变性原理）

5. 抽象原理

前述四个原理告诉我们如何计数，而抽象原理告诉我们到底什么东西可以计数。简单地说，这个原理告诉我们：任何事物都是可以计数的。任何明确的事物构成的集体都可以计数，计数的过程不依赖于被计数事物的属性——集体中的事物可以是有形的，比如苹果或者人；也可以是无形的，比如主意或动作。相似地，集体的大小是不受限制的，只要是有限的集体我们就都可以计数。理论上，对宇宙中的星星或大海里的沙子我们都可以计数，只要事先定义好足够大的数词，计数标签就不会不够用。

所有类型的集体都可以计数。形状各异的玩具这样两两有差异的东西可以合在一起计数，比赛和行动等相对抽象的事物也可以计数——甚至由数字构成的集体也可以计数。此外，两个毫无关联的集体可以恰好包含相同个数的事物，即拥有相同的基数。对儿童来说，认识到上述这些关于计数的性质同样是非常了不起的成就。明白了上述这些性质，就不难认识到：数字本身具有自己的意义，它们独立于被计数的集体中的具体事物。

## 1.5 事物的集体与集合的元素

粗看起来，前述的计数诸原理似乎是初浅而不值一提的，但是它们包含着有助于进一步讨论的微妙洞察。它们表明，尽管计数是我们很熟悉的过程，但它在逻辑上却是相当复杂的。下面，我们以这些计数原理为指导，对其复杂性展开更深入的探讨。

很显然，为了能够进行计数，我们的对象必须是可以计数的。抽象原理或许是计数原理中最为基本的一个，因为它阐明了究竟什么样的东西我们可以计数——事物的集体，例如一个筐里的苹果，或者一间房间里的人。到目前为止，我们还没有很清晰地说明到底"集体"是什么意思。在数学里，用来指一个"集体"或一组事物的术语叫作"集合"。对集合而言关键的一点是：它是可以被明确区分的事物的集体。

德国数学家康托（1845—1918）对集合给出了他的定义，它是一组我们的直觉或思维之下可以明确区分的事物聚集成的整体。一个我们的直觉或思维之下的事物称为集合的一个"元素"，它们可以是物质性的物件，也可以是想法、数字、符号、颜色或者动作等等。需要特别指出的是，一个集合也可以成为另一个集合的元素——例如，图1.1中有九个与数字"九"有关的图形，它们一起构成一个集合，而位于图形右上方的那个元素本身是一个由九个方块组成的集合。数学中，集合一般由一对花括号以及放置在花括号中的一系列元素来表示。因此，{$A$，$B$，$C$}是一个总共有$A$、$B$、$C$三个元素的集合，{1，2，3，4，…}则表示所有自然数组成的集合。显然，自然数集合是一个无穷集合。

集合可以用列举其所有元素的方式来构造，也可以用描述性语句来定义。例如，"这张书桌上所有蓝色物品的集合"这个描述性语句，如果"这张书桌"的意思在语境中是明确的，则它就以后一种方式明确地定义了一个集合。总而言之，

## 第 1 章 数与计数

集合定义的关键是明确到底哪些事物在，而哪些事物又不在集合里面。此外，每一个事物在集合里只能出现一次。正因为这个缘故，康托强调说，集合里的元素之间必须相互能够区分开。

当我们遵循前述过程进行计数时，我们是在数某个有限集合的元素。换句话说，当我们计数的时候，我们面对的是某个集合，虽然有时这个集合的定义并没有被明确地给出。因此，集合的概念是非常重要的。而抽象原理告诉我们：任何有限集合都可以计数。

不变性原理阐述的是：无论我们用什么样的顺序对一个集合进行计数，计数的结果都是相同的。事实当然如此，集合仅仅是其元素在一起组成的整体，它本身没有内在的顺序。集合就是其元素的集体，仅此而已。比如说，不管我们怎么洗牌以打乱牌张的顺序，扑克牌还是那副扑克牌，它的张数不会因为洗牌而有变化。

为什么数学能够对世界的很多方面做出很精确、很准确的描述？人们总是对此感到惊奇。从某种意义上看，这并不值得大惊小怪，因为从一开始，数学概念就是以人类的经验为基础的，而人类经验则是我们周围世界的反映。这甚至在基本层面上也是很显然的——当我们定义集合的概念时，我们给出了或许是现代数学中最重要的概念之一，但它也源自人类的经验。那么，集合的数学定义所反映的是这个世界的什么性质？是人类关于这个世界的什么经验？

首先，如果没有人类对暂时稳定性的观察，集合的概念就很难形成。或者说，只有事物能够存在足够长的时间，把它们放在一起，作为"我们思维中的物体"这样的整体加以考虑才是合乎情理的事。比方说我们将某些物品放入箱子里，根据我们的经验，即使看不到箱子内部，我们依然知道这些物品还会在箱子里面。对把某些物体归到一起，组成一个新的整体、一个集合的思想，持久性物体的存在是有作用的。但是，集合概念是更加一般化的，它可以包括转瞬即逝的事物。在康托将集合定义为"我们思想中的事物的集体"时，他并没有提及事物是否持续存在。因此，事物的暂时持续性并不是它们成为集合元素的必要前提。我们可以考虑一段表演中鼓声的集合，可以考虑教堂某次整点敲钟时钟声的集合，也可以定义一个由两次新月之间的日子组成的集合。

**心中有数**

我们生存的世界有一个非常基本的性质：很多事物可以被相互区分。对集合的定义而言，事物具有"个别性"是至关重要的。为了确定某个事物属于某一特定的集合，它必须能够与不属于该集合的事物相互区分。如果没有对事物个别性的经验，我们不可能想象出，也不可能领会到集合这个概念。

现在，我们来做一个小小的思想实验。在一个完全不同的宇宙中，生命可能会是什么样子？例如，我们想象那个宇宙像一个巨大的海洋，其中有很多由原生质构成的云状生命，却完全没有固态物质。我们又假设：当这些云状生命相遇时，它们会相互混和而汇聚成一个新的云状生命。那么，这些云状生物如果有智慧的话，它们会产生数字和计数的概念吗？我们会觉得，即便它们确实有这些概念，数字也没有什么用处，并且会是个很奇怪的概念。对它们来说，由于 1 + 1 在很多情况下还是 1，算术就显得更加不可思议。很显然，它们的数学必然会向非常特别的方向演化。在这里我们发现，像"一加一等于二"这样对我们而言正确而显然的陈述，未必对任何人、在所有情形下都是正确或者显然的。然而，在我们的宇宙里，儿童对其周围最早的认知之一就是：到处都可以看到有明确界定的物体，或是单独一个，或是两个一对，或是多个一群。因此，上述思想实验告诉我们：我们之所以学会构造集合和计数，是因为我们的世界包含着具有一定持久性与个别性的物体。

此外，对把事物组成集合的想法，人类还有一种重要的认知似乎也很关键：人类认识到不同事物之间存在着相似性。一个集体或团组，包含着的通常是某种意义上一致的，具有某种共同性质的事物。虽然数学上的集合可以由互不相干的任何事物构成，但这并不是我们通常想要计数的对象。我们对硬币、小时、餐具进行计数，但通常并不会把不同范畴的事物混合在一起。假如我们听说"有 4 个人在 2 天内看了 3 部电影"，我们一般并不会去做 4 + 2 + 3 = 9 的运算来统计这句话中可以明确区分的九个事物，因为这个统计信息既没有什么用处，也没有什么意义。当我们计数时，我们通常按照相似性将事物归类，例如我们会计算人数、影片数或者天数。我们自然而然地会将相似的事物归到一起，觉得它们属于同类。这个能力，正是我们用元素的共同性质来定义集合的思想基础，"这张书桌上所有蓝色物品的集合"就是一个例子。

## 1.6 双射原理与集合的比较

双射就是一一对应，它描述两个集合间的完全匹配。图 1.6 描绘出一幅苍蝇停在圆形石子上的场景，其中既不存在没有苍蝇的石子，也不存在停有两只苍蝇的石子，而且也不存在没有石子可停的苍蝇。因此，图中出现了石子与苍蝇的完全配对，或者说是石子与苍蝇的一一对应。用数学的术语，我们说图中苍蝇的集合与石子的集合之间存在一个双射。

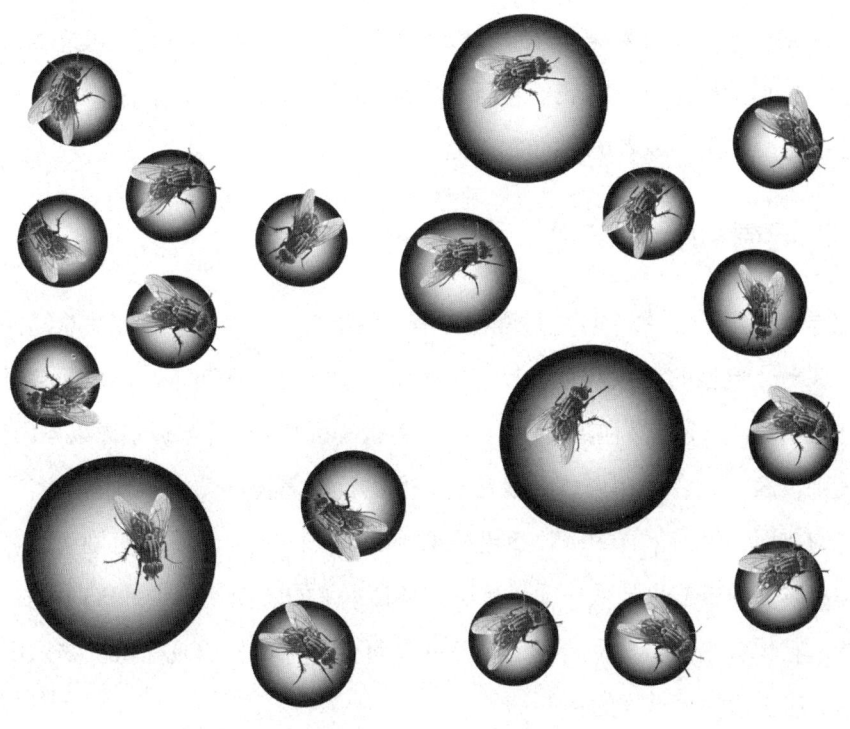

图 1.6 一一对应地计数（双射原理）

据此，我们不用计数就立刻可以知道：苍蝇与石子的个数一样多。当两个有限集合之间存在双射时，我们知道它们元素的数目一定相同。

我们可以应用双射原理来判断一个集合是否比另一个集合大。显然，如果我

心中有数

们将石子与苍蝇做一对一的匹配，假如耗尽石子时仍然有剩余的苍蝇，那么苍蝇就比石子多，苍蝇的集合就比石子的集合大。我们也可以得到反面的结论：如果苍蝇比石子多，那么在做一对一的配对时，要么在耗尽石子时仍然有剩余的苍蝇，要么至少有一颗石子匹配两只或两只以上的苍蝇。在数学里，这就是有名的"抽屉原理"。它告诉我们：如果我们将 $n$ 个物体放到 $m$ 个抽屉里，而 $n$ 比 $m$ 大，那么必然至少有一个抽屉里会有两个或更多的物体。我们可以用这个简单的认识来回答如下的问题：纽约市会不会存在两个头发根数恰好相同的人？答案是肯定的，因为纽约市的人口多于 800 万，而一个人的头发再多也到不了 100 万根。因此，可能的头发根数是从 0 到某个 100 万以内的数字，而纽约人口数比可能的头发根数要大。根据抽屉原理，当我们对所有纽约人分配头发根数时，至少有一种头发根数会被分配给两个或者更多的纽约人。

## 1.7　不寻常的计数标签

根据双射原理，每个计数过程都在被计数集合与一个计数标签集合之间建立起一个双射。典型的计数标签是数词，然而，就双射原理而言，计数标签可以是任何其他东西，甚至是其他集合中的事物。对很小的集合，计数标签可以不用数词，而使用字母表，或者使用像"天地玄黄宇宙洪荒"之类的韵文。日本人当然有一套完整的数词，但当集合的基数不超过 47 时，他们有时会用那首特别而著名的诗歌《伊吕波》的音节来计数。《伊吕波》是日本平安时期（794—1183）一首巧妙的诗歌，它包含当时日语所有的音节，并且每个音节恰好出现一次。如果用平假名书写，这首诗是这样的：

いろはにほへと[①]　ちりぬるを
わかよたれそ　　つねならむ
うゐのおくやま　けふこえて
あさきゆめみし　ゑひもせす

---

① 《依吕波》原文中有一些浊音，如此处的"と"在诗句中本来是"ど"，但由于此诗常用来表现所有的平假名，因而浊音标记往往被略去。

## 第 1 章 数与计数

这首《伊吕波》诗不重复地穷尽日语所有47个平假名，翻译出来大致意思是："花虽芬芳终需落，人生无常岂奈何。俗世凡尘今朝脱，不恋醉梦免蹉跎。"这首诗非常著名，现在仍然会被用来教授日语的音节。然而其中的关键是：这首诗中的所有音节互不相同，而它们的顺序又被诗歌所固定，因而根据双射原理，它可以被用作计数标签。事实也确实如此，一些剧院用"い、ろ、は、に、ほ、へ、と……す"来给座位编号，而这其实相当于是1、2、3、4、5、6、7……47。

双射原理使得人类甚至在发明数词之前就已经可以处理数目问题。在远古时代，牧民在每一头牲口出栏时就将一颗石子放入口袋中，用这种办法在石子与牲口之间建立起一一对应。相应地，放牧归来时，牧民在每一头牲口入栏时从口袋中取出一颗石子。这样，尽管他不懂得计数，但如果牲口丢失，他却能够知道牲口丢失的头数，因为这个数目恰好就是全部牲口入栏后他口袋里所剩石子的个数。

另一个史前的计数方法是所谓的"刻木记事"。需要记录一个物件时，古人就在记事桩上记下一道刻痕，这样就建立了刻痕与物件之间的双射。记载事件也是如此，事件不是持久存在的"物件"，它一旦发生，剩下的只有记忆。因为记忆能力的限制，靠记忆来记住事件是很困难的事情。因此，为每一个事件刻下一个永久的记号是个很好的想法。例如，我们可以为过去的每一天刻一个记号，以此来记录过去的日子。这种记数木桩中最古老的可能已有3000年之久，甚至在现代，仍然有犯人每天在监狱的墙上刻下划痕来记录日子，建立记日划痕与服刑天数的一一对应。

使用人体的某些部分来计数是史前人类常用的一种办法。他们不但使用手指头，而且使用手腕、手肘、肩膀、然后是脚趾、脚踝、膝盖以及臀部，这一切都按固定的顺序用来计数，起初很可能只是简单地用身体部位的名称结合手势作为计数标签。史前人类发明了使用石子、记事刻痕以及身体部位记数的具体做法，单独应用或多种结合，用以进行交易活动或确定宗教节日的时间。在发展出关于数字的抽象知识或足够现代意义上的计数词汇之前，他们就已经这么做了。

## 1.8 基数和序数

图 1.7 表达出了 BOCIA 原理的主要思想。当我们再次展开探讨时，我们发现数字在其中似乎扮演着双重角色。

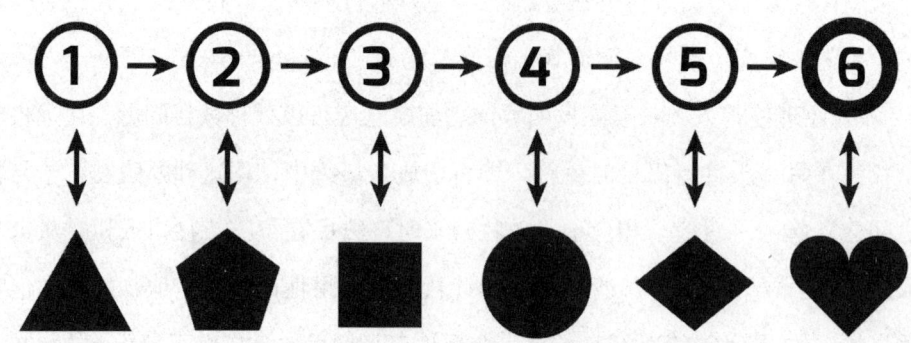

图 1.7 计数诸原理示意图

- BOCIA 原理中的抽象原理是：任何事物的集体都可以计数，图 1.7 中所示的是一些形状的集体。
- 根据双射原理，计数是将互不相同的计数标签与被计数集体中事物一一配对的过程，图 1.7 中垂直方向的双箭头表示了这种对应。
- 计数标签必须有固定的顺序。图 1.7 中的计数标签只是 1、2、3 等自然数，向右的箭头表明了它们的顺序。
- 计数的行为给被计数的事物安排了某种固定的顺序，但是这个顺序与计数的结果无关，这就是不变性原理。将图 1.7 下排中形状的顺序重新编排并不会改变计数的结果。
- 如果我们从"一"开始进行计数，则计数结束时的数词就表示集合的基数，这就是基数原理。图 1.7 中最后一个计数标签（也是数词）是"6"，因此图中形状集合的基数等于六。

首先我们观察到的是：数词在计数过程中有两个不同的用途。一方面，数词

## 第1章 数与计数

是标记集合中元素的标签，并且给集合中元素赋予特定的顺序；另一方面，数词中的一个（准确地说是最后一个）表达了计数结果，描述了集合的一个整体性质（即"基数"）。在计数过程中用作标签的数词是有固定顺序的，它们表示的是"序数"。通常，序数表示的是一个元素在序列中的位置。这是非常重要的概念，在需要的时候，我们会用特别的数词来表示次序，例如第一、第二、第三等等。一般说来，当问题是"哪一个"或"哪个位置"时，答案类似于"（第）2号物品"或"第三位先生"，其中的数词是序数。

序数表示元素在序列中的位置，基数则用来表示集合的大小。当我们的计数到达最后一个元素时，相应的数词就给出集合的基数。它是计数的最终结果，表示集合中元素的数目。当我们回答"有多少"这一问题的时候，答案就是一个基数，比如说"六"。

在日常生活中，我们常常会遇到第三种数，我们称之为"标称数"。"标称"的意思是它"标示"的是"名称"。因此，所谓标称数其实是名称而不是数字，只不过这种名称是由数字构成的而已。标称数相当常见，电话号码、邮政编码、商品编码都是例子。标称数既不表示事物的大小和数量，与顺序也未必有关。它们只是指称事物，而不是用来运算。因此，它们不是数学家感兴趣的对象。

为了领会基数与序数的区别，暂时假设我们需要重新学习，学习用字母而不是数字来数数。我们当然早已熟悉英语26个字母的顺序，因此自然懂得如何用字母对小的集合机械地进行"计数"。这意味着我们掌握了序数原理，但未必意味着我们明了基数原理。我们可以用如下问题来测试自己对基数原理的领会：试问，我们对"数字K"是不是有直觉的领会？换句话说，我们懂不懂得包含有K个元素的集合有多大？我们能否估算F个苹果的份量？一个包含F个元素的集合比包含K个的小了多少？除非经过特别训练，否则，不借助于掰手指头数数的话，我们是不容易得到这些问题的答案的。如果我们知道如何数数，却不知道数词与基数的对应关系，那种感觉就和上述情形一样：离开掰手指就不会做哪怕是很简单的计算。

心中有数

## 1.9 抽 象

考察计数过程及其结果，我们将把一个自然数理解为一个集合的性质，它描述集合中元素的数目。例如，对任何九个物件的集体或九个元素的集合，数字"九"必将是它的基数。依照经验，我们学会了将"九"这个基数与特定的"规模"或"数目"相对应。通过重复进而形成习惯，数字可以获得与具体集合无关的抽象内含，最终，我们不需依赖任何具有九个元素的集合的画面，就可以思考"九"这个数字。也就是说，作为基数的"九"最终拥有了它自己的含义：它描述着九个苹果、九个人以及纸上的九个黑点等事物的共性。它变成了一个抽象概念，表示特定集合的性质——所有这些集合的计数过程都终止于"九"。它只表明集合恰好有九个元素，而与集合的特性、集体里物件的类型都完全没有关系。因此，一个集合具有"九"这个"数目"的概念成为了一种存在于我们想象之中的东西，不再需要有任何具体的实例。作为集合性质的数字，与作为物体性质的颜色在感觉上大致相似。

形成抽象在我们的语言中是一个自然的过程。例如"桌子"这个单词，它就是从具体的"桌子"这种物件出发的抽象过程之最终结果。具体的桌子有形状与材质的不同，但是单词"桌子"这个抽象概念对此并不加区分，它同时指称所有具体的桌子。"桌子"这个单词通常让我们想到的是由一条或多条"腿"支撑着一个水平面的物件。如果没有进一步的信息，我们就不知道它指的是餐桌、办公桌或台球桌。这就是说，相比于指明某些特点的桌子，单词"桌子"所包含的信息比较少。显然，抽象产生于具体信息量的减少。因此，形成抽象的过程可以看作是简单化的过程。这给我们提供了很大的便利——我们可以谈论一般的桌子，而毋需提及餐桌或办公桌等特定的桌子。

从特定物体的集合到一个数字的抽象是一个相似的过程，它是移除关于被计数物体的具体信息的过程。而一旦我们成功地完成这个抽象，我们也就实现了一种简化。当我们想着"四"的时候，我们不再需要想着四个苹果、四个人，或者房间的四个角落。"四"关联的是所有具有四个元素的集合。我们可以理解数字和处理数字，而不需要联想它们的具体呈现，而这正是我们能够进行数字运算的

## 第1章 数与计数

前提。我们不需要具体的物质性实现，即可以进行诸如 9+4 = 13 的运算。我们可以分别用 9 个和 4 个石子，来对 9+4 这一运算作具体化实现，这样的做法在参与运算的数字很小时是可能的。然而，当数字大的时候，这种做法就是不切实际的，甚至是不可能的了。当我们面对 2 734 时，想象一个具有 2 734 个具体物体的集合并不能对我们有所帮助。从实用的角度看，在处理大的数字时，从数的具体实现到抽象数字概念间的转换是绝对必需的。

神经心理学的证据显示，数字在人类的大脑里是以抽象的方式表达的。这意思是说，无论我们是看到数字"4"或者听到单词"四"，或者看见四个一组的黑点，大脑里被激发的都是同一个部位的同一组神经元。无论一个数字被以什么形式被传达给我们，是或不是口头形式，大脑里的信息处理永远是相同的神经活动形式。不同感官的输入在大脑里引发对"四"的相同表示，这是人类将数字"四"当作抽象"数学物体"的神经元根源。

以前述形式将数字看成抽象对象，这是首要的和最基本的数学观念之一。如果我们没有学会这样的抽象，那么数字就不会被看成是与被计数的具体对象无关的概念。如果没有抽象，则数字与具体事物密不可分，我们将不能领会四季与汽车的四个轮子之间存在的共同性。在斐济岛的旧语言里，十条船叫作"博拉"而十个椰子则叫作"科罗"，这里数字并没有被从具体事物剥离开，因此也不具有抽象的意义。现代语言中偶尔还可以找到人类发展历程中这个阶段的遗迹，在日本，对不同类别的物品计数时依旧使用着不同的计数词，我们就 1、2、3 在不同情形下的不同计数词举几个例子[①]：

    对长圆柱状物计数使用：ippon、nihon、sanbon……

    对薄物体计数使用：ichimai、nimai、sanmai……

    对紧凑的小物体计数使用：ikko、niko、sanko……

    对机器计数使用：ichitai、nitai、santai……

---

① 此段说日语的数词没有与具体事物剥离，这事实上是错误的，与数字"合写"在一起的是"量词"。日语量词的用法与汉语大致相同而与英语不同，所举例子都是数词与量词合写的例子，而且数词与量词事实上还是相剥离的，这在将罗马字母拼写还原成日语拼写时就很明显。此处所举的七个例子中，量词依次是"本""枚""个""台""轩""匹""头"。

对建筑物计数使用：ikken、niken、sangen……

对小动物计数使用：ippiki、nihiki、sanbiki……

对大动物计数使用：ittou、nitou、santou……

## 1.10 用序数原理计数

系统地按顺序完成工作的能力是进行计数的先决条件。也许与使用手的能力有关，灵长类动物已经具备了这种能力。当同时对多个对象进行操作时，操作必须有特定的顺序，这样才能避免在错误的时候做错误的事，或者不必要地重复做同一件事。我们观察到，在摘取树上的果子，或者在为同伴梳理毛发的时候，灵长类动物确实以相当系统和有序的方式进行他们的操作。

与计数更有直接关联的是：我们认识到我们总是可以给有限集合中的物体安排顺序。对物体的有限集合，我们可以把物体排成一列，也可以按照它们的大小、重量，或其他性质来排序。序数原理告诉我们，甚至对像图 1.2 那样明显没有顺序的集合，我们也必须给其中的物品排序，规定出哪个排第一、哪个排第二，如此等等。在图 1.4 与图 1.5 中，这种顺序是用一串箭头的链条来表示的，每个箭头都从"当前"出发而指向"下一个"。

需要计数的集合未必会有事先存在的顺序，图 1.6 中圆形石子的集合就是一个无序集合的典型。在计数过程中，我们给链条上的每个对象安排一个唯一的计数标签。计数标签必须遵循固定的顺序，它们必须来自一个有序的集合，这个集合的元素具有预先确定的、严格而不变的顺序。计数标签永远都按同样的顺序依次使用，这样，链条末端对象所对应的那个最后的计数标签将表示集合的基数。

具有严格顺序的集合在数学里称为"序列"。序列有唯一的起始元素，每个元素都有唯一的"后继"——即紧随其后的元素。

最自然的计数标签当然是 1、2、3、4、5 等等大家熟悉的符号，它们具备自然的、预先规定好的顺序。用来计数的自然数集从"1"开始，按照从小到大的自然顺序，每一个元素都有唯一的后继：

第 1 章 数与计数

$$1 < 2 < 3 < 4 < 5 < \cdots$$

基数之间的严格顺序使得它们很适合用作计数标签，因此，每个自然数都同时被用作序数和基数。计数过程中的每一个序数同时还有一个含义：它同时也是已被计数的那部分元素所构成的集合的基数。

显然，双射原理和序数原理在计数过程中是相辅相成的。计数标签（即数词或数字符号等）来自一个序列，这个序列具有唯一的起始元素，并且每个计数标签都有唯一的后继。而当我们数到某个数的时候，我们已经把排在这个数之前的所有数都数过了。比方说，如果我们最后数到了"六"，这意味着前面的五个数我们也已经数到过，事实上我们是顺着"一、二、三、四、五、六"的次序数过来的。因此，如图 1.7 所示，计数过程在给定的六元素集合以及从"一"到"六"的数词集合之间建立了一一对应，或者说是双射。这里我们发现：像

"盒子里有六个东西"

这样的句子，其实是一个对计数活动的极其简略的记述。这个陈述的意思事实上差不多是这样的：

"我刚刚发现，盒子里所有物品的集合与数词集 { 一，二，三，四，五，六 } 之间存在着一一对应。"

这句话的意思是：盒子里物品的集合与数词序列中由"六"所唯一决定的起始片段，所包含的元素个数一样多。

## 1.11 系统性枚举

为适应人类定居过程的实用需求，计数所用的词汇经历了数千年的发展。由于贸易的需要，以及记录储备物资或大群牲畜的需要，准确使用数词来表示巨大数目的能力变得必不可少。从事狩猎和采集活动的先民们只拥有很少的几个数词，其他的数目则用"很少"或"很多"来表示。但如果可供使用的数词太少，比如

## 心中有数

说仅仅使用身体部位来记数，那就不可能对巨大的集合进行计数。

人类需要一个永远不会枯竭的数词集合，理论上说，任何一个自然数都需要有一个唯一的名称。此外，数词序列还必须容易以正确的顺序背诵。为了避免给人类的记忆产生巨大的负担，数词集合必须以系统化的、基于简单逻辑的方式来构造。以这种系统方式构建的数词集称为"记数系统"。

构建记数系统的一个基本思想是：把大量物品组织成可以管理的部分。假如我们采用这种办法，则每个这样的部分就可以用一根手指来表示。这样，即使在语言中还完全没有数词的阶段，即使牵涉的数目不小，人们仍然可以用这种方法来准确地记数并交流其结果。

我们不知道第一个记数系统是在什么样的环境下发展起来的。作为典型，我们来回顾前述牧民数牲口的例子——某个史前牧民为每一头牲畜在他的口袋里放入一颗石子。随着牲畜数目的增加，石子的数目可能多到无法管理，而这种记数方式也不利于交流。因此，这位牧民采取了一种有些特别的做法。假设，他用自己的手指来计数——首先捏起拳头，在一头牲口出栏时伸开一根手指。而每当他双手的手指全部伸开之后，他就在身边放置一根树枝，然后重新捏起拳头，再次使用手指计数。这样，他就把10头牲口当成一组，而每组牲口都用一根树枝表示。假如最后一组牲口不足10头，那么他就用石子来标记这组牲口的数目。现在，假设他计数的最终结果是7根树枝和9颗石子，那么他其实是用一个巧妙的办法记录了79这样一个数目。这种办法比单纯使用79颗石子要方便很多，他也许不懂得如何称呼这个数目，但他确实知道牲畜的多少。

上述方法一旦开始使用，构建更高层次的组也就成为可能。对更为巨大的数目，我们的牧民可以继续实践"构组"的思想——比方说，每十根树枝用一根羊腿骨表示，每十根羊腿骨用一块大石头表示——这时，如果记数的最终结果如图1.8所示，是1块大石头、7根羊腿骨、7根树枝以及6颗石子，那么他其实是用一个相对便捷的办法记录了1776这个颇为巨大的数目。逐级构组是记述巨大数字所必须的，它是数字系统性命名的基础，或者说是一种记数系统的基础。从这位牧民的记数方法中不难窥见我们的记数系统——只需用"十"取代树枝、"百"取代

# 第 1 章 数与计数

羊腿骨、"千"取代大石块就可以了。用来逐级"构组"的数被称为"基①",这个例子事实上构造了一个基为 10 的计数系统,或"十进制"记数系统。

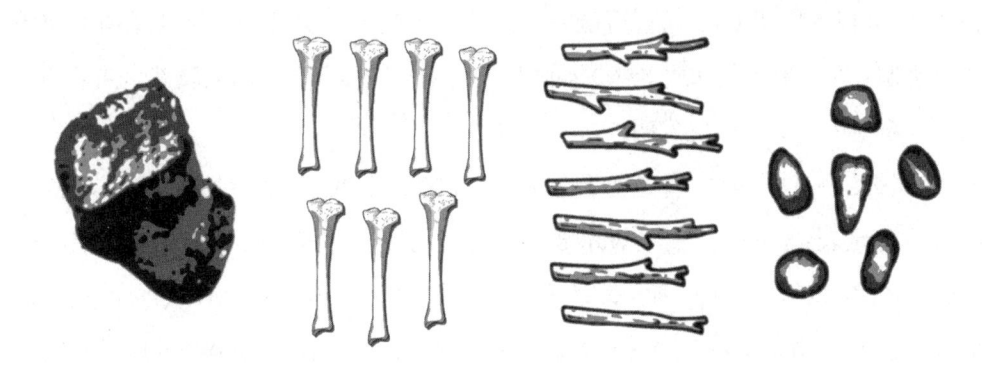

图 1.8 1776 的一种自然表示法

我们也可以看到以其他数值为"基"的记数系统是如何发展起来的。如果史前牧民只用一只手的手指头计数,那么他很可能会把五头牲口当作一组,这就可能产生基为 5 的记数系统。这种记数方式确实存在,南太平洋瓦鲁阿图的伊璧岛方言就使用五进制,罗马记数法里 5、50、500 都有单独的记号,这明显也是五进制的遗迹。在罗马记数法中,前三个数记为 I、II、III,很明显表示的是手指或数筹,5 的记号"V"表示一只手,而 10 的记号"X"则显然是两只手的意思。

如果史前牧民把所有手指和脚趾合在一起作记数的基础,那就会产生二十进制的记数系统。事实上这种记数系统也是出现过的,古代欧洲的凯尔特人以及美洲的玛雅文化都曾使用二十进制。在某些欧洲语言里,数词的语言学构造仍然留存有凯尔特人的传统。例如,法语中的"八十"是"*quatre-vingt*",意思是"四个二十"。工业革命之前,英格兰北部牧民在数羊时使用一种从古凯尔特人那里继承下来的记数系统,这种计数法首先从 1 数到 20,然后每满 20 就把一颗石子放入口袋作为"得"(*score*)。"得"这个词源自古英格兰北方,意思是记事桩上的刻痕。在使用二十进制刻木记事时,每到第 20 个记录,就刻下一个大的刻痕,因而他们逐渐地就把 20 称作"得"。

---

① 喜欢双音词的人会把这个术语翻译成"基数",为了和与"序数"相对的"基数"术语相区别,我们对这个术语采用"基"这种单音词译法。

## 心中有数

如果史前牧民用拇指点数其他四个手指之指节的方法数数，那就会发展出基为 12 的记数系统，即十二进制记数法。倘若左手手指头与右手指节配合使用，由于 12 乘以 5 等于 60，这就可能发明出六十进制，而美索不达米亚文明就使用六十进制。在《米老鼠和唐老鸭》动画片里，兔八哥和唐老鸭的上肢都是四趾的，因此在童话中它们很可能发明八进制记数法。

那么，一只史前的唐老鸭会怎么记 1776 这个数字呢？对它而言，一根小树枝将不是表示 10 个，而是表示 8 个东西。同理，一根羊腿骨将代表 8 根小树枝，因此表示 64 个东西。而一块大石头则等价于 8 根羊腿骨，所以表示的数字是 $64 \times 8 = 512$。由于 $1776 = 3 \times 512 + 3 \times 64 + 6 \times 8$，它就应该如图 1.9 所示，用三块大石头、三根羊腿骨以及六根小树枝来表示。

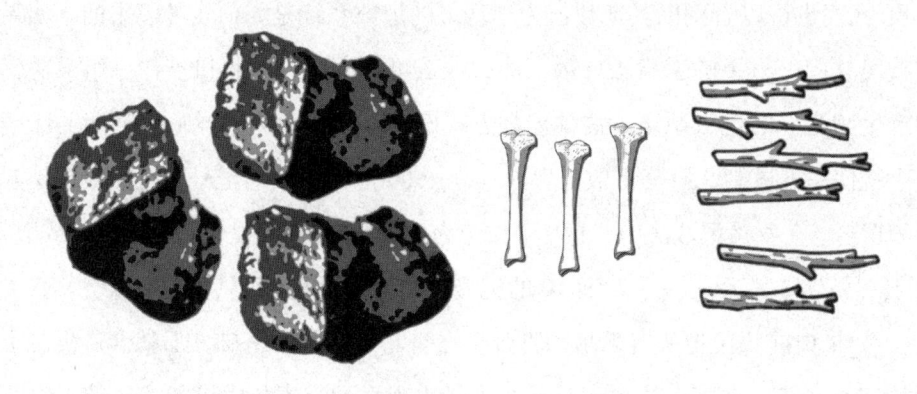

**图 1.9 八指生物表示 1776 的方式**

接下来我们的问题是：1776 在其他进位制的记数系统中如何表示？以使用六十进制的苏美尔人为例，由于 $1776 = 29 \times 60 + 36$，这个数就表示为 29 根小树枝和 36 颗石子。另一方面，对五进制这种基的数值较小的进位制，1776 需要用 14 块大石头、1 根羊腿骨和 1 颗石子来表示。为了记数方法的统一性，这里需要用某种东西来表示 5 块大石头——假如我们用一颗珍珠表示 5 块大石头，那么，1776 就是 2 颗珍珠、4 块大石头、1 根羊腿骨和 1 颗小石子，即

$$1776 = 2 \times 625 + 4 \times 125 + 1 \times 25 + 0 \times 5 + 1。$$

第 1 章　数与计数

## 1.12　书面记数系统

　　早期聚落中一旦发展出文化，社会就逐步变得复杂，人类开始生产商品，也开始出现劳动分工。由于资源分布的不均衡，聚落间的商品贸易与物品交换必然出现。因此，人们需要就交易相关的问题进行交流，例如，人们需要表达诸如"他有多少数目的某种产品要交换"，或者"他想用手里的物品交换多少数目的另一种物品"之类的意思。面对这种情形，用木桩的刻痕，或石子、小树枝和羊腿骨来表示数目很快就变成不现实的事。随着书写系统的兴起，记数符号也被发明出来，而口语中的记数系统也就相应地转换成为书写形式。

　　我们已经知道，记数系统产生于构建数目的多级编组。在上一节的例子中，一个物品用一颗石子表示，10 颗一组的石子用一根小树枝表示，而 10 根一组小树枝则用一根羊腿骨来表示。这样 10 个一组地构建逐级群组的办法，正好就是十进制的基础。当然，这与用书面符号来表达数字还有很长的距离。

　　典型的书写任意数字的系统性办法，是使用基本数字符号的排列。这些基本的数字符号称为"数字符"。我们熟悉的"数字符"是 0、1、2、3、4、5、6、7、8、9，它们也是用来表示自然数中起始部分的符号。人们用这些基本数字符的组合来表示更大的数字，但具体做法可以是多种多样。下面，我们来看看这个问题在我们的文化里是怎么解决的，其他有趣的、历史上出现过的数字符号化表示我们将在第 3 章介绍。

　　目前，我们仍然使用着两种不同的数字书写法。一种是我们熟知而且每天使用的，另一种则是罗马数字书写系统。在口语中，罗马数字与英语中的数字在说法上并没有根本的不同，49 在拉丁语中说成"*quadrāgintā-novem*"，翻译成英语就是"*fourty-nine*"。然而，在书面上这两个符号化系统则截然不同，这只要比较"49"与"XLIX"就明白了。因此我们觉得，有必要对两者的差异做些详细的讨论。

　　以 1 776 为例，我们将 1、7、7、6 这四个基本的数字符号依次排成一行来表示这个数字。把一个巨大的数字写得如此紧凑，并且只使用很少的基本符号，这是相当天才的技巧。毫无疑问，我们一看就知道，1 776 的意思是"一千七百七十六"，

**心中有数**

也就是
$$1×千+7×百+7×十+6×壹。$$

在史前牧民那里,这等于是一块大石头、七根羊腿骨、七根小树枝,再加上六颗石子。

在上述符号表示中,1776中各个数字符的含义不仅取决于它本身的数值,同时也取决于它所处的位置。同样的数字符"7"出现了两次,但其含义差别却不小。依从左到右的次序,第一个"7"表示"七百",而第二个则表示"七十"。总之,数字符的真实含义依赖于其所处的位置。我们说,最右边的数字符是"个位数",表示有多少个"1";其次是"十位数",表示有多少个"10";其他依次类推,它们对表达式的最终数值虽各有贡献但贡献不同。由于数字符的数值取决于它所在的位置,我们这种记数系统就称为"位值系统"。这种系统最突出的特点是:我们不需要特地为十、百、千等创造记号。

如果一个数字是
$$1×千+7×百+6×壹,$$

它的"十位数"是空缺的。我们不可以将它写成176,因为这个数是"一百七十六"。因此,这个空缺的地方需要有一个表示"没有"的记号来占位。写成"17 6"也不好,因为这样的写法容易引起误读。所以,我们引入了"0"这个符号来表示"没有",而将上述数字写成1706。这里,"0"占据右起第二个位置,表示这个数中不包含有"十位数"。如果没有"0"这个符号,那我们的位值系统就会有麻烦,区分176、1076、1706和1760将成为难题。

在我们的位值系统中,数字表示式的值由以下两个操作所决定:

操作1:将每个数字符分别乘以它所在位置的"位值",即1、10、100,等等。

操作2:把上一步所得的各个数值相加。

罗马记数系统则相当不一样,它通常用加法——有时也用减法——来表示数值。罗马记数法不是位值系统,因此它分别给"十""百""千"以不同的记号,它们依次是"X""C""M"。此外"五""五十""五百"分别记为"V""L""D"。这样，十进制的1776就被写成"MDCCLXXVI"，列成算式即

$$MDCCLXXVI = M + D + C + C + L + X + X + V + I$$
$$= 1\,000 + 500 + 100 + 100 + 50 + 10 + 10 + 5 + 1$$
$$= 1\,706$$

因此，为了知道某个数的罗马记法的数值，我们需要做加法（但不需做乘法）。罗马数的这种"加法规则"还有一些例外规则：为了让记号简单化而采用减法。例如，4被记成"IV"而非"IIII"，表示的是 5 − 1，其他情况可以类推。简言之，小数写在大数的左边就表示减法，因此，"IX"表示 X − I，表示的数值为 9。罗马记数法显然比我们的位值系统复杂，但我们注意到：它不需要"0"这样的记号，MDCCVI 就表示 1 706，没有歧义。

现在我们还偶尔会遇到罗马记数法，它有时被刻在建筑物的奠基石上以记载建筑的奠基时间，有时出现在电影的末尾以表示电影的拍摄年份。

## 1.13 十进制

我们的位值系统是一个基为 10 的记数系统，或者说是十进制记数系统。紧随"九"之后的那个数在这种记数法中扮演着特别的角色，它是第一个不能用单个数字符表示的数字。这个数的值等于 1 乘以 10，即 1 乘以十位的"位值"。相似地，其他的位值也都是 10 的次方：

$$\text{百} = 100 = 10 \times 10 = 10^2$$
$$\text{千} = 1\,000 = 10 \times 10 \times 10 = 10^3$$
$$\text{万} = 10\,000 = 10 \times 10 \times 10 \times 10 = 10^4$$

如此等等。应用以上记号，我们有

$$1\,776 = 1 \times 10^3 + 7 \times 10^2 + 7 \times 10 + 6，$$

由于 10 等于 $10^1$，而 1 等于 $10^0$，上式可以很整齐地写成

心中有数

$$1776 = 1\times 10^3 + 7\times 10^2 + 7\times 10^1 + 6\times 10^0。$$

使用我们的位值系统，无论多大的自然数都可以用有限个数字符来书写，例如

$$d_0,\ d_1,\ \cdots,\ d_{n-1},\ d_n,$$

其中每一个数字符都取自 { 0，1，2，4，5，6，7，8，9 }，但 $d_n$ 通常不可以为0。这样，一个给定的数字可以写成数字符组成的序列

$$d_n d_{n-1} \cdots d_1 d_0,$$

它本质上是其各个数字符乘以其位值之和式的简记形式。换句话说，上式所表示的无非就是：

$$d_n \times 10^n + d_{n-1} \times 10^{n-1} + \cdots + d_1 \times 10^1 + d_0 \times 10^0。$$

## 1.14 测算度量值

自然数是可以用来计数的数，它们可以用来对任何物品的有限集体进行计数，或者说，它们可以用来衡量集合的大小。然而，数字还有一个更为重要的方面我们没有谈到，而它涉及的不仅仅是自然数。在日常生活中，数字并不是很经常被用来衡量集合的大小，更多的是用来测量与表述数量和度量值。严格地说，这些数与计数的数字是不一样的。例如，线段的长度是一个度量值，而自然数描述的是有限集合的大小，两者含义的差异相当明显。那么，长度该如何用数字来表示呢？

关键的想法是先确定一个长度单位，然后进行测量，看看线段长度是这个单位的多少倍。对所有的测量活动而言，测量单位不过是一种约定俗成的选择，实践中我们使用的是测量设备上的单位。例如，在测量长度时，我们使用带有刻度的直尺或卷尺。将要测量的长度与尺子及其单位相比照，我们就可以得到一个描述其长度的数值。例如，在图1.10中，7个单位的总和正好与被测量的棍子的一样长。这里，我们发现测量无非是另一种形式的计数。

第 1 章 数与计数

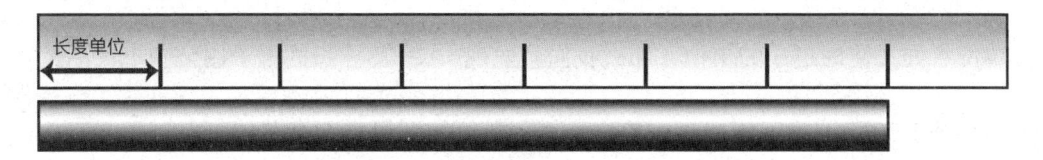

图 1.10 用数长度单位个数的方式来测量长度

然而，如果像图 1.11 那样，要测量的长度并不恰好等于单位的整数倍数，那我们该怎么办？这种情况下，我们首先确定出整数个单位的部分。图 1.11 中的整数部分是 2 英寸，此外还有小于 1 英寸的剩余。这回，棍子的长度并不等于英寸的某个整数倍数，它还有余数。怎么办？解决的办法是将英寸用适当的下一级单位来细分，然后用这个下级单位来测量余数。下级单位总是上级单位的若干份之一，在本例中我们将 $\frac{1}{8}$ 英寸作为下一级长度单位，而图中的余数部分正好等于 7 个这种单位。这就是说，棍子的长度等于 2 英寸外加 7 个 $\frac{1}{8}$ 英寸，这通常就写成 $2\frac{7}{8}$ 英寸。

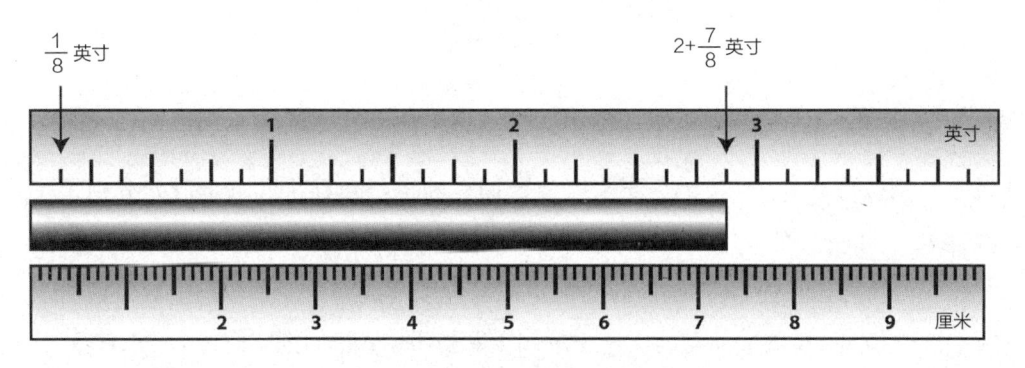

图 1.11 用单位及下级单位测量长度

公制单位系列一般采用十分法，例如，十分之一厘米就是一毫米。在图 1.11 中，我们同时也画出了公制的尺子。用这把尺子测量，则棍子的长度是 7 厘米又 3 毫米。使用十进制单位系列很有好处，前文所述的位值制记数系统只要略作扩充，就可以方便地用来表示度量值——假如度量值等于 7 个单位又 3 个 $\frac{1}{10}$ 单位时，则将它写成 7.3，读成"七点三"。如果需要更加精确，我们还可以使用更小的下级

## 心中有数

单位。如果使用更小的单位，那么我们会发现，$2\frac{7}{8}$ 英寸长的棍子用公制直尺测量则得到 7.302 5 厘米。以厘米为单位，这个数值的意思是 7 个单位 + 3 个 $\frac{1}{10}$ 单位 + 2 个 $\frac{1}{1000}$ 单位 + 1 个 $\frac{1}{10000}$ 单位。

我们注意到，上述数值中有一个"0"，它处在 $\frac{1}{100}$ 单位的位置，因此上述表达式中没有出现 $\frac{1}{100}$ 单位的数项。

将一个数量与单位数量作比照，所得到的数值称为"实数"。一些特殊形式的实数叫作"有理数"，它们是整数与真分数的和，例如 $2+\frac{7}{8}$ 英寸、$7+\frac{3025}{10000}$ 厘米以及 $5+\frac{1}{3}$ 加仑。对所有这些数值，我们都可以将它们化成分数。选择适当的单位，则这些测量值都可以用整数表示。由于

$$2.875 = 2+\frac{7}{8} = \frac{23}{8},$$

$$7.3205 = 7+\frac{3\,205}{10\,000} = \frac{73\,205}{10\,000},$$

$$5.333\cdots = 5+\frac{1}{3} = \frac{16}{3},$$

只要分别选择 $\frac{1}{8}$ 英寸、$\frac{1}{10000}$ 厘米以及 $\frac{1}{3}$ 加仑为单位，则这些测量值就分别等于 23 单位、73 025 单位，以及 16 单位。

令人惊讶的是，并不是所有的测量值都可以写成整数个单位与整数倍数的下级单位的和。这样的数值与前文所举的例子明显不同，我们把它们称为"无理数"。换句话说，无理数是不能表示成分数的数。无理数最著名的例子是单位正方形对角线的长度，单位正方形即边长等于 1 的正方形，其对角线的长度是 2 的平方根，数学记号写成 $d = \sqrt{2} = 1.414\,213\,56\cdots$。

上式表明，正方形的对角线等于 1 个边长加上 4 个 $\frac{1}{10}$ 边长，再加上 1 个 $\frac{1}{100}$ 边长，再加上 4 个 $\frac{1}{1000}$ 边长，再加上 2 个 $\frac{1}{10000}$ 边长，这样一直加下去，后面的数字串永无休止。然而，永无休止形式的数却未必就是无理数。例如 $5.333\cdots = 5\frac{1}{3}$，

## 第 1 章 数与计数

它可以表示成分数，因而根据定义是有理数。$5\frac{1}{3}$ 在十进制下的小数形式虽然永无休止，但所有小数位都一样。反之，$\sqrt{2}$ 的小数部分则没有任何循环模式。可以证明，$\sqrt{2}$ 不可能用分数表示，因而它是无理数。

另一个赫赫有名的无理数是圆周率，即

$$\pi = 3.141\,592\,6\cdots$$

它是圆的周长与直径长度的比值。如果以直径为单位，则这个比率等于 3 个单位，加上 1 个 $\frac{1}{10}$ 单位，加上 4 个 $\frac{1}{100}$ 单位，加上 1 个 $\frac{1}{1000}$ 单位……如此下去，无穷无尽。同时，$\pi$ 的数串也没有任何重复规律，因此它是无理数，不能用分数来表示。事实上，$\pi$ 是比 $\sqrt{2}$ 更特别的无理数，这点我们在第 10 章将会谈到。

如果我们定下测量单位，那么所有的度量结果同样都可以实数表示，对于测量长度、重量、面积等等都一样。对于面积，我们可以用平方米为单位，体积的单位可以用立方米，时间的度量则使用小时、分、秒。众所周知，一小时等于 60 分钟，也就是说，1 小时等于 60 个它的下级单位。这看似有些神奇，其实它是古巴比伦记数系统的残迹，我们在第 3 章将会谈到这一点。

至此，我们对于数在表示方式的发展、数的本质等问题有了更好的理解，我们也拥有了相当复杂的表示数量的体系。

# 第 2 章
# 数与心理学

## 2.1 关于外部世界的核心知识

在以狩猎和采集为生的原始觅食社会中，生活究竟会是什么样子的？我们能否想象一个不需要数字、不需要数数和计算的生活环境？今天，未被现代文明所影响的人群相当罕见，但在与世隔绝的亚马孙丛林深处还存在着不懂得数数的小部落。如果我们生活在这样的社会里，其文化需求并不迫使我们学习计数，那么，这对我们对于数的认识会有什么影响？

我们已经看到，对世界某些本质的认识是数这个概念的基石。我们环境中的物体具有持久性与特殊性，它们或单独、或成对、或成群地呈现在我们面前。由于有助于生存，这种原始知识的某些部分可能在进化过程中已经被刻写于人类大脑的神经元结构之中。因此，我们自然可以假设，新生儿的大脑里具有对于数字的某些与生俱来的认识。

科学中关于这些问题的领域称为"数学认知学"，它是认知科学中近些年才创立的新学科，其主旨是研究人类大脑做数学的方式。这个学科目前已有大量的研究，所研究的问题包括：大脑的神经元结构中用什么表达数字？动物能不能感知数字？有没有关于数的知识是遗传的？我们究竟如何获得关于数的知识？哪些数学能力是通过文化与学习而获得的，而哪些又是与生俱来的？对于数与运算的理解与说某种语言有没有关系？或者它的根基是在拥有语言能力之前？我们什么时候开始学习数数？又在什么阶段熟练掌握？

这些问题也把我们带进了"发生认知论"的领域。认知论研究知识的性质和范围，长期以来一直被认为是哲学独有的领域。让·皮亚杰（1896—1980）或许是 20 世纪最具影响力的发展心理学家，他认为，认知论需要与认知科学中关于知识的心理与社会起源的研究成果相结合。他创立发生认知论，探索每个个体经由认知过程获得知识的方式。

在 20 世纪中期，皮亚杰认为人类刚出生时是没有任何知识的，那时的大脑是一张白纸，对其环境完全无知，但具有某些学习的基本机能。感官接受的输入会在大脑里触发组织与适应的心智过程，对外部世界诸方面建立起内部表达。而人脑对这些心智上的概念进行不断细化和调整，持续努力地使内部表达与感官印象相一致。

对于新生儿能力的认识，我们今天的观点与皮亚杰大相径庭。现在已经有足够的证据表明，人类一生下来就有缘于进化的神经元结构。这些"核心知识系统"表达了关于某些外部世界的基本知识，帮助我们解释感官所接受的输入，指引我们获得进一步的能力。数学认知论的研究证实，关于数的概念存在两种基本的心理表达：不超过三或四的小数字的准确表示，以及对大数量的近似数值感。这里，我们对数的这些神经元基础只作最简单的描述，详细内容请参考《数字感：我们的头脑如何构建起数学？》这部斯坦尼斯拉斯·德亚纳（1965—）的杰作。

## 2.2 内置目标追踪系统

在时间与空间上同时追踪多个物体的能力对于生存显然至关重要。当我们需要过街时，我们可能需要同时观察多辆汽车的移动。同时面对多个移动中的猎物时，动物也需要这样的能力。显然，在潜在敌意的环境中，不具备这种能力的个体得以幸存的机会就会减小，因而它们将在进化过程中被淘汰。因此，神经科学专家认为"目标追踪系统"是大脑的一种基本机制，它是一种心理机制，在活跃着的记忆中保持对多达三到四个目标的知觉性信息。人类的意识似乎天生就知道存储在目标追踪系统中被追踪对象的数目，因此，这个系统可能就是下述关于人类天生数字感之重要表现的根源：

"感数"是不具体数数就立刻感知小集合元素个数的能力。当看到不多于三个或四个的一组物品的时候，我们通常顿时就能够知道它们的个数。对数的这种

## 第 2 章 数与心理学

知觉似乎就是天生的、不费气力的、准确的，它不依赖于有意的计数。例如，当我们看到图 2.1 第一行的各个方框时，即便方框中星星的排列完全没有任何规则可言，我们都可以立刻知道里面有两颗或者三颗星星，而有些人面对四个星星的方框也毫无困难。在面对图 2.1 的第二行方框时，我们就不再有这种即刻知晓的感觉，此时确定星星的个数变得相当不容易，需要真正地数一数才会知道。

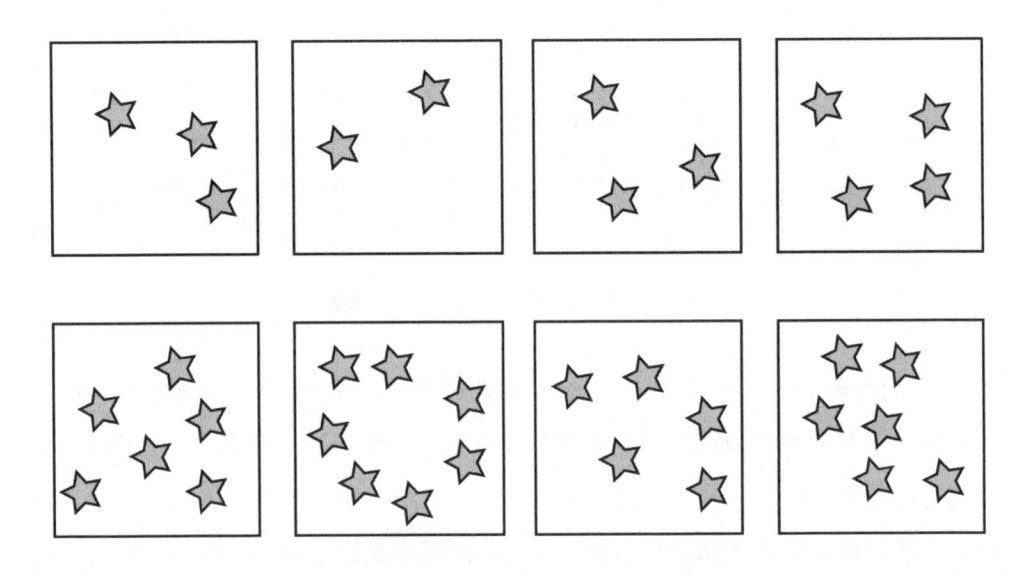

**图 2.1 感数——哪些数目你不用数就知道？**

与目标追踪系统一样，感数能力只限于三到四个目标。在这个范围内，"一瞥之下"对数的感知不仅快速而且相当准确，错误情况相当罕见。这与第 1 章所描述的数数有很大的不同，我们不需要将注意力从一个目标移向另一个。关于眼球追踪的实验证实，在感数过程中，我们并不是在看单个的目标，瞥一眼观察目标的全体确实就能够知道数目。当目标的个数达到四或五的时候，眼睛就会在个体目标之间移动，扫描整个目标集体，或者数数，或者搜索熟悉的排列样式。

通过训练，人类的感数力可以略有提高，对六、七个观察目标的集合可以一瞥而知，但这与对小集合的感数机制并不相同。其中的差别可以通过受测试者的反应时间来精确测量。给定一组受测试者，要求他们尽可能快速地确定出现在电

心中有数

脑屏幕上的斑点的数目。在感数力范围内，受测试者开始给出答案的反应时间大约是 0.5 秒钟。从一个到三个斑点的反应时间只有微小的增加，但此后反应时间的增加则相当显著，大约每个目标增加 0.25 秒，并且回答的错误率也随着斑点个数的增加而上升。这就表明，对超过三、四个目标的感知，人类显然依赖于另一种确定数目的机制，例如寻找熟悉的排列样式，或者明确地点数目标。

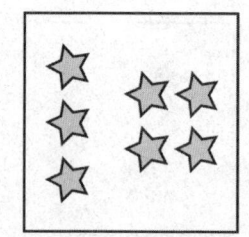

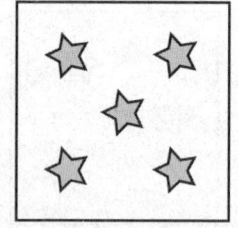

图 2.2　样式感知可能有助于目标计数

我们有理由认为感数力可能与样式感知有关系，因为，两个对象总是构成一条线而三个对象则构成线段或三角形，而这些样式都可以一望而知。在图 2.2 中我们可以看到，样式感知确实有助于确定数目。图中星星的摆放方式或是熟悉的样式，或是可以快速感知的小团块，我们因而毋需点数就很容易确定其数目。对于个数较多的集合，由于存在太多可能的特殊排列方式，遇见熟悉样式的几率于是明显降低。此外，感数并不需要静止的样式，它对移动着的、位置变化的对象同样起作用，但对诸如鼓声之类系列刺激的感知力则似乎要差一些。所有这些都表明：感数与目标追踪系统有关系，而后者的功能是在时间与空间上同时追踪多个知觉中的目标。

## 2.3　近似数字系统

尽管在一些情形下是有用的，但目标追踪系统局限于四个目标以内，显然不能满足人类的需要，因为人类很经常需要对大的数目有近似的认知。在人类早期，当一个部落遭遇到敌对部落的时候，他们必须尽快决定到底是不是要留下来战斗，他们在敌方人数占优时应该选择逃跑。

## 第 2 章 数与心理学

考察图 2.3 中的两个墨点集合，我们能否在不具体点数的前提下知道哪一个的墨点更多？面对这组或者类似的图形，大多数成年人都可以得到正确的答案。在图 2.3 中，右图的墨点数比左图大约多出 27 个百分点，这个区别恰好在人类对数目的近似认知的能力范围内。

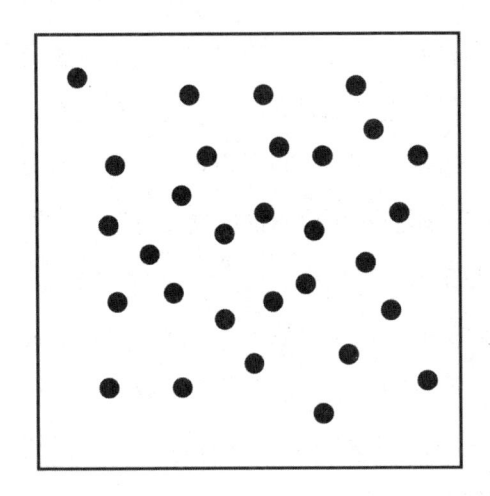

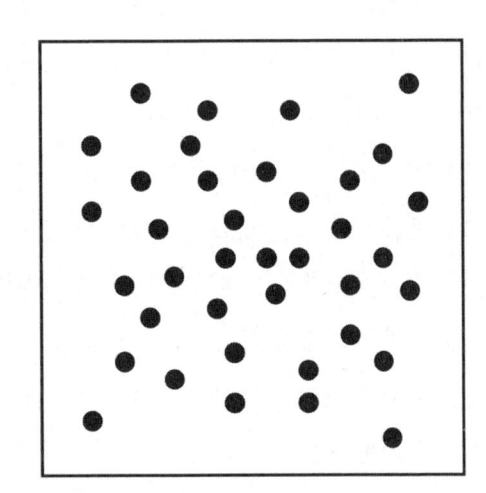

**图 2.3 近似数字感告诉我们哪个图中的墨点数更多**

这种强烈的直觉，估计以及比较非准确数目的能力，是另一种天生的心理机制，是人类在拥有语言能力之前一种对数字的理解能力。这第二种核心知识系统被称为"近似数字系统"。实验已经证明，刚出生的婴儿就已经体现出这种能力，而它会随着年龄与经验的增长而变得愈加准确。

对两个集合数目多寡的大致判别只有在集合大小的差异达到某个百分比时才有可能做到。婴儿只有当两个集合的大小至少相差一倍时才能够做出判断，成人则在差异达到 20% 以上时就比较有把握下结论。在所有情形之下，判断失误率都随差异增大而减少。

这表明，近似数字系统遵循关于感官刺激的一般定律，也即韦伯-费希勒定律。这个定律说，当感官刺激以一定比例增加时，人们对变化的感受是相同的。所以，假如你能够以 10% 的失误率判别 12 与 15，那么你判别 120 与 150 的失误率也一

## 心中有数

样是10%。我们也可以这样来陈述韦伯-费希勒定律：当两组集合的数目比例相同（比如15∶12 = 150∶120），或者说其数目间相差的比例相同时（15比12大25%，150比120也大25%），人们对这两个集合间差异的感觉也相同。

对于数目的近似认知在大多数日常生活情景下是够用的，有时，它的近似特性是明晰的。当我们说"大约一打"的时候，我们从来不在乎它会不会是11或者13。甚至，看似精确的数字信息也常常意味着近似的感觉，当我们驾驶的时速是50迈的时候，它可能其实是48或者53迈。特别地，如果我们的陈述中有大而整的数字，例如"这个村子有500居民"或者"银河系有4 000亿颗恒星"，它们会自动地被理解为近似数字。关于巨大的数字，我们其实对其准确性没有感觉。你会期望有谁能告诉你某条狗身上有多少根毛发吗？依我们的智力，我们知道那条狗身上毛发的根数是确定的，但事实上我们不能感知这个数字，对我们而言，它是一个非常模糊的数量。此外，狗会持续地掉毛和长毛，因而其毛发数目甚至在短时间内也不会保持不变。因此，我们对"大概有1 000万根"之类的答案会极其满足，但对类似2 000万根或500万根的回答我们的反应也不会有所不同，准确数字的概念与这个问题毫不相干。如果我们从来没有学会数数，而只能完全依赖于我们对近似数字的感知，那么我们对很小的数目也会有上述这种感觉：对超越感数力之外的数目，我们都将只能有模糊或近似的认知。

今天，亚马孙丛林里确实还生活着从未遭遇计数的部落。我们知道这些部落的存在，是由于心理学家彼得·戈登实地考察了皮拉罕部落，而彼埃尔·皮卡（1951—）则在曼都拉丘部落进行了他与法国神经科学家斯坦尼斯拉斯·德亚纳（1965—）共同设计的实验。曼都拉丘人最大的数词是"五"，超过五的数目则只说是"一些"或"很多"。通常他们完全不数数，而数词的使用也不一致，对于四个与五个物体有时也会弄错。他们使用"五"这个词，而其字面意思是"一小撮"，因此也会用来表示从六到九的数目。曼都拉丘人从来没有听说过加法和减法，因而是关于数的天生认知假设实验的理想对象。在一些简单实验中，接受测试的曼都拉丘人面对的是太阳能电脑屏幕上的多种"数字游戏"。结果，他们能够区别许多墨点组成的集合，其熟练程度和准确率与西方文化环境下接受教育的人大致相同。例如，当给出两组物体，然后将其隐藏起来时，他们可以比较它们的和与给定的第三个数之间的大小。显然，他们拥有对物体集合作移去与添入操作的结果天生的理解能力。然而，与已经学会计数的人不同，他们完全不懂得数字大于三时的准确算术，而只能做出近似的回答。德亚纳总结说，亚马孙土著和我们有相同的数字感，这种数字感为人类提供了算术的直觉，足以让我们掌握诸如大小关系与加减法之类的主要算术概念。要在近似感觉意义下理解这些概念，数词并非是必不可少的。

彼得·戈登所考察的皮拉罕人的语言比曼都拉丘人还更逊一筹，他们的数词只有"一"和"二"，而且这两个词可能还有"少"和"多"的意思。他们甚至没有掌握一一对应原理，因为当对象的数目超过三时，他们永远只会估计其大小，而不会用一一对应原理来做比较。有些语言学家相信，由于缺少关键的语言工具，皮拉罕人永远不能领会超过二或三的数字概念。毕竟，没有合适的数词就没有办法数数。

无论如何，口头数数似乎有助于整合近似数字表示及目标追踪系统的离散数字感。在三岁或四岁时，学习数数的儿童会认识到每一个数词对应着一个精确的数目，德亚纳总结说，这种从最初的数值层面的近似连续谱系到离散数字的"明确化"，似乎正是曼都拉丘人和皮拉罕人所缺乏的。

## 2.4 对核心系统的超越

人类的两个核心知识系统是目标追踪系统和近似数字系统，它们似乎就是我们天生的数字感的全部。就像亚马孙丛林里未受教育的部落成员那样，我们甚至在缺少文化驱动的学习机会时也拥有这两种能力。此外，研究证明，婴儿乃至有些动物也具有这种能力。

这两个核心系统赋予我们对于"数目"两种相当不同的感受。目标追踪系统使得我们对个数很少的单个目标具有精准的心理感受。这种呈现是离散的，表达出的是准确数目，对二的感受与对于一和三是截然不同的。当我们添加或移除一

## 心中有数

个物件时到底"发生了什么"？这个系统赋予我们关于这个问题精确的心理模式。

另一方面，近似数字系统将大的数目呈现为一个连续的数量，它只提供对于数目的近似和模糊的感觉。12 和 13 感觉上没有什么区别，而对 200 与 300 我们则感受到较为强烈的差异。对于其他连续变化的物理量，例如体积或密度，我们也有同样的感受。

这种天生的数字感是相当原始的认知，它与缘于教养的，三四岁幼儿即可获得的对于数字的精细知识的距离，可以说是天壤之别。然而，这个核心知识系统影响并且指导着人类后来的学习活动。人类有能力远远超越核心知识系统的极限，发展出新的认知才能。例如，在我们的文化环境中，儿童很快就能够学会把这两种数字感协调起来：对于大的数目，近似数字系统只给出关于连续变化数量的模糊感觉，而儿童可以对其运用目标追踪系统所提供的离散数字思想，他们很快就能认识到 12 与 13 的差别与 2 与 3 的差别没有两样。甚至当他们还不能数到很大的数目时——比方说 50，他们就懂得，对大数增加或减少"1"将会导致数值的变化。这显然说明，儿童很快就能够将离散数字的思想运用到大集合之上。

有一个因素可能有助于离散数字思想的运用，即 1、2 和 3 这几个小数字很可能在两种核心知识系统中都得到了表达，所以当数目超出目标追踪系统的极限时，我们的认知并没有感觉到不连贯。因此，增加"1"就会得到新的数值的思想可以被轻易地移植到更大的数目上。接受将少数几个物体依大小排列训练的猴子，甚至可以立刻将这个能力延伸应用到九个物体。然而，将大的数字理解成离散单元的能力似乎是人类独有的，动物似乎不具备这样的能力。

但是，这仍然不足以解释儿童获得这些额外领悟的原因，因而仍然是有待继续研究的问题。有一种可能性是：这个领悟过程得益于其他的核心知识系统，例如与社会互动相关的，以及与语言学习能力相关的系统。特别地，对于不同核心系统的心理表达的成功结合，例如小数字的离散表示与大数目的连续表示的结合，语言可能起着重要的作用，正是在这个结合过程中，儿童发展出对任意大集合的准确基数的感觉。

## 第 2 章　数与心理学

## 2.5　我们如何学会计数

我们已经知道，对于大的数目，儿童一开始只有近似的概念。为了发展出准确大数的观念，他们必须打破其核心知识系统的极限。近似数字系统告诉他们，12 和 13 本质上是相同的、不可区分的。但是，他们对不超过三或者四的数字有精确的认识：增加或减少一就会导致完全不同的感官印象。随后，儿童在三岁或者四岁时学会结合这两种思想，甚至在他们不能数出很大的数目时，他们都知道每个表示大数的数词都表达一个确定的数目，并且在对其增加或减少一时就产生变化。没有证据表明动物有人类这种学习能力。

按照系统性的数字体系口诵来计数，是生活在高度发达文化中的人们所独有的。但无论如何，学会计数都是一个复杂的多步骤过程，它仍然是数学认知方面当前的研究课题。父母对子女们对于计数及数字观念的迫近与理解过程的观察，是一件特别有意思而且有特别回报的事情。父母应该在这个过程中给子女们予帮助，因为早早跨越这些障碍的儿童通常在数学课上将很少甚至完全不会遇到困难。基于美国数学教育专家凯伦·弗森（1943—）在 1988 年发表的举世闻名的研究结果，我们将首先考虑获得语言工具和数字概念的几个典型步骤。

大约两岁的时候，儿童开始学习说话，同时也学习数词。最开始使用这些数词时，他们对其数值内涵完全没有任何理解，他们按照数序学着背诵"一、二、三、四、五……"，数字就像是儿歌里的单词，而确实有不少童谣对学习数词序列很有帮助，例如：

> 一二接着三四五，
> 山上有只大老虎。
> 六七后面八九十，
> 咱们从头再开始。

渐渐地，儿童逐步能熟练背诵数词的序列，但他们仍然没有学会计数。接下来，他们开始领会到这些序列可以分割成单个的数词，并且具有特定的顺序。而

## 心中有数

一旦理解了双射原理，即"一个数字对应一个对象"的规则，他们就开始懂得应用这些数词来计数了。

大概在三到四岁的时候，他们就能够指出任何一个数字的后继（即后一个数）。例如，当被问到"六"后面是什么数字的时候，他们已经不需要从"一"开始按顺序背诵数词了。他们开始将数词序列的开头部分与"小"和"少"相对应，而将后面的部分对应于"大"和"多"。这一步肯定也是他们将数字与心中的数字轴线上的位置相对应的开始。他们能够理解简单的算术，将数目的增加与数词序列或数轴上的"向前"相对应，而将减少对应于"向后"。然而，这时他们还只是理解了序数原理，即数字的有序性。

在学习计数方面，儿童在大约四岁到五岁时会跨出重大的一步。通过数数游戏不断积累经验，儿童理解到数字不仅仅代表着数数时数词序列中的一个位置，同时也是点数物品后得到的数目。因此，数字"四"不仅是数数过程中到达的第四个位置，也意味着已经点数过四个物品的集体，而这个集体也包含有一个、两个和三个物品。这就是说，他们领会了基数原理。此时，儿童处理数词的技能也得到改善：他们可以指出数字的后继（即后一个数）与前驱（即前一个数），可以从任何一个数字开始背诵数词序列，有时还可以逆序背诵数词（即倒着数数）。

当然，个体的差异存在而且巨大，有些三岁儿童的计数能力比某些五岁儿童还要好。在我们的文化中，典型的四岁儿童可以数到10，并学习20以内的计数。大约从五岁开始，他们学习理解20到100数字之间系统而重复的结构。这个时候，他们不需要逐个记忆数词及其在序列中的位置，但需要领会数词构造的规则。学会以倒序数数需要更长的时间，这是容易理解的，而对数词一般构造的深刻理解，让他们认识到数词序列是永远不会穷尽的。对每一个数词，它的下一个都可以根据产生数词的规则构造出来。

数字是基数与序数的融合体，最后念出的数词表示我们所点数集合的数目。并非每个儿童都可以没有困难地获得这种认识，这可能是有些儿童呈现出计算障碍症的原因之一。当这种儿童点数一个集合时，他们不懂得回答"多少个"这一问题，因为他们只是将最后那个数当作单词对应于最后被点数的物件，而不懂得将它与集合的大小联系起来。凯伦·弗森的研究报告说，在点数五辆玩具车时，这样的儿童会指着最后那个玩具小车说"这是五辆车"，而不是说"这是第五辆车"。为了回答"多少个"这一问题，他们只知道再次点数集合，这表明他们是在双射原理的意义下来理解数字：他们只是用计数标签对应的数词来表示玩具小车的集合，"五辆车"其实是"一、二、三、四、五辆车"，数词对他们像是计数棒上的统计标记。

一旦理解了最后到达的数词对于整个集合的意义，以及计数序列中的每个数词都表示已经数过物品的个数，儿童就将能够从数字序列的任何地方开始数数。这时，当我们提出"五个物品加上三个物品共有几个"这样的问题时，儿童不需要将两组物品从一开始分别点数，而是知道从第一组的结果"五"出发，接着数出"六、七、八"，从而得到"八"这个正确的答案。

再后来，儿童开始理解数目之间的差别以及全体与部分的关系。从任何一个数字开始，他们现在可以毫无困难地向前或向后数数。相应地，儿童也开始发展出对系列数字间"相同距离"的理解，这个进展通常在儿童入学的第一年达到，为他们学习比计数更复杂的计算策略铺平道路。不能够理解全体与部分的关系，以及一个集体可以以某些方式分解成小组，可能是计算障碍症的另一个原因。儿童必须懂得，五个一组的物品可以被分成两个与三个的小组，这是理解算术中计算策略的一个重要前提——例如，对"8 加 5"等于"8 加 2 加 3"这类事实的领会。

## 2.6 逻辑优先吗？

根据皮亚杰较早的一个心理学模型，在可以教给儿童数字之前，某些特定的逻辑功能必然已经建立起来。大脑不断通过主动的和构造性的认知过程，逐渐学习并领会包括数字在内的概念，这些过程使得内部心理表达与感官印象协调一致。

按皮亚杰的说法，儿童的认知发展并不是逐渐的，认知能力和逻辑理解的某些本质性改变标志着一个新阶段的到来。在六到七岁的时候，儿童可能达到所谓的"具体运用"阶段，具备运用数字所必需的逻辑能力。皮亚杰认为，这种必需的逻辑领悟包括对集合概念的理解，在达到这个阶段之前教给儿童数字并没有多少意义。儿童需要有能力认识到被考察对象之间本质的相似，能够把相似的对象组合成它们共同的集合，比如说一堆石子或一群人。皮亚杰将这个过程称为"分类"。还有，他们必须能够给所考察的对象从第一到最后排出顺序，简单地按照它们的位置排序，或者按照从最短排到最长，或者从最小排到最大的次序，甚至依照其他准则来排序。使用皮亚杰的术语，这个技巧叫作"系列化"。与此同时，还必须建立起对不变性的认识，例如，如果某个集合中的物品之间的距离被拉大，那么它看起来是比以前要大，但这个集合仍然包含同样数目的物品。因此，教儿童学习数字的过程中，应该让他们进行涉及不变性、分类以及系列化的练习。只有当这些概念被完全掌握时，对它们的综合才导致对于数的理解。这种"逻辑优先"的策略显然是受到数学中严格逻辑结构的影响，它在20世纪后半期相当流行，是20世纪60年代在校园中兴起"新数学"运动的激励因素之一，突然间，儿童不是学习传统的数数，而是必须学习集合理论。然而很不幸地，儿童成长的逻辑与数学逻辑相当不一样，这个运动因而最终被抛弃。

实际上，后来的研究表明，传统学习数学的方式一点都不坏。那些发展阶段并不像皮亚杰所声称的那样整齐和严格，有些能力儿童事实上在更早的年龄就已具备，而有些能力则在数字的初步运用中并非必不可少。儿童理解数字的序数性比理解其基数性要早，而用序数进行口头数数的重要性远远高于皮亚杰对它的认识。

但是，有一点皮亚杰是正确的：儿童自身的心智活动是学习的核心。数字不需要解释，儿童依靠他们自己的认知过程逐步获得相应的能力和理解力。学习数字是一个非常复杂的过程，首先是学习数词系列，接着将数词与排成一列的物体对应起来数数，最后才是理解其数量方面的意义，以及全体与部分的关系。这个过程是"数数优先"而不是"逻辑优先"，逻辑的认识会在这个过程中逐渐确立起来。

## 2.7 数字和轴线

斯坦尼斯拉斯·德亚纳和他的同事们进行的实验，揭示了一些与人脑处理数字相关的有趣效应。

当我们对两个数字的大小进行比较时，确定哪个数字更大所花的时间依赖于

## 第 2 章 数与心理学

两数之间的差异。例如，在反应测试中，人类确定"6 比 5 大"所花的时间总是比确定"9 比 4 大"所需要的更多。在两位数的情形，即便我们仅仅根据十位数就可以作出判断，确定"81 比 79 大"仍然比确定"85 比 76 大"更费思量。德亚纳把这种现象称为"距离效应"。数字之间越接近，对它们的排序就越有难度，而且这种事实不会因为大量的训练而改变。尽管两组数的差值并无不同，但 85 与 76 之间的距离感觉上比 15 与 6 之间的距离要近一些，这是另一种距离效应，它是我们早些时候提到过的韦伯-费希勒定律的效应。当对两个数排序时，两数间差别的比例相同者，排序的反应时间和错误率也大致相同。例如，9 与 12 的差别比例和 60 与 80 相同，对这两组数的排序反应时间与错误率也大致相同。

一个看似合理的解释是：当我们学习数字的时候，大脑在神经元结构中建立起一种数量的模拟表达方式。这种表达是数值与空间排列的一种模糊的对应，数字似乎是根据其大小在空间中排列位置。因此，在神经元结构的"顺序"意义下，2 排在 1 与 3 之间，12 也排在 11 与 13 之间。数字空间序列的思想是文化学习的结果，在西方文化中，与其书写方式一样，人们通常将数字按增加的次序从左到右排列；而在其他书写次序的文化环境中，人们也倾向于将数字按其书写的顺序排列。通常认为，心理数字轴线是自动和不自知地被激发的，它影响着人们的数字观念。

"SNARC 效应"，即"响应信号的空间数字结合"，是德亚纳于 1993 年发现的。它提供了数字轴线在数字心理表示中扮演角色的另一个迹象。测试对象被要求尽快决定电脑屏幕上所出现的数字是奇数还是偶数，并通过按压在其身体左边或右边的按钮来回答。对答案为右边按钮的问题和答案为左边按钮的问题，受测者的反应时间并不相同。对于小的数字，人们对答案为左边按钮的问题回答得较快，但数字很大时则对答案为右边按钮的问题反应会快一些。这个结果不因为受测者是或不是左撇子而改变，因为两手交叉操作身体另一侧的按钮，测试结果也还是相同。由此可见，决定反应时间的不是回答问题时用哪一只手，而是按钮在身体的哪一侧。身体的左侧与小数字相对应，因此我们能够更快地发现小数字的性质。大数字的内部表示处于心理数字轴线的右边，与身体的右侧相对应，因此身体右

· 47 ·

## 心中有数

侧对大数字的反应时间也较短。德亚纳相信，只要我们在感知数字，心理数字轴线就会在不知不觉中被激发，甚至当数字轴线与任务无关时——例如确定数字的奇偶性时——也不会例外。

专家们已经再三考察了数字内部空间组织的效应，这种内部空间组织不会因训练而改变，也独立于受测者的数学知识储备。心理数字轴线与数字依其大小的排序有着紧密的关联，基数在空间排列中的放置当然地使我们更容易将数字的基数性与序数性结合起来。尽管心理数字轴线深藏于神经元结构之内，并且经常被无意识地激起，但它不是与生俱来的，它是文化学习的结果。

作为一种神经生理效应，心理数字轴线与我们在学校中学到的数轴截然不同。当年轻儿童被要求将从 1 到 10 这十个数字画到线上时，他们会画出类似于图 2.4 那样的图案。图中，3 基本上处于正中间，而较大的数字被画得更紧密，其位置具有不确定性，隐含着可能的重叠。

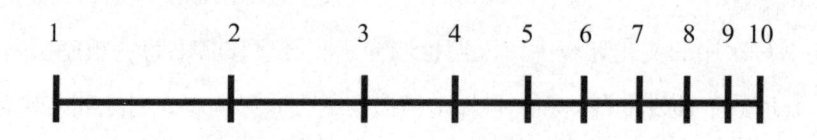

图 2.4 心理数字轴线

在儿童发育的早期，数字轴线只包含关于增加方向的模糊信息。相应于感数的天生数字认知范围，它可能包含有 1、2、3 的离散位置；而对较大的数字，数字轴线开始变得不明确，当数字越来越大，表示着近似数量时，单个数字间的间隔就显得越来越紧密。而当儿童学习数数，获得对数字差异的认识时，数字轴线有意识的图像得以形成并被逐步调整。当儿童可以从任意数字开始顺着或倒着数数时，他们开始具有数字序列间"距离相同"的认识。因此，年纪较大的儿童倾向于把数字轴线画成数字间等距的形状。这，当然也就与像卷尺那样数学意义上的数字轴线相一致。

# 第 2 章 数与心理学

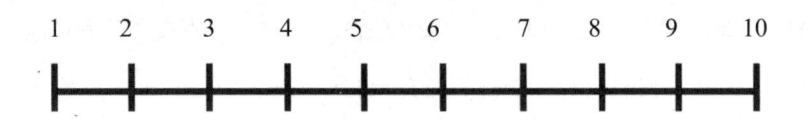

**图 2.5 数学意义上的数字轴线**

当数字概念进一步发展时，对数字轴线的有意识感知是不固定和可调整的，它依赖于文化处境与个人偏好，由于学习与经验积累而变化。并非每个人都偏好数字的线性排列，由于某些目的或者对于某些区间，数字在心理上的排列方式可能不是线性的，时钟表面上的数字就是一个例子。有时候，数字甚至还被赋予颜色之类的附加属性。

## 2.8 数字的演化

计数是一种文化的发明。从一个水平非常原始的、以数字"二"为基础的体系中，我们已经可以看到系统性计数的萌芽。有报道说，在 20 世纪初，澳大利亚、南美洲以及非洲南部的一些土著仍然只有"二"以内的数词，但他们却能够表示"四"以内的数字，其表示机制是：一、二、二一、二二。用这个方法很容易表示"四"以上的数字，例如我们可以用"二二一"表示"五"，用"二二二"表示"六"。然而，这在以寻觅（而非生产）食物方式生存的部族中似乎没有必要，因而他们通常不那么去做。我们通常认为，人类在定居之后才发展出用于计数的语言。计数词的发明并非一蹴而就，它有一个不断演进的过程。这个过程是复杂的、相当持久的，在没有历史记载的时代即已经开始。数词是人类语言中最古老的部分之一，其演进过程中所遭遇的困难在有些语言中还有所体现，成为数词发展过程的间接证据。例如，英语中的"十一"是"eleven"，"十二"是"twelve"，它们分别与哥特人的"*ain-liv*"与"*twa-lif*"有关，后者的意思是"剩一个"和"剩二个"。这两个词给我们这样的暗示：在原始日尔曼语发展过程的某个早期阶段，"十"是数词的上限，而当时的人们面对着数完十个物品后仍然有一个或两个剩余的情形。

## 心中有数

一、二、三、四这四个数在很多语言中有着特殊的角色。在社会生活中，它们分别对应着如下四个原始的概念："我/独自""你/一对""某个其他人"以及"两对"。因此，它们在所有语言的最古老的形态中都存在，而且它们也是仅有的可能依"性""数"[①]情形而变化的数词。在拉丁语中，这四个数是"*unus*""*duos*""*tres*"和"*quattuor*"，它们与形容词一样有"性""数"的变化，而从"*quinque*"即"五"以后的拉丁语数词则不再有变化。甚至在当代德语中，"一"在修饰阳性名词时写成"*ein*"，而对阴性名词则是"*eine*"。在上古及中古德语中，"二"和"三"也都像真正的形容词那样有"性"的变化，只不过在现代德语中已经消失。当代德语中"二"是"*zwei*"，它的一种古老的阳性变化为"*zween*"，这个写法在英语单词"*twain*"与"*twenty*"中仍有体现。"*zwei*"本来是"二"的中性形式，其古老的阴性变化是"*zwo*"，为了在口语中更清楚地区别于其他数字，当代德国人有时在数数时还会使用这个变化。这里，我们应该记住，英语中超过一半的词汇源自德语。

在英语中我们仍然可以看到，"一""二"和"三"的序数词仍然很特别。其他序数词都是以"*th*"结尾的形式，而前三个序数词则不然，它们分别是"*first*""*second*"和"*third*"。

我们前面讨论过感数，从"一"到"三"或者"四"这几个数词的特殊性可能与感数的数值局限有关系。这在书写中也有体现，在很多书写体系中，数字1、2、3的写法都源自符号——可能是表示相应数目的手指或算筹的符号。例如，它们相应的罗马数字写法是"I""II"和"III"，而汉字则是"一""二"和"三"。对超过"三"的数字，汉字写法有完全不同的来历，由于仅仅瞥一眼很难分辨四、五、六条平行线组成的符号，因而其他类形的、更为实用的符号被用来表示比"三"大的数字。如图2.6所示，历史非常可能是这样的：两条或三条平行线随着时间的推移被连笔写在一起，最终成为"2"与"3"写法的源头。

---

[①] 英语有简单的"数"的变化（例如复数加"*s*"），但没有"性"。许多语言有"性"，例如法语名词分"阴性"和"阳性"，而德语还有"中性"。在这些语言中，名词的"性""数"不同时，配合使用的冠词、形容词等都有相应的变形。

第 2 章 数与心理学

图 2.6 1、2、3 的写法可能来自于相应数目的线段

## 2.9 语言的特异性

一个有用的数词系列必须遵循某些原则。例如，所有的数词的读音必须是唯一的，不应有读音相同的数词表示不同的数字。此外，计数的序列必须是永远用不完的。如第 1 章所解释的那样，后面这条可以通过一个系统性、分层次的组合方式来实现。用小树枝、贝壳、石子等等作为辅助的计数体系，后来即体现在数词的结构之中。如表 2.1 所示，通常构建数词的体系是以"十"为基础的。表中的体系曾在世界多个地区被独立发明，而在中国至今仍在使用。尽管英语的计数体系有所不同，但它在数字大的情形与表 2.1 也非常相似。例如 993 这个数字，汉语的结构是"九-百-九-十-三"，与英语的"九-百-九十-三"就没有大的不同。

表 2.1 表示了一种创造数词的通用机制，它同时运用加法与乘法："十-二"的意思是"十加二"，而"二-十"的意思是"二乘十"。因为这组合方式的基础是"十"这个数字，数词体系需要从"一"到"九"这九个基本数字，以及"十""百""千"等表示高位数的单词。更大的数字通常由高位数字与低位数字结合而成，例如，高位数"二千"，与较低位的"三百"和"六十七"结合，就成为"二千三百六十七"这个新数词。

**心中有数**

| 一 | 二 | 三 | …… | 九 | 十 |
|---|---|---|---|---|---|
| 十-一 | 十-二 | 十-三 | …… | 十-九 | 二-十 |
| 二-十-一 | 二-十-二 | 二-十-三 | …… | 二-十-九 | 三-十 |
| …… | …… | …… | …… | …… | …… |
| 九-十-一 | 九-十-二 | 九-十-三 | …… | 九-十-九 | 百 |
| 百-一 | 百-二 | 百-三 | …… | 百-九 | 百-十 |
| …… | …… | …… | …… | …… | …… |
| 百-九-十-一 | 百-九-十-二 | 百-九-十-三 | …… | 百-九-十-九 | 二-百 |
| …… | …… | …… | …… | …… | …… |
| 九-百-九-十-一 | 九-百-九-十-二 | 九-百-九-十-三 | …… | 九-百-九-十-九 | 千 |

表 2.1 一种系统性的数词系列

如果数词总是遵循严格的构造规则，学习算术对儿童而言就会相对容易，在中国、日本和韩国，事实确实如此。汉语中数字系统的构造格外规则，几乎是严格遵循着表 2.1 的体系而构建。其中，从 1 到 10 各个数字，以及 100、1 000、10 000 等都拥有自己的单词，其他数词则以递归的方式构建：在数到"十"之后，就开始在"十"的后面加上"一""二"等作为后缀，直到"二十"，这与表 2.1 完全一样。

表 2.1 的构造机制结合了加法和乘法。"二-十"表示"二乘以十"，"十-二"表示"十加上二"，对比可知：低位数在高位数之前时表示乘法，高位数在低位数之前则表示加法。尽管 10 的有些次幂没有专门的用词，更大的数词同样也遵循这个构造规则。对 10 000 这个数字，汉语中有一个专用名词"万"，英语与之不同，英语使用"十-千"来表示，意味着"十"乘以"千"。相似地，"二-百-千"表示"二百"乘以"千"，"二-千-百"则表示"二千"加上"百"。同理，"千-二-百"表示"千"加上"二百"，而"百-千-二"则表示"百千"加上"二"。

对于很大的数字而言，英语的数词体系本质上是遵循上述机制的，很多其他语言也是如此。但在数字较小的情形，例外则有很多。在英语中，20 的写法是

## 第 2 章 数与心理学

"*twenty*"而不是用"二"和"十"的组合"two-ten"来表示；13 是"*thirteen*"，也没有采用"十"和"三"的组合"ten-three"。英语有一个表示上述机制中"加法"的连词"*and*"，相当于汉语数字表述中所用的"又"。除非在带有小数时，美式英语并不鼓励使用这个连词。美式英语中，"578"一般只说是"五-百-七十-八"，但"56.3"则说成"五十-六又十分之三"。需要注意的是，英式英语在这点上不一样，通常"578"会被说成"五-百又七十-八"。此外通俗口语中还有一些例外，例如在美国的通俗口语中，"二-百-七"可以说成"二O七"——此处"O"读成英文字母"欧"；而"二千二百五十一"则可以简单说成"二十二-五十一"。

可以假定，数词中的特异和例外之处越多，儿童对数词系列的系统掌握就越有困难，对数词与其书面形式的关系也就越不容易理解，算术也因此变得有难度。例如，"十"加上"二"等于"十-二"，而"ten"加上"two"却是"twelve"而不是"ten-two"。显然，前一种语言形式中的算术更容易被理解和接受。比较研究确实表明，在对以"十"为基础的数字系统，以及数字记号的位值体系的理解方面，中、日、韩三国一年级学生的表现优于美国的同年级学生。

很多语言中都存在偏离数字系统逻辑结构的情况，但英语中的例外严格局限于小数字。由于小数字在历史上出现最早并且每天都在使用，因此，它们常常容易因习惯用法与口语形式而发生变化。

例如，拉丁语的数词中有时会出现减法。拉丁语表示"十九"的数词是"*un-de-viginti*"，其构造表示的是"二十去一"的意思，同样，"十八"写成"*duo-de-viginti*"表示的是"二十去二"。在芬兰语中，从"十一"到"十九"这九个数词是用"一"到"九"加上"第二"这个词尾来构造的。"十六"的芬兰语写法翻译成汉语是"六-第二"，意思是第二次数十个数时，这个数处于第六位。在法语中，"六十"与"一百"之间的数字反映出古代二十进制的痕迹。因此，"七十"在法语中没有相应的单体词，它使用"六十-十"来表示。"八十"的情况又有不同，法语将它说成"四-二十"，即"四乘以二十"的意思。而"九十七"这样的数字在法语中的表示看起来则更为复杂，它被分解成"八十"加"十七"，因而写成"四-

· 53 ·

## 心中有数

二十–十–七"。意大利语也有自己的特点,从"十一"到"十九"本质上是使用"'十'加上个位数"的构造思路,但"十一"到"十六"的构词顺序是"十"在后面,而"十七"到"十九"则是"十"在前面。例如,"十一"的写法是"*un-dici*",而"十八"则是"*dici-otto*"。

在德语中,一百以内的数词采用多种不同的构词规则。"二十三"的写法是"*dreiundzwanzig*",逐段翻译就是"三又二十",它将"23"的两个数字反序书写,同时违反了"低位数在高位数之前时表示乘法"的一般规则。正是因为后一个原因,构词中特地在两个数字之间添加了"*und*"(即"又"),将"加法"明确地表示出来。

正如我们在第 1 章所看到的,尽管在我们的时代是压倒性的,十进制并不是唯一可能的记数系统。此外,从口语中的数字到实用的符号系统,其间的距离相当遥远。在下一章,我们将考察几种数字书写体系的历史。

# 第 3 章
# 历史上的数字

## 3.1 巴比伦的数字——历史上第一种位值制数字系统

人类第一个高度发达的文化出现于美索不达米亚南部的苏美尔，位于现今的伊拉克境内。5000 多年以前，苏美尔人就在这里建起人类最早的城镇，目前已知最早的书写系统也正是在这里出现。发展出这套书写系统的目的，可能是为了组织经济活动的便利，以及将经济活动永久记录的需要。此外，苏美尔社会的管理早已变得非常复杂，以至于人类的记忆无法应付，因此也有发明书写系统的需求。楔形文字是从最早的象形书写符号发展起来的。在时常遭遇洪水的两河流域，黏土资源非常丰富，因而苏美尔人制造黏土泥版，趁泥版未干时用楔形工具在其上刻写符号。随着时间的推移，符号的数量逐渐减少，楔形书写系统中象形的成分越来越少，表音成分则越来越多，符号成为表示口语中音素和音节的工具。大约在公元前 2300 年时，阿卡德人攻占了苏美尔，两种文化发生融合，苏美尔书写系统在美索不达米亚地区处处得到使用，而巴比伦帝国也很快在这片土地上崛起。苏美尔人、阿卡德人以及巴比伦人造出了无数片泥版，其中至少有 50 万片留存至今。在现存的泥版中，大约有 400 片或者包含有数学内容，或者就是数学问题，而我们关于巴比伦科学的知识，正是从这些泥版中获得的。

最有意思的是，苏美尔人以及后来的美索不达米亚文化，都采用六十等分的数字系统，或者说是使用六十进制，而不使用我们现在日常生活中惯用的十进制。采用基的数目如此之大的进位制，这在全世界是独一无二的。

人们曾经猜测，美索不达米亚文化使用六十进制的原因是天文与占星学。巴比伦祭司观察行星、月球与太阳在天球上的准确位置。在太阳升起前的短暂时段里，最亮的星星仍然可见，可以据之确定太阳与星星的相对位置。他们发现，太阳在

## 心中有数

天空中沿着巨大的椭圆移动，运行一周大约是360天。很可能正是由于这个原因，一个完整圆圈被分成360度。像作正六边形那样，圆的六等分非常容易做到，这样，每一等分就是60度。60天大约是两个月球视运动周期的长度，并且60作为单位具有相当好的性质——比方说，它很容易被分成2、3、4、5及6等分。就这样，60就被选择成为其数字系统的基。

这种解释看起来很有道理，但它却极有可能是错误的。乔治·伊弗拉在《数字全史》中指出，上述解释预先假定像天文学那样高度发达的科学在发展出数字系统之前就已经存在，然而，一个新生文化的数字系统是因为其非常基本的需求而产生的，所有历史证据都表明，数字系统总是比任何对天空的系统观察要古老很多。此外，数字系统的选择并不根据复杂而抽象的数学需要，比如根据基的因数个数来选择。在拥有任何关于数字的高级知识之前，人们即由于系统性的应用和文化习俗而习惯于某个特定的分组方式。伊弗拉设想，有两个史前族群，一个习惯于五分制或者说是五进制，另一个习惯于十二进制，而苏美尔的60等分制系统是在这两个史前人群融合时产生出来的。在第1章我们曾指出，基为5的数字系统与基为12的系统在用手指计数时是很容易结合在一起的。用右手拇指指点其他4个手指的指节可以数到12，与左手5个手指相结合，则用双手的手指计数很方便地可以采用60为单位，而这种方法也很容易同时被习惯于基为5，以及基为12的不同人群所理解。此外，伊弗拉所提出的证据说明，在苏美尔人对1到10这10个数词的口语表达中，似乎存在着五进制数字系统的痕迹。

由于必须记住从1到60所有的数词，六十进制给人们的记忆带来巨大的负担，这是它的缺点。然而，苏美尔人使用10作为中间的进位制来克服这个困难。他们用60以下各个10倍数的名称加上1到9的名称来构造从1到60的数词，这和我们构造数词的方式本质上是一致的。换句话说，苏美尔人在60之内的数词是十进制的，而这也影响了后来用楔形符号书写数字的方式。

在美索不达米亚，来源于闪族、说阿卡德语的族群后来主宰了巴比伦帝国，他们习惯使用十进制。然而，他们虽然继续使用十进制，在书写中却首先采用苏美尔人的六十进制，只是在日常使用中慢慢地过渡到更适应其口语中的十进制数

## 第 3 章 历史上的数字

词的记号。由于苏美尔人 60 以内的数字使用十进制作为中间进位制，这个转换过程并不困难。不过，从公元前 2000 年到公元前 1000 年，巴比伦的学者一直在使用六十进制。

大约在公元前 1900 年，巴比伦的天文学家与数学家以苏美尔人的数字系统为基础，发展出一套非常先进的使用楔形符号的数字书写方法。这种数字书写方式是历史上第一种位值制系统。他们只使用竖直楔形符号▍和纹章形符号〈两种楔形符号，分别表示 1 和 10 这两个数字。从这两个基本符号出发，他们创造出复合符号来表示 60 以内的数字——这些数字的功能就像是十进制中的 1 到 9，我们称之为"数字符"。这些数字符由其数值决定的基本符号组合来书写，例如，56 的写法如图 3.1 所示。

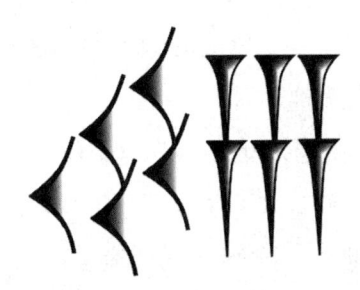

**图 3.1　56 的楔形符号表示**

用这种方式，1 到 59 都可以各有自己的记号。在位值系统中，大的数字由排成一行的数字符来表示，这正是我们现在书写数字的方式。因此，巴比伦的数字符是具有位值的，一个竖直楔形符号▍的含义因其位置而不同，在右起第一个数位时表示"1"，在第二位时表示"60"，在第三位时则等于 60 的平方，即 3600。例如，在图 3.2 表示一个（六十进制的）三位数，三个位置上的数字符依次是 12、35、21。

位值制数字的值等于其所有"数字符"的位值之和，因此，图 3.2 中数字的数值等于 $12 \times 60^2 + 35 \times 60 + 21$，即 45 321。

**心中有数**

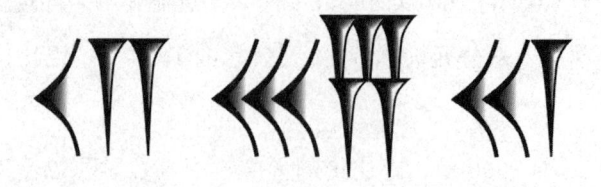

**图 3.2　值为 45 321 的楔形数字**

这种表示数字的方式乍一看似乎很复杂，但事实上它对我们来说并不陌生。当我们用时、分、秒来衡量时间的时候，我们遵循的是同样的技巧。假设图 3.2 的六十进制数字表示的是以秒为单位的时间长度，那么它表达的意思就相当清楚。这里，六十进制第二个数位的单位是 60 秒，因此第二位上的数字符表示的就是分钟，而 60 分钟则等于 1 小时。所以，图中的数字表示的时间长度是 12 小时 35 分 21 秒。对我们而言，这比写成 45 321 秒要好懂得多。但是，我们还是不适应六十进制，上述六十进制时间的下一个单位是 60 小时，这个时长是两天半，我们没有它的专用名称，因而也从此偏离了六十进制。

很长一段时间中，巴比伦人没有"0"这个数字，没有任何符号表示某个数位上数字符的缺失，这给他们带来了麻烦。没有"0"这个记号，我们就无法区分"1""10"以及"100"。因此，一个楔形符号究竟表示"1""60"或者还是"3 600"，就需要从上下文中寻求线索。如果数字中间存在没有数字的数位，苏美尔人有时会在那个位置留一个空格，而表示"0"的符号到大约公元前 3 世纪才出现，为巴比伦学者所发明。在图 3.3 中，符号 被用来表示 3 600 的位置上没有数字符。

**图 3.3　$1 \times 60^3 + 0 \times 60^2 + 54 \times 60 + 23 = 219\,263$**

第 3 章 历史上的数字

必须指出，巴比伦数字系统中的位值制也贯彻到分数部分，这可以说是"六十分制"。在我们的十进制系统中，小数点后面同样采用位值制，例如 1.11 表示的是 $1+\frac{1}{10}+\frac{1}{100}$。小数点之后的"1"可能是 $\frac{1}{10}$ 或 $\frac{1}{100}$ 等等，依其位置而确定。巴比伦人的六十进制与此完全类似，唯一的问题是他们没有发明类似于小数点的记号，刻写泥版的人想要表示的究竟是什么只能靠猜，而这并非总是很容易。对图 3.2，我们前文曾将它解读成 $12 \times 60^2 + 35 \times 60 + 21$，事实上它也有可能是 $12 \times 60 + 35 + 21 \times \frac{1}{60}$，甚至还可能是 $12 + 35 \times \frac{1}{60} + 21 \times \frac{1}{360}$，如此等等。数字符号所表达的真正意思必须根据上下文来决定，这要求读者注意力更加集中，逻辑思考更加深入，同时它也是一些错误的根源。

巴比伦人书写数字的抽象方式对古代学者产生过深刻的影响。虽然习惯于十进制系统，古希腊天文学家将楔形文书的数字翻译成其本国字母书写形式时，在 60 的负数次方的表示方法上却继承了巴比伦的系统。显然，将数以千计的天文学数据表换算成十进制是无法承受的重负，正是由于这个原因，我们在时间和角度的计量方面仍然使用六十分制，将"小时"和"度"分割成"分"和"秒"。

## 3.2 埃及的数字——历史上第一个十进制系统

与美索不达米亚差不多同时，埃及大约在公元前 3000 年也出现了表示数字的符号。同样，他们也因为实际需要而发展出自己的数学。测量，尼罗河洪水之后土地的重新分配，灌溉渠道、金字塔以及神殿的规划，工酬和税赋的计算，所有这些都变得非常复杂，以至于仅凭记忆与口述都不足以完成工作，对讲话、命令、账目、库存，以及调查等等的书面记录因而成为必要。古埃及的文字符号是象形的，其希腊文名称 "grammate hieroghluphika" 依照其单词构成是"雕刻的神圣文字"的意思，"象形文字"这个术语在多数西方语言中的写法就来源于这个希腊词汇，而这个单词往往专指古埃及文字。最初，这些象形字符是表形或表意的，后来演化成表示声音的符号。尼罗河三角洲有一种可以生长到三米高的植物叫作"纸莎草"，它可以制成类似于纸的书写材料，古埃及的象形文字就写在这种被称为"莎草纸"的材料上，或雕刻在石质的纪念碑上。由于埃及气候干旱，莎草纸可以保

**心中有数**

存很长时间，因而很多古埃及的莎草纸文献至今仍然存留于世。我们对古埃及数学的了解，基本上得之于少数保存下来的、包含有数学内容的莎草纸文献，这些文献以僧侣体文字写成于古埃及的中王国末期，大约是公元前 1700 年。僧侣体文字由古埃及后期象形字符构成，这些字符是古埃及早期象形文字经过不断简化与规范化演变的结果。由阿姆斯抄写的"莱因德纸草书"共包含 85 个数学问题，这个几何与算术习题集的功能也许是向其他吏员介绍数学与计算的艺术。此外，著名的数学纸草书还有收藏于普希金博物馆的"莫斯科纸草书"，以及目前收藏于伦敦大英博物馆的"数学皮卷"。

古埃及人使用十进制系统。他们使用特别的象形符号表示 10、100、1000 等等，因而从一开始就可以写出大至百万的巨大数字，如图 3.4 所示。

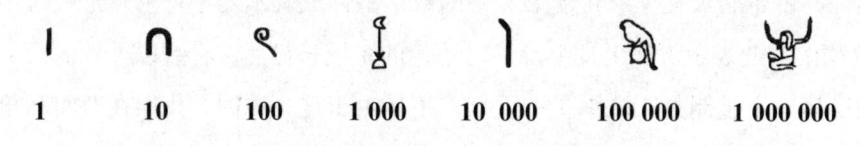

图 3.4 表示 10 的各次幂的象形符号

这些符号的使用方式是从左写到右。如果数字需要从右写到左，则这些符号就改成水平翻转后的图形。

使用这种符号，数字的构成方式非常容易理解。这个数字系统不是位值系统，倒是与古罗马的数字系统相似，都是以加法为基础。与古罗马不同的是，这个数字系统不使用减法，也没有表示"五"或"五十"等符号，只是根据表达需要反复使用同样的符号。例如，2 578 这个数字，古埃及人的写法如图 3.5 所示。

图 3.5 2 578 的象形符号表示

## 第 3 章 历史上的数字

最后需要指出，古埃及人没有用来表示"0"的符号，而他们的数字系统确实也没有这个需要。

## 3.3 古埃及的算术

古埃及人进行计算的办法是把一切都转化成加法。原因其实很简单：在他们的数字系统中做两个数的加法非常容易。例如，考虑图 3.6 中的运算：为了把 2 578 与 1 859 这两个数字相加，我们只需要把同类的符号归到一起，然后每十个用一个高一级的符号替换即可。对图中运算，我们很容易就可以读出 4 437 的结果。

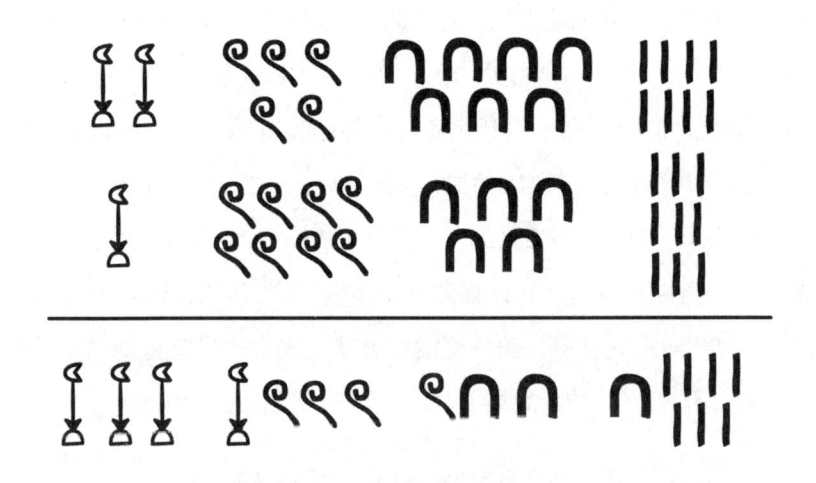

**图 3.6　两个数的加法运算**

乘以"2"的运算也很容易，因为这只是将某数与其本身相加。乘以"10"更加容易，只需将数字中的每个符号用高一级的符号代替。对乘以任何其他数字的运算，古埃及人用一个很聪明的做法将其转化成加法与乘 2 运算的某种组合，下面是一个很好的例子：

如果古埃及人需要做 12 乘以 58 的运算，那么他就会建立起一个具有两列的表格，其第一行是 1 乘以 12，后面每一行都是其上一行的两倍，如表 3.1 所示。

· 61 ·

## 心中有数

| | | |
|---|---|---|
| 1 | 12 | |
| 2 | 24 | ✓ |
| 4 | 48 | |
| 8 | 96 | ✓ |
| 16 | 192 | ✓ |
| 32 | 384 | ✓ |

表 3.1　用 58 乘以 12

表中第一列倍增的被乘数会在达到 32 时停止，因为下一个是 64，做与 58 相乘的运算用不着它。根据上述做法，表中的第二列自然是第一列与 12 相乘的结果，例如，192 = 16 × 12。接下来要做的是：将第一列中加起来等于 58 的行都做上记号。这件事初看起来挺困难，但其实还挺容易的：首先给最后一行做上记号；再看它的上一行，两行的第一列数相加是 48，这比 58 要小，因此，这一行也需要做上记号；再看上一行，48 + 8 = 56，还是小于 58，所以这行要做记号；再继续，56 + 4 大于 58，所以跳过这一行；如此这般地做下去，只做简单加法就可以得到：32 + 16 + 8 + 2 = 58。到这里，第一列的任务就完成了，只要将做过记号的第二列相加，就可以得到 12 乘以 58 的结果：

$$12 \times 58 = 24 + 96 + 192 + 384 = 696。$$

有人可能对这种办法是否总是可行产生疑惑，每个被乘数确实都可以用第一列的某些数的和表示吗？答案是"是的！"因为第一列的数字是不大于被乘数的所有 2 的次方，所以，根据这个数的二进制表示，很容易就可以在第一列找到所需的和式——58 的二进制表示是 111 010，这就是说：

$$58 = 1 \times 2^5 + 1 \times 2^4 + 1 \times 2^3 + 0 \times 2^2 + 1 \times 2^1 + 0 \times 2^0。$$

再如，假设我们要计算 12 × 45，那么我们需要将 45 表示成 2 的次方的和，

## 第 3 章　历史上的数字

依上述方法我们不难得到：$45 = 32 + 8 + 4 + 1$。

这样，我们将 1、4、8、32 相应行中的第二列相加，就可以得到运算结果：

$$12 \times 45 = 12 + 48 + 96 + 384 = 540。$$

我们看到，除了对数字作加倍运算之外，乘法运算并不要求记忆任何大的乘法表。

只要除数可以整除被除数，则除法也可以用相似的办法来完成。例如，为了进行 636 除以 12 的运算，所需要的同样也是与上述表 3.1 一样的表格：

| | | |
|---|---|---|
| ✓ | 1 | 12 |
|   | 2 | 24 |
| ✓ | 4 | 48 |
|   | 8 | 96 |
| ✓ | 16 | 192 |
| ✓ | 32 | 384 |

**表 3.2　计算 636 除以 12**

然而，这回需要的是将 636 写成第二列中数字之和。按照上一个例子的方法，不难得到：$636 = 384 + 192 + 48 + 12$。因此，给相应行的左边标上记号，然后将其第一列中的数字相加，立刻就得到这个除法运算的商。也就是说，$1 + 4 + 16 + 32 = 53$，所以 $636 \div 12 = 53$。

上述这种做法只有在没有余数的时候是可行的，一般情形下的运算比较复杂而且牵涉到分数。古埃及人知道分数，但是只知道分母为 1 的分数，即所谓的"单位分数"。不过这种说法也有例外，古埃及人知道并经常使用 $\frac{2}{3}$ 和 $\frac{3}{4}$ 这两个分数，而且还用特别的符号来表示它们。

古埃及人在数字的上方画一张嘴巴的符号 ⌒，用来表示以该数字为分母的单位分数，图 3.7 是两个例子。

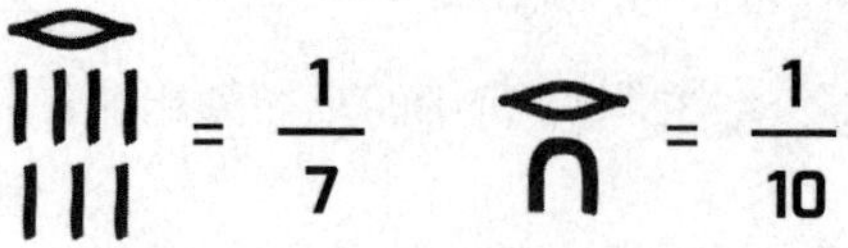

心中有数

图 3.7 古埃及的单位分数

古埃及人对 $\dfrac{2}{n}$ 形式分数的偏好可能缘于他们除法运算的做法。例如，当他们要将 23 除以 16 时，他们会尝试将 23 写成 16 的 "部分" 之和，相应的做法如表 3.3 所示。

| | | |
|---|---|---|
| ✓ | 1 | 16 |
| | $\dfrac{1}{2}$ | 8 |
| ✓ | $\dfrac{1}{4}$ | 4 |
| ✓ | $\dfrac{1}{8}$ | 2 |
| ✓ | $\dfrac{1}{16}$ | 1 |

表 3.3 计算 23 除以 16

在上表中，找出第二列中数字之和等于 23 的那些行，在其左边标上记号，将第一列相加，即得到运算的结果为

$$\frac{23}{16} = 1 + \frac{1}{4} + \frac{1}{8} + \frac{1}{16}。$$

这样的运算结果是单位分数和的形式。不过，这个例子只是特殊情形，对一般情形，古埃及人有更为复杂的计算方式。对所有形如 $\dfrac{2}{n}$ 的分数，他们使用将它们表示为单位分数之和的列表进行计算。不过，我们对这个话题不多作介绍，有兴趣的读者可以自行展开进一步的探索。

## 3.4 中国的数字

古埃及人、古希腊人以及古罗马人，都采用加法原则来书写数字。这就是说，表示"一""十""百"等符号常常在一个数字中重复出现。例如，古罗马人将"1 323"写成"MCCCXXIII"，它有一个表示"千"的符号，三个表示"百"的符号，以及相应个数的"十"和"一"。这个数字用古埃及文字表示则如图3.8所示，同样展示了以加法构造数字的做法。

图 3.8 古埃及和古罗马数字的加法表示

大约3 000年前，中国人更进一步，发明了"乘-加体系"——一种用乘法结合加法来表示数字的机制。用现代的写法，其数字的写法使用如表3.4所示的字符。

| 1 | 2 | 3 | 4 | 5 | 6 | 7 | 8 | 9 |
|---|---|---|---|---|---|---|---|---|
| 一 | 二 | 三 | 四 | 五 | 六 | 七 | 八 | 九 |

| 10 | 100 | 1 000 | 10 000 |
|---|---|---|---|
| 十 | 百 | 千 | 万 |

表 3.4 中文数字所用的字符

与其他所有中文字符一样，这些符号也是汉字。它们只是口语数字的书面形式，而不是其他类型的符号。因此，"七"相当于英语中的"seven"，而不是"7"这样的非文字符号。

中国人口语中使用的数字系统，本质上遵循第 2.9 节表 2.1 的构造原则，而其书写形式只不过是口语的书面翻译。此外，数字在口语中的表达方式是同时使用乘法和加法。

将某个表示 1 到 9 的符号放在 10 的次方的后面时，数字的表示机制是加法：

$$十五 = 10 + 5 = 15，千五 = 1\,000 + 5 = 1\,005。$$

而将某个表示 1 到 9 的符号放在 10 的次方的前面时，数字的表示机制则是乘法：

$$五十 = 5 \times 10 = 50，五千 = 5 \times 1\,000 = 5\,000。$$

汉语的数字系统与英语的写法不同，但与英语读、说数字的方式还是很相像的。

对更为复杂的数字，中国人的表示方式是乘法与加法并用，这与英语口语相同。因此，构造出一个长的数字是件很简单的事，例如，

$$5\,724 = 五千七百二十四。$$

逐字翻译成英语，它等于是"five-thousand seven-hundred two-ten four"。与英语不同，英语的"十千"在汉语中是一个单位，中国人用字符"万"来表示这个数字。因此，应用乘法机制，英语的"five million"在汉语中则表示成

$$5\,000\,000 = 五百万，$$

即"五"乘以"百"乘以"十千"。如果将"五-百-十-千"译成英语，那会与"510 000"相混淆。但在中国人那里没有问题，因为"十千"是新单位"万"，"五百万"是 500 个"万"，构造方式完全是乘法。相似地，中国人使用"一万万"表示"十千"乘以"十千"，即英语中的"一百"个"百万"。如今的中国仍然使用这种数字书写方式，我们看到，这种书写方式完全不需要表示"0"的符号。

## 3.5 中国的位值制记号

在大约 2000 年前的西汉时期，在"筹算板"上数字表示的基础上，中国人发展出另外一种数字系统。"筹算板"是一种古老的计算器具，由若干个方格构成，

## 第 3 章　历史上的数字

造型与国际象棋的棋盘类似。用来表示数目的是用竹子甚至象牙做成的小棍，它们被称为"算筹"。算筹可以被很容易地放入或移出筹算板方格里，用以表示不同的数字——这在运算过程中是很频繁的操作。后来，从算筹表示数字的方式演化出两种不同但相关联的书面表示形式：纵向式与横向式，它们分别如图3.9和3.10所示。

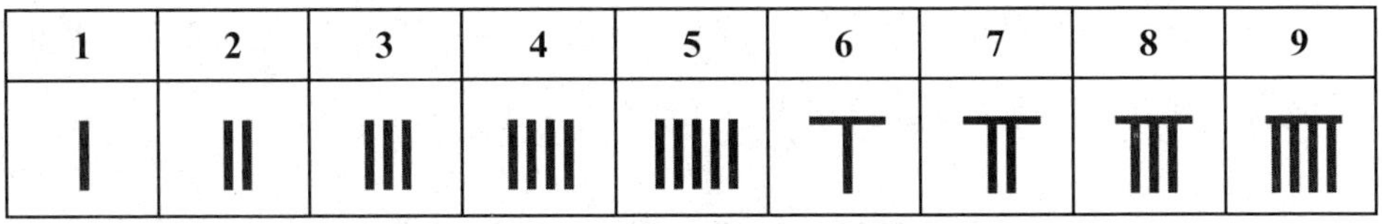

| 1 | 2 | 3 | 4 | 5 | 6 | 7 | 8 | 9 |
|---|---|---|---|---|---|---|---|---|
| \| | \|\| | \|\|\| | \|\|\|\| | \|\|\|\|\| | T | ⊤ | ⊥ | ⊥ |

图 3.9　算筹式数字的纵向式

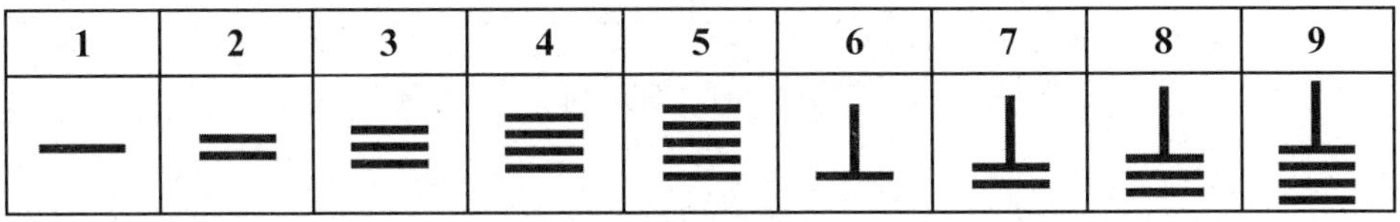

| 1 | 2 | 3 | 4 | 5 | 6 | 7 | 8 | 9 |
|---|---|---|---|---|---|---|---|---|
| 一 | 二 | 三 | 四 | 五 | ⊥ | ⊥ | ⊥ | ⊥ |

图 3.10　算筹式数字的横向式

这些算筹式数字可以用书写形式表示，也可以直接用筹算板和算筹表示。其中，右起第一位表示个位数，其左边相邻的位置表示十位数，接着的左边表示百位数，其他以此类推。

原则上我们现在可以表示 2 345 这个数字了。例如，假设我们采用纵向式表示，那么把"\|\|""\|\|\|""\|\|\|\|""\|\|\|\|\|"依次放入相邻的方格就可以了。然而，如果一根算筹滑到另外的方格里，那问题就来了：它可能产生混乱，变成诸如"\|\| \|\|\| \|\|\|\|\| \|\|\|\|"，即 2 354 之类的错误数字。解决这个问题的方法很简单，就是像图 3.11 那样交替使用纵向式和横向式符号。通常的做法是：右起第一个数字（即个位数字）使用纵向式，接下来使用横向式，依此类推。

心中有数

|  2  |  3  |  4  |  5  |
|---|---|---|---|
| = | Ⅲ | ≡ | Ⅲ|Ⅰ |

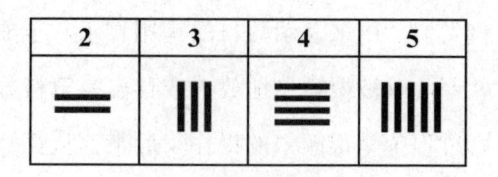

图 3.11 算筹式记数法

如上所示,算筹式数字是一种位值表示系统,数字符的值依赖于它所在方格的位置。只要数字被置于方格之内,则表示 0 的符号是不必要的,因为空方格就表示该数位没有数字符,图 3.12 就是一个简单的示例:

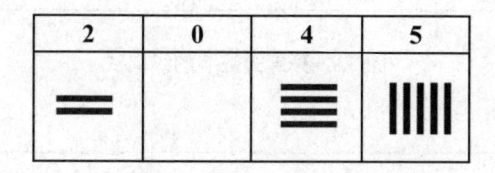

|  2  |  0  |  4  |  5  |
|---|---|---|---|
| = |   | ≡ | Ⅲ|Ⅰ |

图 3.12 空位表示 "0"

在书写形式中,方格往往没有被画出来,而数字符的书写也更为紧凑。因为使用纵向与横向交替的表示方式,相邻两个数字符的方向相同就说明它们之间有一个空位,因此表示 "零" 的空格通常不会产生问题。表示 "零" 的符号直到公元 8 世纪才由于印度学者的影响而传入中国,但纵横交替的表示方式依然不变,例如,106 929 的算筹式表示为 。不仅是在中国,在日本、韩国、越南等国,这种形式的算筹式数字都沿用了好多个世纪,第 5.9 节的图 5.10 是 13 世纪中国使用算筹式数字的一个例子。

## 3.6 印度的数字

大约 1500 年以前,印度发生了至今影响着我们生活的革命。古印度学者发明了含有 "零" 这个概念的十进制位值系统。其中,"零" 不仅作为一个符号出现,而且表示着一个可以用于计数和计算的数值。这虽不是历史上第一个位值系统,也不是第一个十进制系统,却是延用至今的符号系统。

## 第 3 章　历史上的数字

印度是一个巨大的国家，具有许多语言和亚文化，但学者们都使用梵文。印度学者是科学家也是诗人，他们凡事都用诗歌表达，为避免单调乏味，甚至纯数学也用歌诀来表述。此外，他们使用模糊和神秘的语言方式，常常使得其意义难以理解。纯粹的事实和方法对他们似乎是显然的，以口头形式世代相传，书写文本的作用只是帮助记忆，并不提供太多细节。

古印度天文学的发达程度特别高，目前许多三角学知识都出自天文学研究的中心乌贾因和巴特那[①]。古印度天文学者在研究中运用巨大的数字，由此对它们产生深深的迷恋。

在公元第一个千年的开始阶段，印度人使用的数字系统并不是位值系统，它实际上仅用于科学的目的，并且不能表示巨大的数字。同时，由于使用过多的符号，它在一定程度上是不实用的。例如，他们对从 10、20 到 90，以及 100、200 到 900 等数字，都使用不同的符号来表示。我们之所以对这个系统产生兴趣，是因为其从 1 到 9 这九个数字符是图形化的、容易辨识的。这些符号有为数众多的书写体，一个取自依弗拉著作的样本如图 3.13 所示。重要的是，这些符号是我们今天使用的数字符号的先源。

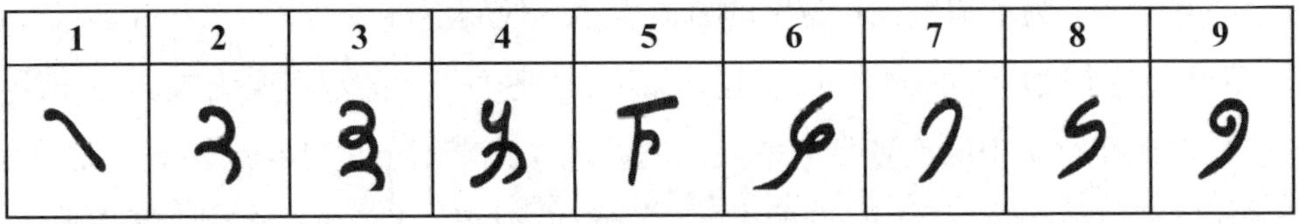

| 1 | 2 | 3 | 4 | 5 | 6 | 7 | 8 | 9 |
| --- | --- | --- | --- | --- | --- | --- | --- | --- |
|   |   |   |   |   |   |   |   |   |

**图 3.13　源自婆罗门文字的数字符**

然而，古印度学者在书面文本中并不采用这些符号，他们使用梵文口语的数词。除了从"一"到"九"的数词外，梵文中每个 10 的次方都有特别的名称，如表 3.5 所示。

---

[①] 古译"巴连弗邑"，或译"华氏城"。

心中有数

| éka | 一 | dasa | 十 |
| --- | --- | --- | --- |
| dvi | 二 | sata | 百 |
| tri | 三 | sahasra | 千 |
| catúr | 四 | ayuta | 万 |
| pañka | 五 | laksa | 十万 |
| şáş | 六 | niyuta | 百万 |
| saptá | 七 | krore | 千万 |
| aşțá | 八 | vyarbuda | 亿 |
| náva | 九 | padma | 十亿 |

表 3.5 梵文数字表

事实上，梵文中直到 10 的 53 次方都有专用的名词。

在数字的口语表述中，学者们首先说出的是个位数，然后是十位数等等，这与我们的顺序正好相反。举个例子，4 567 这个数在梵文中说成"七、六十、五百、四千"，依读音写出来就是"saptá şaști pañkasata catúrsahasra"，总共有十三个音节。

像天文学使用的那样非常长的数字，在表达时就是一个单词的长串，这是很难写成诗歌的。因此，大概从 5 世纪初开始，古印度产生了一个可以更高效表达数字的好主意。为了缩短冗长数字的口语表达，他们不再说出表示 10 的次方的音节，只保留各个数位上的数字符，于是，他们将上述例子中的数字说成"七六五四"。由于数字词在数字中的位置是严格固定的，这样说事实上也已经足够了。而印度学者在这点上也非常自觉，他们此时会特地使用"按其次序"这个单词来补充说明。所以，在他们的口语系统中，这确实是一个位值系统。

在古巴比伦和中国位值系统的书面形式中，数字中缺少的 10 的次方需要用一个空格来表示，但这在口语中是不可行的。因此，古印度人在某数位没有数字时就用"无"这个单词来填充。例如，"二-无-三"表示的是 302，而"二-三"则是 32。这种"带有'零'的口语数字系统"的最早书面记录大概出现在宇宙学文献《Lokavibhaga》[①]中，其写成的时间是公元 458 年。

---

① 据其词源，此词似可译为"天帝之所居"或"天庭"。但译者无知，未敢轻易将个人译法写入正文，故作此注以供参考。

## 第 3 章 历史上的数字

从诗歌的角度看，这种做法事实上还有问题。如果数字里频繁重复同一个数字词，诗句读起来就会非常乏味。这种情形是不罕见的，例如古印度天文学中有一个称为"劫"或"大时"的时间循环，其总长度为 4 320 000 年，依照上述做法，它就应该说成"无无无无二三四"，这听起来毫无诗意。由于这个缘故，古印度学者经常用其他单词替代某些数词，以此来满足对诗歌格律美的追求。因此，每一个数字词都对应多个与之意思相关的替代词。例如，"无"可以用"天""气""空"等许多单词来代替。据乔治·依弗拉说，在写成于公元 629 年的一段文字中，有一个可以逐字译为"天、气、空、无、阎罗、罗摩、吠陀"的组合，所表示的是"一劫之数"，即 4 320 000。

我们已经知道，"天""气"和"空"都可以表示"无"，而上述组合中的其他三个则各有典故：首先，在古印度神话中，后来成为死亡之神的"阎罗王"与其孪生妹妹结成了地球上最早的夫妇，因而它的名字就与"二"发生关联。其次，除了著名的《罗摩衍那》中的主角之外，古印度还有两个叫作"罗摩"的著名人物，因此，著名的"罗摩"共有三个，"罗摩"也因此可以表示"三"。最后是"吠陀"，它是古婆罗门教与印度教著名经典的名称，最具盛名的《吠陀》共有《梨俱吠陀》《娑摩吠陀》《夜柔吠陀》及《阿达婆吠陀》四部，因此"吠陀"就可以用来表示"四"。

对从"零"到"九"这些数字（严格说是"数字词"），古印度人都有许多替代单词，因此，再无聊的数字他们都可以写成诗歌。用这种方式写出来的数字，古印度天文学者对它们了如指掌，但外行读起来则形同天书。由于图形化数字符号在印度各地沿不同方向演化，因而对学者们而言，这种口语风格的表达甚至更为清晰。此外，手写字体的巨大差异有时也使得数字符号比口语表示形式更难以解读，而由于错用词语可能会破坏诗句的格律，用诗歌表示数字时错误更容易被察觉。

心中有数

## 3.7 古印度的符号形数字记号与算盘

印度口语式的位值系统并不适用于计算。与中国人一样，印度人在实际进行计算时也使用运算板，我们通常将它翻译成"算盘"。算盘对位值系统的发展起了很重要的作用，它的使用贯穿整个古代世界。在它演变成我们熟悉的使用滑动算珠的框架形式之前很久，它只是一个具有若干垂直列的板子。最简单的形式也许是沙盘，就是平整的细沙上划出分隔各个列的竖线，在各列中放置小棍或石子以表示不同的数字。这种形式颇让人想起第 1.10 节谈到的用小棍、石子、羊骨等进行计数的史前古法。但其新颖之处在于，它不再需要用不同的物件来表示不同的数量级。用算盘计数时确实只需要一种物件来表示数字，比方说小石子——西方多种语言中"计算"一词的词根恰恰就是"石子"——它表示的数量级由其所在列的位置所决定。作为例子，与图 1.8 相同的数字，在细沙算盘表示时是如图 3.14 所示的样子。

图 3.14　在细沙算盘上表示 1 776

图 1.8 所表示的古老方法有一个好处：其表示数字的物件可以混装在一个袋子里，再拿出来时还是表示相同的数字。算盘则不行，它并非用来保存数字，而是用来进行计算。举个例子来说，如果要将两个数字相加，我们只要将两数相应列的石子相加就可以了。当然，如果某一列中的石子超过十个，那么我们应该移去其中的十个石子，而在上一高位列放置一个石子来替代它们。

第 3 章　历史上的数字

算盘中各列依次保存一个数值的个、十、百位等各位上的数字，是十进制位值系统的一种具体化。通常它的右起第一列表示个位数字，右起第二列表示十位数字，其他以此类推。印度学者很早就有在算盘各列中写入数字符号，以取代石子或小棍的想法。因此，图 3.14 就变成图 3.15。

**图 3.15**　在算盘上写印度数字符号表示 1 776

随着时光的流转，在算盘上使用的数字符号也出现在学者们的著作里。使事情更为复杂的是，只要在书面上使用数字符号，它的数字排列就会采用学者所习惯的从右到左的顺序，这恰好与算盘上的顺序相反，因此，算盘上的 1776 在文本著作中写成"6771"。算盘与文本的一个更为重要的区别则与"零"的表示方式有关，在算盘中，"零"就是空的列，不需要特别表示，但文本则不同，表示"零"的梵文"无"及其替代用词频繁出现。直到大约公元 500 年，印度人终于想到要用一个特殊的符号来表示"零"。他们使用的是一个小点或小圆圈，它后来演变成我们熟悉的"0"这个符号。不过，那时书写与算盘仍然是顺序相反的，3200 这个数字可能被写成"天、气、阎罗、罗摩"，用符号书写时则写成"0023"。

在算盘上，计算以在各列中书写数字的形式进行。其操作规则极为复杂，需要很长时间才能够学会。在 6 世纪初，他们认识到"0"这个符号也可以用于计算。因为"0"表示了空列，算盘中的列就不再是必需的了。由于每个数字符号的意义都由它的位置严格确定，因而毋需事先画出区分各列的竖线，数学家们就可以直接用数字符号进行熟悉的运算和操作，完成算盘上所有的计算。也因此，他们变得越来越习惯于此前仅用于算盘上的数字符号表示法，即最右边表示个位数的做

心中有数

法。结果，数字的书写顺序也因此调整，书面文本改而使用算盘上的数字顺序。于是，作为漫长演化的结果，一劫之时，即 4 320 000 年，终于被写成下图 3.16 的样子，与我们现在的写法相同了。

**图 3.16　数字 4 320 000 的"现代"写法**

这些记号使从算盘到书写的过渡得以平稳，例如，数百年间发展起来的用于算盘的大量算法技巧，立刻就可以被移植到书写的计算之中。数字与计算脱离算盘的事实产生了重要的后果，首先是"0"逐渐从符号变成数字，它不仅用于表示一个空列，而且可以参与运算，例如 5 − 5 = 0，5 + 0 = 5，或者 5 × 0 = 0。从算盘转移到纸上（事实上是桦树皮）的另一个连带的重要作用，是运算结果不再被立刻擦去，因而人们可以回顾计算过程，检查错误，思考简化解法的途径。因此，算盘上原有的复杂运算法则逐步得到简化，计算变得越来越快速和高效。所有这些，都对数学和天文学产生巨大的影响，因而印度的天文和数学在随后几个世纪里出现了史无前例的繁荣。

婆罗摩笈多（598—668）是印度最伟大的数学家之一，当他成为乌贾因天象台负责人的时候，古印度数学就处于上文所描述的阶段。公元 628 年，婆罗摩笈多写下了著名的《婆罗摩历算书》。它采用十进制系统，描述了"零"的角色，并特地构建了使用"零"参与计算的精确规则。此外，婆罗摩笈多还给出了负数的使用规则，计算平方根的方法，以及多种方程的解法等等。在阿拔斯王朝第七代哈里发马蒙（786—833）在位期间，婆罗摩笈多的著作传到巴格达并被翻译成阿拉伯文，印度数字系统的相关知识因此从印度传到阿拉伯世界，其巧妙与重要性也迅速得到认可。在公元 825 年，巴格达智慧之家的学者，波斯数学家穆罕默德伊本·穆萨·花拉子米（780？—850），写了一本名为《印度数字算术》的著作。在欧洲，花拉子米的读音演变成"algorithm"，后来演变成为"算法"这个单词。花拉子米的另一本著作的名称可以译为《代数学》，书名中有"al-jabr"一词，本意是一种一元二次方程的解法，而后来演变成"代数"（algebra）这一数学术语。

从上文我们可以看到，印度数字系统很快传遍整个阿拉伯世界，文化与科学在那里得到高度的尊崇，而当时的欧洲处于经济的下滑，以及文化与科学后退的时期，因此，又过了500年，印度数字符号和数字系统才最终抵达欧洲。

## 3.8 欧洲对印度-阿拉伯系统的缓慢接受

在中世纪的欧洲，甚至在受过教育的人们那里，知识体系中也没有数字的一席之地。简单算术运算能力是专家才拥有的特长，做数学运算是一个职业，从业者以古罗马传统的运算板为工具，以从事计算工作来谋生。他们的运算结果是用罗马数字系统来表述的，这种数字表示方式在整个中世纪的欧洲都占有统治地位。

在公元第一个千年的末尾，印度-阿拉伯数字[①]首次被介绍给欧洲。法国修士与数学家奥里亚克的葛培特（945？—1003，又译为"吉尔伯特"）是他那个时代的重要科学家，他曾在西班牙长期逗留。中世纪的摩尔人在西班牙建立起巨大的伊斯兰文化疆域，而葛培特则在那里向阿拉伯学者学习数学。根据传说资料，葛培特曾经到塞维利亚和科尔多瓦，将自己伪装成伊斯兰教朝圣者而进入伊斯兰教大学学习。

后来，葛培特成为神圣罗马帝国皇帝奥托三世的老师。在公元999年，他被选中成为教皇格里高利五世，并自称"思维二世"。葛培特是相当独特的历史人物，他是历史上唯一成为教皇的一流数学家。

葛培特使从"1"到"9"成为人们熟知的运算板符号。然而，他虽然很有影响力，却还是未能成功地推广印度-阿拉伯算法、"零"以及位值系统。对印度-阿拉伯数字系统的接受并非易事，它遭遇来自天主教会，以及保守派会计师的强大阻力。换句话说，正是中世纪欧洲的保守主义以及天主教教会，有效地阻止了印度-阿拉

---

① 原文直译是"印度-阿拉伯数字"，这是比"阿拉伯数字"更尊重历史的表述，因此我们依原文译出。

## 心中有数

伯数学向欧洲的传播。于是，九个印度-阿拉伯数字符号成为从事职业计算的人们所知的"阿拉伯数字"，而由于在运算板上可以用空位表示，"0"这个符号在当时并没有被传播开来。不过，事情在接下来的几个世纪里发生了变化，经由返乡的十字军战士以及日益发达的贸易通道，越来越多关于优越的伊斯兰文化的信息传到欧洲，人们对阿拉伯科学成就的兴趣因而持续增强。

对印度-阿拉伯数字系统在欧洲的推广起到重要作用的人物之一，是意大利比萨的列奥纳多（1170？—1245？），他是那个时代欧洲最重要的数学家。今天，他以"菲波纳契"之名为我们所熟知，这个名字有可能来自意大利语"filius Bonacci"，是"波纳契之子"的意思。菲波纳契曾经到地中海和伊斯兰北非旅行，从那里知道阿拉伯数学，尤其是印度-阿拉伯数学系统得到广泛应用的状况。他在公元1202年完成了著名的《计算之书》，其中引入了所谓的"印度方法"，即印度人书写数字的方法。由此，他使位值系统的优越性为广大欧洲读者所知晓。菲波纳契对"零"的拉丁称法在意大利语中转写成"*zefro*"，然后演变成为法语的"*zéro*"和英语的"*zero*"。而阿拉伯人用以称呼"零"的单词"*Sifr*"在英语中演变成"*cipher*"，在德语中演变为"*Ziffer*"，它最早的意思可以译为"数码"。"0"这个"数码"的加入使我们拥有现在数字系统，而这个数字系统在今天这个技术所驱动的世界里已经无处不在。

# 第4章
# 数字性质的发现

## 4.1 对数字意义的探索

尽管每个人天生对数字都有所领会，学习计数规则也不是很困难，但算术通常会在新的维度上产生问题。学习计算是一个艰难的过程，它有时导致对数学产生痛恨，以及对受挫者的认同。斯坦尼斯拉斯·德亚纳对此总结说：

> 心算给人类大脑带来严重的问题。对于记住十几个相互关联的乘积结果，或正确地执行十几步两位数的减法运算，大脑从未做好任何准备。天生的近似数值感很可能牢牢地嵌在我们的基因里，但在面对准确的符号运算时，我们没有适当的生理资源。我们的大脑不得不折腾替代的回路，以弥补大脑中用以计算的特别器官的缺失。这种折腾的代价相当沉重，速度的丧失、注意力的增加以及频繁的错误，都说明我们大脑"结合"算术的构造机制之不稳固。

世上确实存在能够成功进行复杂算术运算的天才，他们可以心算求得五位数的平方根，或者进行巨大数字间的乘积运算，但大多数人的计算能力相当可怜。加州哈维穆德学院有一位阿瑟·本杰明博士（1961—），这位数学教授经常向全国观众展示其心算天分，但绝大多数数学家都没有这种能力。数学家们通常并不认为自己的算术能力特别优秀，而能够心算出 891×46 对他们也没有什么吸引力。他们注意到这样一个事实：人类的大脑从总体构造上来说并不适应这类任务。

毫无疑问，进行准确计算的能力在发达社会里是重要的。因此，对这类任务困难程度的深刻认识，很可能是所谓"真实数学"出现的一种动力和历史原因。在计算机发明之前的一个时期，人们必须寻找理解数字的方法，以期减轻冗长乏味的运算带来的麻烦。完善人类智慧以进行无差错的计算是相当不可能的事，因而数学家尝试寻找数的趣味性质以及它们之间的关系。他们更愿意赏玩数字，探索其中的逻辑结构以及可能有用的模式，在数字的世界里寻找意义，使得与数字打交道变得相对轻松，至少是更有娱乐性。

对数字性质的深入探索，除了纯粹应用的目的，还有本质上更为哲学的理由。人类创造抽象的能力将数字变成自身拥有其意义的数学对象，它独立于任何具体的体现，适用于所有不同的情形。5 + 3 = 8 这一简单的计算，所指可能是苹果、天数，或者人群的数目。但是，"5 + 3 = 8"这一陈述本身确实存在自己的意义，它不需要指向数字之外的任何事物。它看似不证自明，客观上正确，与人们的思维状态无关。确实，它在任何人类存在之前就肯定已经是正确的，但它会不会在人类消失之后变成错误的？人们似乎已经证明，关于自然数的陈述是先验真理，具有肯定性与绝对性，而与人类的经验绝无关联。如果存在任何永恒而不可辩驳的真理，它是否就在这里——在自然数的算术里？我们是否正是在这里从未有过地接近了绝对真理？

一旦人们开始哲学地考虑意义与真理，幻象与现实，他们也就同时开始思考数学以及数字的性质。数字只是计数的工具吗？它还有没有别的意义？怀疑存在着更深层的意义，表面之下隐藏的真理，这可能是人类的共性。所以，人类与数字关系的形成，并不仅仅是因为计数、测量与计算等现实需要，也出自从更加理论与哲学的视角来理解数字及其意义的欲望。

## 4.2 毕达哥拉斯学派关于数的哲学

古希腊是一个关于数字的精致哲学的发源地，在那里，逻辑的（具有实际目的的计数与计算）与算术的（关于数字的哲学理论）学问被明确区分。算术之成为一种具有哲学动机的数字理论，与毕达哥拉斯学派有着密切的关联，这个学派的生活方式以对数字近乎宗教式的崇拜为基础。关于毕达哥拉斯本人我们所知极少，他主要活动于公元前 6 世纪的后半叶，出生于希腊的萨莫斯岛，那里距小亚

## 第4章 数字性质的发现

细亚海岸很近,离以弗所和米利都各只有几千米的路程。据说,毕达哥拉斯从波利克拉特斯的暴政下逃离,然后在美索不达米亚和埃及旅行,大约公元前530年定居于克罗顿。克罗顿就是现在意大利南部的克罗托内,当时在希腊的势力范围内并且生活着相当数量的希腊人。毕达哥拉斯在克罗顿创立了一个有影响的神秘组织,它有宗教团体的典型特征——秘密的讨论会,新成员的考察期,饮食与衣着的严格规范,清心寡欲的生活方式,还有自己的宇宙观。在影响过分巨大之后,毕达哥拉斯学派受到迫害,毕达哥拉斯本人也离开了克罗顿。毕达哥拉斯在公元前5世纪早期于麦达庞顿(位于目前的意大利南部)去世,而他的学派在意大利南部的希腊城市继续活动了大约100年之久。毕达哥拉斯学派有一个称为"学习者"的支派,他们致力于发展毕达哥拉斯哲学的科学方面,而"聆听者"支派则专注于其教诲的宗教层面。由于持续的政治迫害,毕达哥拉斯学派在公元前5世纪后期宣告解体。然而在公元前1世纪,毕达哥拉斯学派在罗马复兴,而关于原来毕达哥拉斯学派的信息大多就由他们传给后世。

使得毕达哥拉斯学派在数学史上显得吸引人而且特别的原因是:数字对他们而言是理解宇宙的关键。毕达哥拉斯学派的哲学家,克罗顿的菲洛劳斯(前470?—前385)在其残存文章的第4段中说:"每件已知事物确实皆有其数,无论隐藏着的或已知晓的,莫不如此。"两个世代之后,亚里士多德(前384—前322)甚至将毕达哥拉斯学派的教义叙述为"万物皆数"。关于毕达哥拉斯学派的思想,亚里士多德在其《形而上学》一书中有如下经常被引用的段落:

> 最先从事数学研究的是所谓的毕达哥拉斯学派,他们不仅推进它的研究,并且进而认为其原理就是万物的原理。在这些原理中,由于数字依其本质是第一位的,比起火、土、水等元素,他们似乎看到数字与事物间存在着并体现出更多的相似性……其次,由于他们看到音阶的变化和比例可以用数字表达的——然后,由于所有其他事物的整体性质似乎都有其数字模式,因而数字似乎就是这个性质整体中的首要之物。他们假定,数字的元素就是万物的元素,整个宇宙都是音阶和数字。

**心中有数**

这个论述比菲洛劳斯"万物皆有其数"的陈述要远为极端。据亚里士多德所说，毕达哥拉斯学派认为数字是万物的本质，对毕达哥拉斯学派而言，数字不仅仅是人类思想中的抽象构建，它构成所有其他事物的基础和原理。而他们之所以得到这个结论，是因为他们看到从宇宙循环到音阶等大量的自然现象，都可以用数字及特定的数字比例来表示。

有趣的是，亚里士多德本人也陈述说，作为单位的"一"本身并不是数，而是构建数字的基本原则，它在哲学上扮演着特别的角色。这种观点在欧几里得的《几何原本》中也有体现，其第 7 章的开始处有如下定义：

- "单元"是每个存在着的事物被称为"一"的凭籍。
- "数字"是由单元组成的"多"。

亚里士多德解释说，"一"是构成所有数字的单元，它本身并不是数，因为测量单位不同于测量结果。此外，在计数中"一"这个数并不是必需的，因为只有一个物品时并不需要计数，因此，计数与数字应该从"二"开始。

对古希腊学者来说，数字并不只是一种有用的工具。他们将数字看作是哲学原理、基本存在以及万物的本质；数字需要被发掘，它们的性质可能揭示万物的本性。系统地将数学作为科学来耕耘的毕达哥拉斯学派传统，正是源于他们这种近乎宗教式思维的驱动力。以现代的眼光看，虽然其哲学性基础看似不明晰，但毕达哥拉斯学派通过严格的逻辑推理对数字进行探索的理性途径，无论如何标志着现代数学的历史源头。

## 4.3 偶数与奇数

早期人类借助小石子来进行计数和简单计算，同时也用作探索数字性质的辅助器具，我们的文字中仍然体现出这个事实。在拉丁文里，用以计数的小石子称作 *calculus*，是小块石灰石的意思，相应的英语单词 *chalk* 仍然保留着它的原义。其后拉丁文使用 *calculare* 这一拼写作为表示"计算"的动词，而现代英语中的"to calculate"仍然表示同样的意思。

# 第4章　数字性质的发现

今天的儿童会有兴致把他们的玩具摆放成有规则的形状，或者在纸上用点画出有规则的式样，我们的祖先可能也有兴致把用以计算的小石子在平面上摆放成有规则的图形（比如三角形或方形）。当人类开始对数字的世界展开思考时，他们也开始探索特定数目的小石子可以构成的形状和式样。把数字表示成以几何形状摆放的点或物品的做法确实历史悠久，公元前5世纪左右的毕达哥拉斯及其学派显然也曾使用过这种办法。

**图 4.1　偶数个与奇数个物件**

在所有的摆放方式中，将物件配对是一种最简单的观察方式。如图 4.1 所示，根据物件数目的不同，配对可能穷尽所有的物件，也可能恰有一个无可配对的剩余。如果物件可以完全配对，我们就称其数目是"偶数"，否则的话，配对会有一个剩余物件，这时物件的数目就称作"奇数"。

人类非常可能在拥有计数能力之前就认识到数字的奇偶性。乔治·伊弗拉在其《数字全史》中引述了早期种族学者关于大洋洲土著居民的报告。这些土著的口语只能表达"一"和"二"两个数字。他们用"一"和"二"构造出"二一"和"二二"这样的表达方式，从而可以把数数到"四"，但他们把其他更大的数都称为"很多"。然而，甚至对大的数目，他们似乎对其奇偶性都有清楚的感觉。如果我们从七个别针中同时拿走两个，他们很难察觉，但如果只拿走一个他们则立刻会发现。对他们来说，"五""六""七"只是"很多"，但他们能认识到"六"是成双成对的，因而与"五"和"七"明显不同。这就是说，他们能够区分奇数和偶数。

用今天对数字的抽象理解，如果一个集合的大小恰好是其物品配对集合的两倍，我们就说其物品的个数是偶数。如果物品对的数目是 $n$，那么集合中物品的个数就是 $p = 2n$。因此，我们对偶数 $p$ 可以刻画如下：

数 $p$ 是偶数当且仅当 $p = 2n$ 对某个自然数 $n$ 成立。

## 心中有数

假如我们有一些物品，当我们试图给它们配对时，结果剩有一个无物可配，那么这些物品的总数就是一个奇数。也就是说，一个奇数 $q$ 包含有 $n$ 个对子加一个剩余：

数 $q$ 是奇数当且仅当 $q = 2n + 1$ 对某个自然数 $n$ 成立。

$q = 1$ 是唯一的特殊情形。以今天的看法，将"一"称作奇数是有道理的，因为它包含零个对子加上仅有的那一个。这就是说，我们可以让公式 $q = 2n + 1$ 中的 $n = 0$。相似地，我们可以前一个公式中取 $n = 0$，因而将"0"当成偶数。

在历史上，以上所述并不总被认为是显然的。亚里士多德在《形而上学》中描述了毕达哥拉斯学派关于偶数与奇数的观点，其对数字性质之哲学原理的阐释很明显并不容易理解，亚里士多德解释说：

> 显然，这些思想者们同时认为，数字是事物的物质原理，也是其持久状态与变化形态的原理。他们肯定，数字的成分包括偶数与奇数，其中后者是有限的，前者则是无限的。"一"先行于这些数字之前，既是偶的也是奇的，数字由"一"而产生。而正如我们所说，整个宇宙都是数字。

我们已经谈到过"一"的特殊角色，而本段中"有限"与"无限"这两个词的使用则需要一些解释。古希腊学者当然知道奇数有无限多个，那么在什么意义上，奇数向他们表达了"有限性"这样的基本哲学原理？乔瓦尼·雷亚尔（1931—2014）在其著作《古代哲学史》中给出了如下解释：将一个奇数分成两部分的话，其划分会有个"一"在中间，它必然有其含义。另一方面，将一个偶数分成相等的两部分时，划分的中间是一个空白。对毕达哥拉斯学派而言，这意味着不含数字的某种事物，因而是"不完全的"或者是"无限的"。偶数具有无限性，以及相对的奇数具有有限性的观点，可以用图 4.2 来说明。如果以现代语言来叙述，那么我们只会说：偶数可以被二整除，而奇数除以二的余数永远是一。

第4章 数字性质的发现

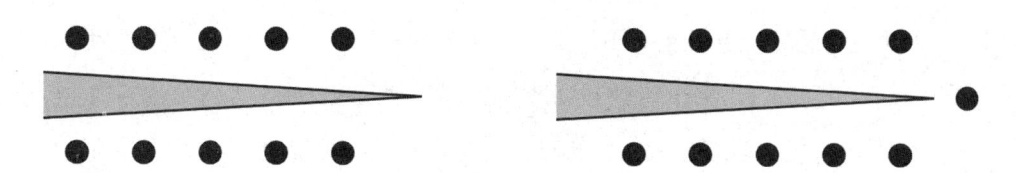

图 4.2 偶数与奇数：分成两等分、余数的表示

## 4.4 矩形与正方形数

只要略做些实验，我们就会发现，很多数可以排成矩形。例如，15 个墨点可以排成 3×5 的矩形，即如图 4.3 中的 3 行 5 列的图形。

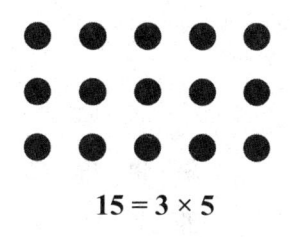

$$15 = 3 \times 5$$

图 4.3 15 是一个矩形数

我们不认为 5×3 的矩形与 3×5 有任何不同，因为只要将纸张旋转 90 度就可以从一个得到另一个。一个数有时可以排成几个不同的矩形，例如，12 既可以排成 2×6 也可以排成 3×4，如图 4.4 所示。

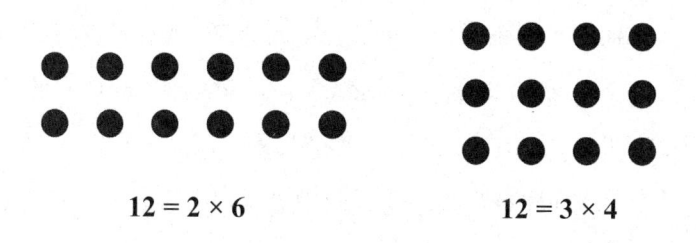

$$12 = 2 \times 6 \qquad 12 = 3 \times 4$$

图 4.4 矩形数 12 可以排成两种矩形

## 心中有数

如果一个数可以在几何上表示成墨点排成的矩形,那么这个数就被称为一个"矩形数"。这里,矩形的行数和列数当然都必须是大于 1 的数字。数字 1 的几何表示只是一个点,因而它通常并不被认为是矩形数。类似地,2 也不是矩形数,因为它只是一条短线段,不足以构成一个矩形。而像 3、5、7、11 这些数字,它们只能排成一条线而不能构成一个矩形,因而也都不是矩形数。事实上,一个数是矩形数的充分必要条件是:它可以被写成两个大于 1 的自然数的乘积。在数论中,矩形数被称为"合数",而大于 1 并且不是矩形数的则称为"素数"。在本书后面的章节里,我们将会对这些迷人的素数进行探究。

矩形数中一种特别的情形是"正方形数",通常也称为"完全平方数"或"平方数"。正方形数可以表示成一个行数与列数相同的矩形,即正方形,例如,16 = 4×4。

4   9   16   25

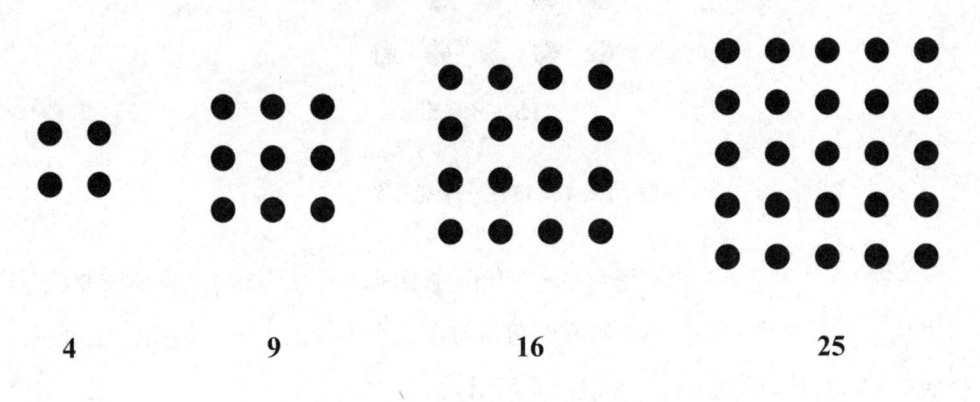

图 4.5 开始的几个正方形数

根据定义,1 从几何的角度来说并不能算是正方形数,因为它首先不是矩形数;而且如前所述,1 在古希腊数学中连数都算不上。然而,从算术的角度看,1 = 1×1,是它自己的平方,因此现代的正方形数序列一般从 1 开始,有时甚至从 "0" 算起,因为零也等于其自身的平方。如此,我们可以列出如下非负正方形数的序列:

0,1,4,9,16,25,36,49,64,81,100,121,144,169,
196,225,256,289,…

## 第4章 数字性质的发现

根据网络上关于整数序列的百科全书,这是电子计算机有史以来计算出来的第一个序列,时间是 1949 年。

在玩赏正方形数时,我们会注意到,为了得到下一个正方形数,我们总是需要在当前的正方形上添加奇数个墨点。如果我们想从一个 $2\times 2$ 的方形出发来构造 $3\times 3$ 的正方形,我们需要添加 5 个墨点,进而构造 $4\times 4$ 的正方形时,则需要再添加 7 个墨点,其他以此类推,具体图形如图 4.6 所示。

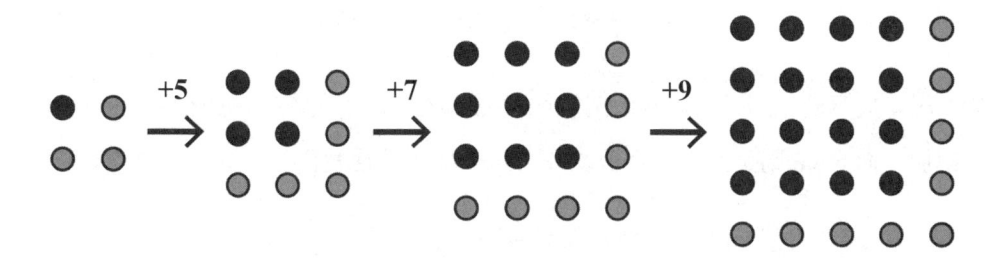

**图 4.6 添加奇数**

这个规律甚至在将 1 算成正方形数时也是正确的,因为 4 可以由 1 加上 3 而得。这样,我们就得到了如下优美的规律:

$$1 = 1\times 1 = 1^2$$
$$1+3 = 2\times 2 = 2^2$$
$$1+3+5 = 3\times 3 = 3^2$$
$$1+3+5+7 = 4\times 4 = 4^2$$
$$1+3+5+7+9 = 5\times 5 = 5^2$$
$$\cdots\cdots\cdots\cdots\cdots\cdots \quad \cdots\cdots\cdots$$

很显然,以上的等式可以无穷无尽地写下去,紧接图中的下一行就是:

$$1+3+5+7+9+11 = 6\times 6 = 6^2,$$

通过观察下图 4.7 所示的几何解释,我们可以进一步领会这个模式。

心中有数

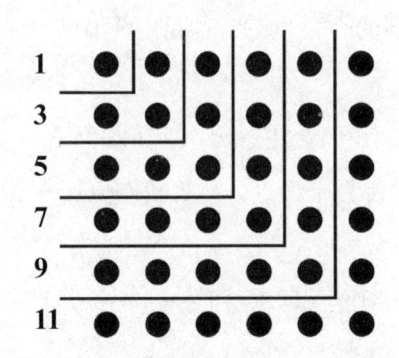

**图 4.7** 最前面的奇数之和等于正方形数

从上图我们看到，为了得出 5×5 这个正方形数，我们需要将奇数序列最前面的五个相加，而 6×6 则是前六个奇数之和。这个事实，使我们提出如下猜测：

- 对任何自然数 $n$，前 $n$ 个奇数之和等于 $n \times n$。

当我们得出一条对所有自然数都成立的规律时，我们就到达了更高的抽象程度。规律陈述中的字符 $n$ 并不是任何特定的数字，而是表示任何我们想用来代替 $n$ 的自然数。它是一个"占位符"，可以用特定的诸如 5、6，或 273 之类的数字来替代。这样替代的结果，就是将一条一般性陈述转变成关于这个特定数字的具体陈述，例如，以 273 取代 $n$，则得到：

- 前 273 个奇数之和等于 273×273。

在数学里，我们把 $n$ 称为"变量"。

前 $n$ 个偶数的和可以用相当类似的方式来构造几何图形，我们这里的做法完全是对图 4.7 的模仿，不同之处只是这回我们从两个墨点开始。每次添加上边界，我们就得到一系列矩形数，它的列数总是比行数多一，具体如图 4.8 所示。容易发现，每条边界都包含有偶数个墨点。

## 第4章 数字性质的发现

```
 2  ● ● ● ● ● ●
 4  ● ● ● ● ● ●
 6  ● ● ● ● ● ●
 8  ● ● ● ● ● ●
10  ● ● ● ● ● ●
12  ● ● ● ● ● ●
```

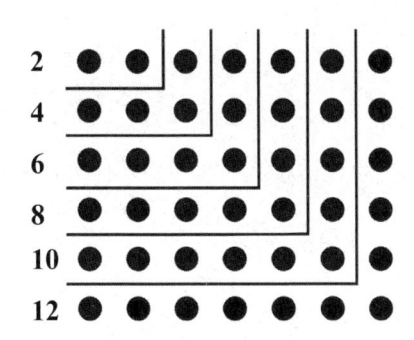

图 4.8 前 $n$ 个偶数的之和是形如 $n \times (n+1)$ 的数

从上图我们可以得到：

$$
\begin{aligned}
2 &= 1 \times 2 = 2 \\
2 + 4 &= 2 \times 3 = 6 \\
2 + 4 + 6 &= 3 \times 4 = 12 \\
2 + 4 + 6 + 8 &= 4 \times 5 = 20 \\
2 + 4 + 6 + 8 + 10 &= 5 \times 6 = 30 \\
\cdots\cdots\cdots\cdots\cdots\cdots &\quad \cdots\cdots\cdots\cdots
\end{aligned}
$$

我们可以把它表达成如下一般规律：

- 对任何自然数 $n$，前 $n$ 个偶数之和等于 $n \times (n+1)$。

英国的希腊数学史专家 T. L. 希思（1861—1940）注意到，图 4.8 中以 2 为基础，由偶数之和而得到的矩形，其边之比各不相同，例如 3∶2 不同于 4∶3，后者又不同于 5∶4，如此等等。相反，如图 4.7 中的奇数之和，其形状则同样都是方形。毕达哥拉斯学派说偶数是"无限的"而奇数是"有限的"，这个差别可以对此陈述给出另一种释读。

显然，数字的世界里充满着奇妙的规律，在毕达哥拉斯学派看来，数字中的规律是宇宙秩序的源头。

## 4.5 三角形数

除了矩形之外，另外一种常见的形状当然是三角形。在毕达哥拉斯时代，墨点也被排列成三角形，相应的数被称为"三角形数"，如图 4.9 所示：

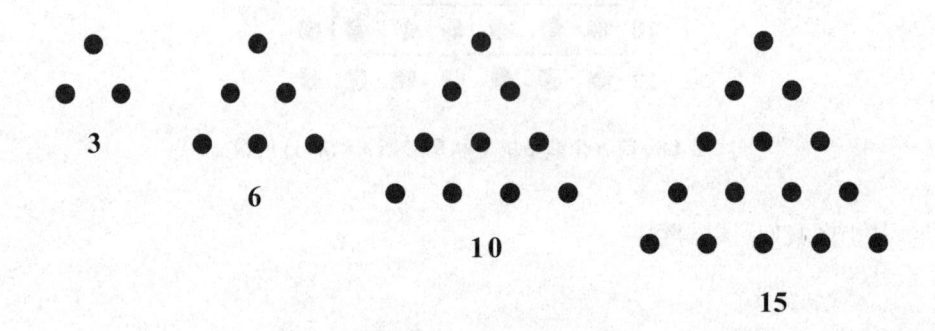

图 4.9 最小的几个三角形数

古希腊哲学家不把 1 纳入三角形数的范畴，但它今天不仅被看作正方形数，也被列为三角形数序列之首。因此，三角形数的序列是这样的：

$$1, 3, 6, 10, 15, 21, 28, 36, 45, \cdots$$

现在，从给定的前一个出发，我们来尝试着寻找获得三角形数的规律，解决方法如图 4.10。

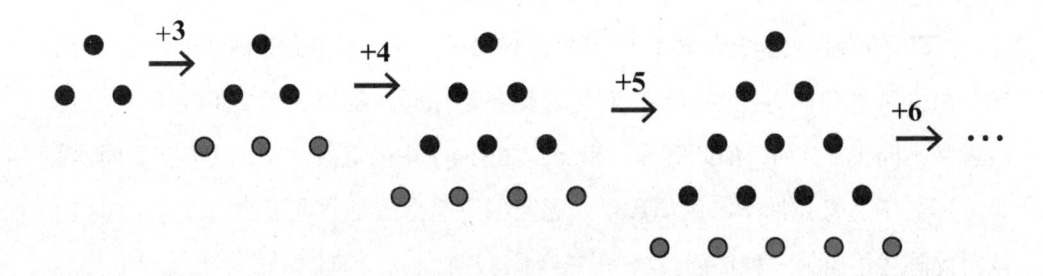

图 4.10 逐次加上自然数可以产生三角形数

从前一个三角形出发，我们只要在其底部加上一行，就可以得到下一个三角形。每次添加一行的点数都比前一次多 1。所以，三角形数其实只是简单的自然数之和：

## 第4章 数字性质的发现

$$
\begin{aligned}
1 &= 1 \\
1+2 &= 3 \\
1+2+3 &= 6 \\
1+2+3+4 &= 10 \\
1+2+3+4+5 &= 15 \\
\cdots\cdots\cdots\cdots\cdots\cdots &\quad \cdots\cdots\cdots
\end{aligned}
$$

第 $n$ 个三角形数通常记为 $T_n$，下面的公式陈述说，$T_n$ 等于从 1 开始一直到 $n$ 的所有自然数的和：

$$T_n = 1 + 2 + \cdots + n，其中的 n 可以取任何自然数。$$

$10 = 1 + 2 + 3 + 4$ 的三角形图案其实不过是我们熟悉的保龄球的排列方式。但在毕达哥拉斯学派看来，它具有特殊的意义。他们把这个图形称为"四元式"，认为它是一个代表着宇宙之完美的神圣符号，包含着所有可能维度的总和。第一行是单独的一个点，是派生出所有其他维度的单元；第二行有两个点，被认为象征着一维空间里的直线；第三行的三个点可以被排成正三角形，因而代表的是二维平面；而最后一行的四个点，则可以当作正四面体的四个顶点，所以它体现着三维立体。所有这些点的数目恰好是十，正是古希腊人所采用的十进制的基。在公元前 1500 年雅典人所采用的古雅的数字系统中，"十"这个数字使用"十"的希腊文的首字母，即"Δ"来表示。所有人都会注意到，这个符号恰恰与上述"四元式"图形的轮廓相似。

## 4.6 三角形与矩形

通过对下图 4.11 的观察，我们会看到三角形数中另一种有趣的联系：将相继的两个三角形数相加的结果是一个正方形数。只要我们将三角形数的图形稍作变形，这条性质在几何上就不证自明了。

心中有数

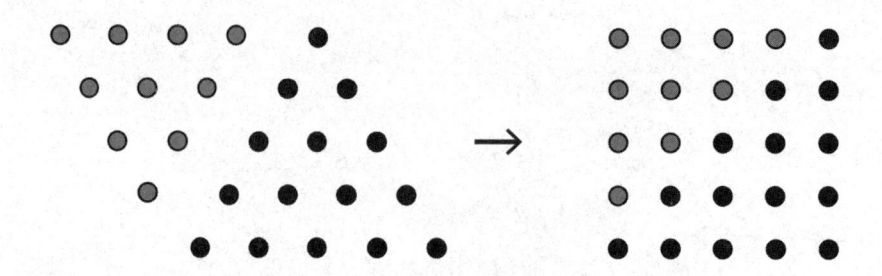

图 4.11 三角形数与正方形数

图 4.11 表达的联系意味着：每一个正方形数都是两个相继的三角形数之和。使用公式，这一陈述可以写成如下简洁优雅的形式：

对所有大于 1 的自然数，公式 $T_{n-1} + T_n = n^2$ 恒成立。

借助图 4.12 可以发现一个相似的结果：两个同样的三角形数之和是一个矩形数，而这个矩形的列数比行数大 1。

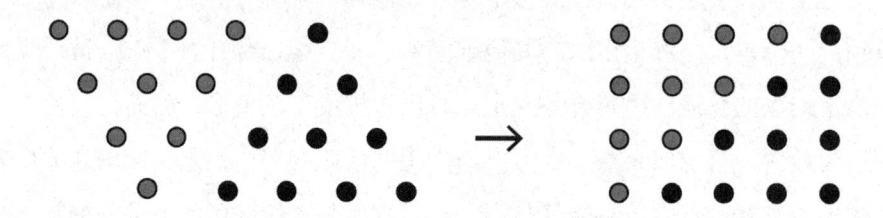

图 4.12 两倍三角形数等于 $n \times (n+1)$

我们可以将以上数量关系写成 $2 \times T_n = n \times (n+1)$，并因此得到一个有用的公式：

$$T_n = \frac{n(n+1)}{2}。$$

应用这个公式，毋需计算从 1 到 $n$ 的自然数和，我们就可以立刻计算出第 $n$ 个三角形数。我们注意到，$n$ 与 $n+1$ 之中必然有一个是偶数，从而其乘积可以轻易地被 2 整除。因此，$T_n$ 的计算实际上只是一个简单的乘积运算，结果却等价于从 1 到 $n$ 所有自然数的连续和。这样，如果我们要知道前 100 个自然数之和，只要使用这个公式就可以立刻得到：

# 第4章 数字性质的发现

$$T_{100} = 1 + 2 + 3 + \cdots + 100 = \frac{100 \times 101}{2} = 5050。$$

高斯（1777—1855）是数学史上最伟大的数学家之一，而这个特别的三角形数则经常出现于关于高斯的一则轶闻中。最早的高斯传记出自其朋友沃尔夫冈·瓦尔特斯豪森之手，他写过多则关于高斯的故事，把他描述成一个拥有令人难以置信的心算能力的少年天才。其中之一是高斯在老年时自己经常用来取乐的故事，说的是高斯还是九岁的小学生时的事情。有一回，严厉的老师用"求自然数序列之和"这个问题来刁难全班的学生。然而，出乎老师的意料之外，高斯立刻给出了答案，而所有其他同学则都连续计算了很长时间，并且大多得出错误的结果。后来的传记作者凭借自己的想象补充了许多数学上的细节，声称所要求的"自然数序列"是前100个自然数，并且给出了高斯得到5050这个答案的解题方法。通常版本的解题技巧如下：为了求出从1到100的所有自然数之和，少年高斯将这个数列的两头依次相加，即计算 1 + 100，2 + 99，3 + 98 等等，直到最后的 50 + 51。他发现这些和总共有50个，而且每个都等于101。因此他计算 50 × 101，从而立刻得到5050这个正确答案——这个计算技巧如图4.13所示。

| **1** + | **2** + | **3** + | **4** + | ⋯ | + **48** + | **49** + | **50** |
|---|---|---|---|---|---|---|---|
| **100** + | **99** + | **98** + | **97** + | ⋯ | + **53** + | **52** + | **51** |
| **101** + | **101** + | **101** + | **101** + | ⋯ | + **101** + | **101** + | **101** = 50 × 101 = 5010 |

**图4.13　高斯计算前100个自然数和的技巧**

如果我们尝试直接计算这个连续和，即真正做从1到100的加法运算，那么我们会发现这是非常繁复的事情。很显然，天才的灵光闪现对解决这样的数学问题很有帮助，然而通常我们不能指望在我们需要的时候恰好就有这样的灵感。因此，大多数数学研究致力于发展解决问题的方法，使我们在需要解决数学问题的时候毋需天才的灵感。本小节中我们得到的关于三角形数的知识，就可以帮助我们像少年高斯那样快速地解决"求前 $n$ 个自然数和"的问题，$T_n$ 的公式高效地将繁复的任务简化成两个自然数的乘积。

## 4.7 多角形数

如果我们把前文的讨论再推进一步，我们就进入到所谓"多角形数"的领域。这种数的名称得自于这样一个性质：它们可以排列成正多角形，也即是所有角与边都相同的那种多角形。对多角形数的考察，将进一步加强我们对特殊数字的欣赏。

正如我们早前所说的，3个点和6个点都可以排成等边三角形，因此3和6都是三角形数。参考图4.9可见，10和15同样也是三角形数。而正如图4.5显示，4、9、16、25等都可以排成正方形，因而它们都是正方形数。

数学家们立刻就会想到这能不能推广到其他正多边形，比如说正五边形。这个问题并不是很显然，并且存在不同的推广路线。从残存的亚历山大的丢番图之著作片段中，我们可以看到古希腊人的做法。丢番图大约生活在公元3世纪，他将多角形数的定义归功于公元前2世纪时的古希腊数学家许普西克勒斯。

丢番图描述了五角形数的构造，如图4.14所示，图中各数依次是5、12、22和35。

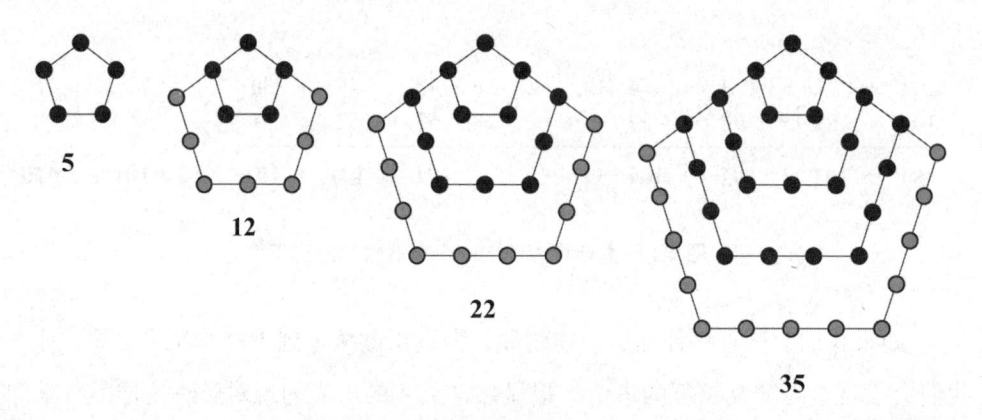

图 4.14 五角形数

从图中我们可以看到，这些五角形数的构造遵循与三角形数和正方形数相似的原则。但由于后续的图形不具有第一个图形的对称性，这些构造不再如三角形数与正方形数的图形那样优雅。

## 第4章 数字性质的发现

接下来轮到六角形数。相似地,六角形数是排列一个正六角形点阵所用的墨点数,最初的几个数为 6、15、28 和 45,如图 4.15 所示。

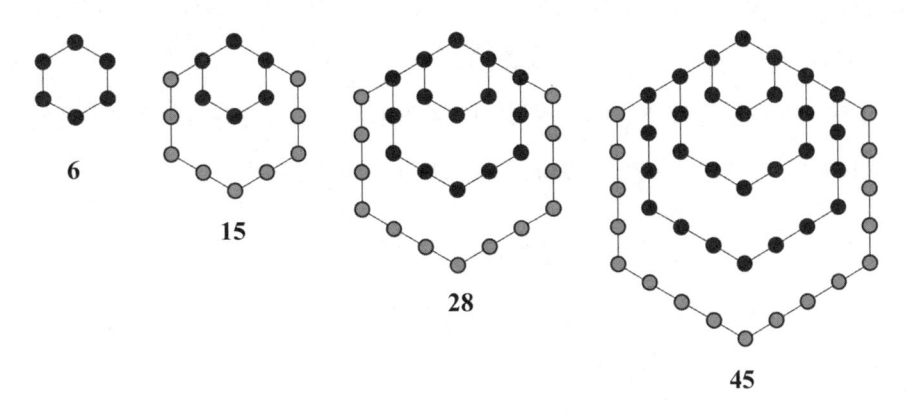

**图 4.15 六角形数**

图 4.16 将最初的多角形数排成一个阵列。与之前一样,1 在这里也被作为第一个多角形数列入其中,相邻多角形数之间所标出的数字是它们之间的差。

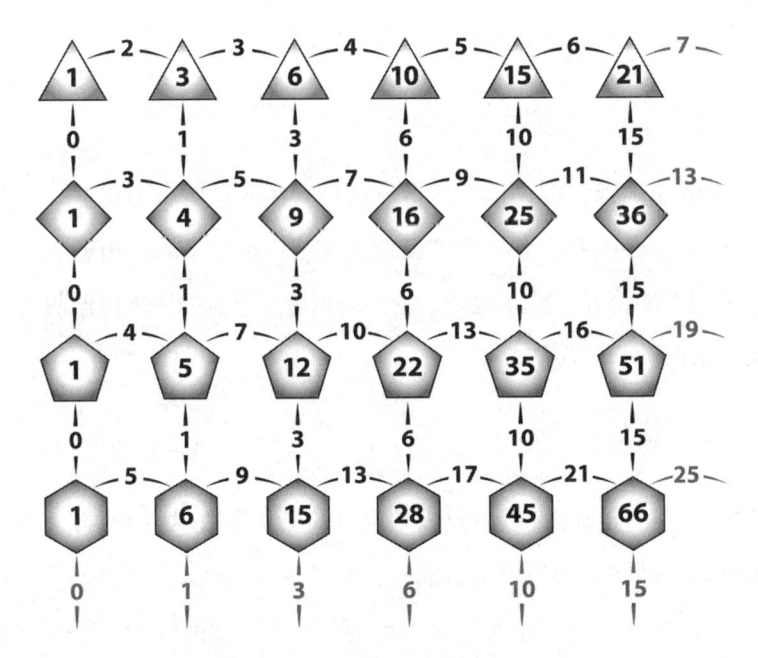

**图 4.16 多角形数之间的联系**

## 心中有数

仔细考察图 4.16，我们发现，每一列中相邻多角形数之间的差都等于同一个数，而各列的差恰好排成三角形数序列。例如，第五个五角形数是 35，它比第五个正方形数大 10，而比第五个六角形数小 10。而"10"这个数，恰好就是第四个三角形数。

重要的是，上述性质表明，任何一个多角形数都可以由三角形数推算而得到。从图 4.16 的各个列中，我们可以读出来推算五角形数的如下等式：

$$5 = 3 + 2 \times 1 = T_2 + 2T_1,$$
$$12 = 6 + 2 \times 3 = T_3 + 2T_2,$$
$$22 = 10 + 2 \times 6 = T_4 + 2T_3,$$

其他依此类推。

如果我们用 $P_n$ 表示第 $n$ 个五角形数，则我们可以推出如下公式：

$$P_n = T_n + 2T_{n-1}。$$

根据我们此前得到的关于 $T_n$ 的公式，上述公式可以写成：

$$P_n = \frac{n(n+1)}{2} + 2 \times \frac{(n-1)n}{2} = \frac{n(3n-1)}{2}。$$

不仅是五角形数，用类似的做法可以推导出其他所有多角形数的公式。丢番图说，对于以与图 4.14 以及图 4.15 类似的方法构造出来的多角形数，许普西克勒斯给出了一般性的公式。具体地说，最外面每边 $n$ 个点的正 $k$ 角形所包含的点数，即第 $n$ 个 $k$ 角形数，其数值等于

$$\frac{n^2(k-2) - n(k-4)}{2}，其中，n = 1, 2, 3, \cdots, k = 3, 4, 5, 6, \cdots$$

对这个公式的正确性，读者可以用已有的三角形数（$k=3$）、正方形数（$k=4$），以及五角形数（$k=5$）的公式来验证。

如图 4.16 所示，从一个多角形数构造下一个多角形数，需要在原多角形图形的基础上添加若干个点。这些点在图 4.14 和图 4.15 中用灰色的点来表示，它们就

## 第4章 数字性质的发现

像原来多角形的影子,所以古希腊人把这些点的数目称为"晷影数"。考察图4.16中各行的数字,我们发现三角形数的晷影数依次增加1,正方形的晷影数依次增加2——这我们在前面已经知道。而观察图4.16的第三和第四行可以看到:五角形数的晷影数依次增加3,六角形数的晷影数则依次增加4。

这样,我们就发现每个五角形数都是差为3的一系列自然数的和,例如,

$$1 + 4 + 7 + 10 = 22$$

就是一个五角形数。因此,如果我们考虑一个第一项等于1,而且公差等于3的数列,想要知道它的前 $n$ 项和的话,我们只要给出第 $n$ 个五角形数就可以了。根据五角形数 $P_n$ 的公式,我们有:

$$1 + 4 + 7 + 10 + \cdots + 第 n 项(即 3n-2)= P_n = \frac{n(3n-1)}{2}。$$

我们可能会好奇地问:考察多角形数究竟可以得到关于宇宙的什么真理?从这些观察中,古代希腊的学者得到什么样关于宇宙终极原理的哲学洞察?多角形数有没有什么实际用途?这么说吧,对多角形数的考察确确实实地刺激了数学知识的增长,但这个研究的主要动机似乎并非它的有用之处。更主要的是其中出人意料的优美与规律性带来的魅力,它们给这些数字赋予其之前所没有的意义,是原来难以理解的现象变化中秩序的呈现。这里,数学本身变成了艺术,不需要任何外加的动机。

## 4.8 四面体数

为了本章的完整性,我们在此指出,多角形数可以推广到更高的维度。点在三维空间中可以排列成正多面体。作为例子,我们来考察如图4.17所示的加农炮炮弹的堆垛。它们是"正四面体",是所谓"柏拉图立体"中的一种。

**心中有数**

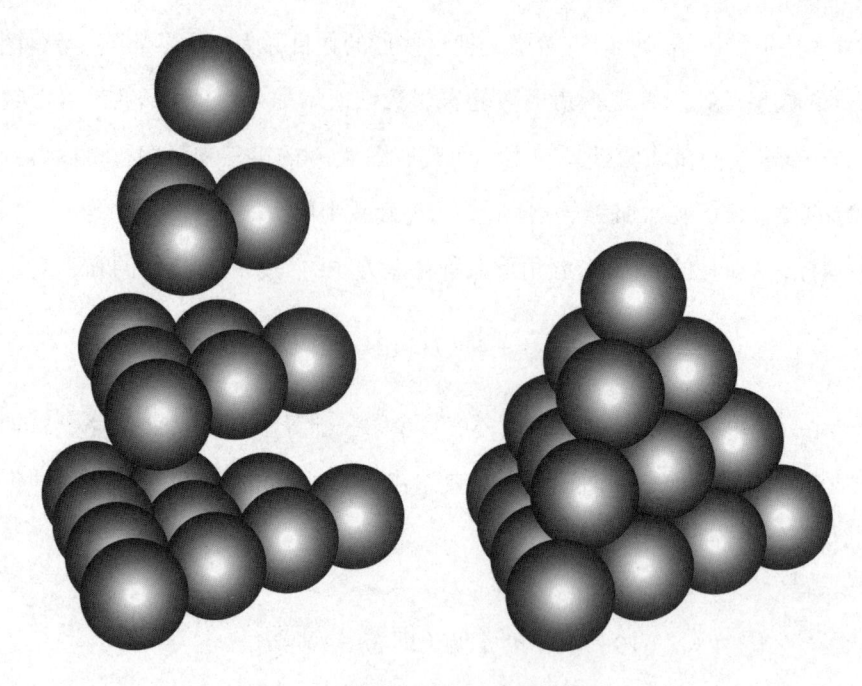

**图 4.17 加农炮炮弹的正四面体堆垛**

图 4.17 的左边是每一层的排列情况，很容易发现它们都是三角形数。因此，正四面体堆垛中加农炮炮弹的个数等于一系列三角形数之和。例如，对于四层的堆垛，炮弹个数等于前四个三角形数之和，即 1 + 3 + 6 + 10 = 20。用这个方法，我们可以得到正四面体数的序列：

1，4，10，20，35，56，84，120，165，220，⋯

在下一章中，我们会在完全不同的情况下再次与这些数字相遇。

# 第 5 章
# 诗歌与计数

在第 1 章中,我们谈论过关于数字和计数的多个方面。当我们只是谈论数玻璃球的时候,那只是"小朋友在数数"。但是,抽象原理指出,我们几乎可以数任何事物,甚至非物质的思想观念也可以,这时计数问题立刻就变得复杂许多。例如,我们来考虑以下问题:如果在新年聚会上每个人都和所有其他人碰杯,那么我们能听到多少声碰杯的声音?也许,这样的问题只能用穷举法或系统性思考的方法来解决。对这个以及相似的问题,我们在本章的后面将会给予解答。学会更多类似计数技巧的要求在人类历史上早已出现,而一个相当有趣的解法可以追溯到古印度的吠陀时代,那已经是 2000 多年以前的事情。

## 5.1 诗歌的格律

我们马上要进行深入考察的问题,是数学问题可能以出人意料的方式出现的一个例证。这个问题与诗歌学中诗歌格律的分类问题有关。为了理解为什么这个问题会首先在古印度产生和被解决,我们必须理解梵文诗歌与现代英文诗歌的区别。

语言的节律取决于强调的与非强调的音节之序列结构。独特韵律结构是多数诗歌体文学作品的重要特征,是诗歌和散文的区别所在。诗歌通常分成多行,除了偶尔的变体或变通之外,它们都遵循某个特定的节律模式,每行诗句的韵律结构我们称之为它的"格律"。在英语、德语等许多语言中,多数诗歌采用高度规则的格律形式,其强音节按特定周期重复出现。相当经常地,每行诗句拥有固定数目的音节和重读音,称为"重音-音节型",这样的格律营造出一种律动,是诗歌拥有其魅力的原因之一。作为例子,我们来观察以下莎士比亚诗作《麦克白》中诗句的强音节与弱音节的规则模式:

心中有数

> Double double toil and trouble
> Fire burn and caldron bubble.[1]

在许多情况下，节律可以描述为简短的基本模式的重复，它们的称呼可以直译成"诗脚"。在这个例子中，诗脚由两个音节组成，第一个重读而第二个则轻读。英语诗歌的这种格律称为"扬抑格"[1]，本例中它每行重复四次，因此称为"四音步扬抑格"。其他的格律中，还有"弱读-强读"格式的"抑扬格"，"强-弱-弱"格式的"扬抑抑格"，以及"弱-弱-强"格式的"抑抑扬格"。

英语诗歌强调音节的做法称为"重音化"，意思是强调的音节通常要读得比较重。因此，它的格律由"重读"与"轻读"音节的特定系列所规定。当然，声音大小并不是唯一的变化因数，人们也可以变换音节的长短或声调的高低，而它们确实也常常与声音的大小同时使用。但是，这种特征刻画是针对某一种特定语言的。在一种特定语言中，声音的"强弱""长短"和"高低"之一占有主导地位，是创造韵律的首要手段。在像英语这样的重音型语言中，声音"强弱"的主要功用就是"强调"。然而世界上还有其他很多语言，例如日本语，其读音的"长短"则是首要因素。而汉语更为特殊，它甚至使用声调的"高低"来区分词汇。

语言的类型通常影响着诗歌的格律，重音类语言倾向于简单诗脚的规律性重复，这我们上一段已有例证。甚至，诗脚的结构也有特定的限制，使得连续两个重读或三个弱读音节听起来不合常规。作为规则，这使得重音类语言的诗歌在形式多样性方面相对受限。其他语言则不同，它们的诗歌有大量不同的常用格律，因而能够传达英语不能呈现的微妙。

古印欧语系的希腊语、拉丁语和梵语都是"长音-音节型"语言，也就是说，它们以发音的长短来区分音节是否被强调。因此，其诗歌格律的特征是以每行诗句中长、短音节序列的构成来刻画的。这些语言的常用格律比现代重音类语言要多得多，例如，海德堡大学的一个梵语资源网站就列出了1352种不同的梵语诗格律。任意安排长、短音节的序列而不扰乱其语言流，这似乎是比较容易做到的。

---

[1] 这两句诗常被译为"不惮辛劳不惮烦，釜中沸沫已成澜"。
[1] 此术语或译为"长短格"，本段其他格律也多有类似译名，从略。

作为说重音类语言的人，我们无法真正欣赏这些古代格律宝藏，因为我们会遵循心中的规则改变其古老的发音方式，将长音节变成重音节而将短音节变成弱音节，但这不仅相当有难度，而且也不能呈现原版诗歌真正的感觉。

梵语是长音-音节型语言，这个特征使其得以拥有巨量的诗歌格律，古代印度学者于是提出了关于诗歌格律理论上可能达到的数目以及其分类的问题。

## 5.2 语言学的起源

诗歌的格律显然使我们更容易将学到的诗歌铭记于心。在没有书写传统的时代，重要的文本如赞美诗、歌谣，或者宗教仪式上所用的仪礼文本，要把它们没有差错地传给后人是相当困难的。由于略去或增加文词都会因诗歌格律的改变而被轻易发现，因而将文本编成诗歌的形式有助于杜绝错误。所以，人类最早的文学作品在形式上都是诗歌，这顺理成章，并不令人惊讶。

作为古代印度文学作品所用的语言，梵语拥有最宏伟的诗歌格律的宝藏。可以说，梵语文学作品开始于诸《吠陀》，它们产生于公元前 1200 年到公元前 800 年之间，这个巨大的诗歌集群形成了印度教的基础。"吠陀"是梵语"知识"一词的音译，其内容传递的是那个时代关于生命、宇宙以及其他万物的知识。

吠陀包含有数以千计的赞美诗和咒语，仅最古老的《黎俱吠陀》就有 1 028 首赞美诗歌，诗节总数多达 10 600 节。很多世纪以来，保留这些神圣文字的唯一办法就是口耳相传。由于相信其内容来自天神，把它们毫无差错地传给后世是至关重要的。鉴于诸吠陀文本内容之巨，把它们默记在心是一项了不起的成就，而这当然要借助于各种赞美诗的格律特征。

随着时间的推移，仪礼性诗歌的格律被结合于特定的宗教仪式，开始拥有自己的意义，因而理解、探索以及描述这些诗歌的效果和结构就成为一种需要。因此，人们开始以相当抽象的方式来思考语言，而这标志着语法与语言学的诞生。早在公元前的第一个千年，印度学者就建立起一套丰富的格律理论，诗律学成为吠陀科学的一个基础科目，其他科目则探讨仪式、发音、语法、词源学以及天文学。

宾伽罗是一位生活于大约公元前 4 世纪与公元前 2 世纪之间的古印度学者，他所著的《檀陀经》中有最早关于诗歌格律的学术性讨论。关于这位学者我们几乎一无所知，只是对其著作的语言学分析给我们提供了其写作年代的些许线索。《檀陀经》的一个重要部分讨论的是关于格律的数学问题。宾伽罗不仅对描述现实存在的格律感兴趣，而且想要研究所有理论上可能存在的格律，于是就有如下问题：我们能够想出多少种不同的格律？我们又如何用系统性的方法找出那些目前还没有出现的格律？尽管它们源自文学研究而非来自天文学或几何学，这些都是真正的数学问题，而首先解决这些问题的正是宾伽罗。然而，《檀陀经》中的诗歌像是天神的密码，非常地晦涩难懂。为了解读它，人们通常需要参考后人的注解，尤其是哈拉瑜哈的注释。哈拉瑜哈生活于公元 10 世纪后期，他解释了宾伽罗著作中的数学内容，并展开更进一步的研究。

然而无论如何，宾伽罗的著作揭示了古印度数学知识的高度发达。在科学尚未分化成许多孤立学科的时代，数学知识以及对数学问题的关心，是每个学者的思维中不可分割的部分。因此，关于诗歌和音乐的科学会刺激数学的发展，反之亦然。

宾伽罗的思想与数字和计数紧密关联，代表着数学思维的根基之一。在下文中，我们将开始更详细描述这些思想的探索之旅。我们会遇到一个现代数学分支的源头，这个数学分支在我们日常生活的很多方面都相当重要，现在全世界的中学和高等院校都在讲授。然而，它的源头出自诗歌这一事实，却长期被人们所忽略。

## 5.3 格律模式的计数

当我们开始数诗歌格律时，直接动手分析诗句的做法显得颇有诱惑力。由于每行诗都有一定数目的音节，我们可以考虑这样的问题：具有特定数目音节的诗句总共可以有多少不同的格律样式？然而，对像梵语这样的长音-音节型语言，我们还可以有另外的想法——着重于吟诵一行诗句所需的时间。语言学中衡量音节时间长度的单位称为"音拍"。一个音拍是发出一个短的、非强调的音节所需要

## 第 5 章　诗歌与计数

的时间。由于一个长音节大约需要两倍长的时间，因而长音节被看成是两个音拍的音节。当然，人们对诗歌会有不同的解读，朗读诗句的语速因而可能彼此相异，因此音拍并不是一个可以用"秒"来计量的物理时间单位。所以，我们不考虑对音拍进行更精确的描述，只是沿用语言学家詹姆斯·麦考利（1938—1999）所作的粗略定义。麦考利说，"音拍就是那么一样东西，两个组成长音节，一个就是短音节。"因此，我们可以这样来描述音拍：

- 一个短音节的时长是一个音拍。
- 一个长音节的时长是两个音拍。

然后，我们用以下陈述来定义诗句的格律：

- 一种长音节与短音节的序列样式就是一种格律。

采用"−"表示一个长音节，"⌣"表示一个短音节，则我们可以将格律表示成图形。例如

$$\smile - \smile - \smile - \smile - \smile -$$

是一种包含有五短、五长共十个音节的格律，它共有十五个音拍。这种格律被称为"五音步抑扬格"，另一种出自古印度的格律名为 "*varatanu*"，意思是"曼妙女郎"，它的格律形式为：

$$\smile \smile \smile \smile - \smile \smile - \smile - \smile -,$$

总共含有十六个音拍。这个格律名称来自用该格律所写的一首诗，一首年轻人在与恋人共度良宵之后问候恋人的诗歌。

在分析不同格律的可能数目时，我们首先考虑每行诗句的时长都相同的情形。也就是说，对某个自然数 $n$，我们考虑同样占用 $n$ 个音拍的诗行。

下面的问题可以追溯到宾伽罗，而我们现在要陈述的是这个问题完全推广后的形式。记住，在此我们并不是打算把具有给定音节的格律做分类，而是要计算

· 101 ·

心中有数

具有给定音拍数的格律的数目。

> 宾伽罗第一问题：总时长为 $n$ 个音拍的格律总共有多少种？

这其实是计算一个特定集合的元素个数的问题。具体来说，这个集合是所有可能的格律的集合，一种格律指的是一种长音节与短音节排成的序列，而每个这种序列的总音拍数是我们事先给定的某个自然数 $n$。虽然这是个计数问题，但它与第 1 章图 1.2 中点数石子数目的问题天差地别，通常所用的直接点数的办法再无用武之地。我们怎么可能用手指头去指点"第一种"格律，然后"第二种"，以及其他格律呢？

## 5.4 宾伽罗第一问题的特殊情形

数学研究的第一步通常是给研究对象命名。在这里我们感兴趣的对象是总时长为 $n$ 个音拍的格律的总数，其中 $n$ 是任意一个给定的自然数。我们命名如下：

总时长为 $n$ 个音拍的格律的总数称为 $A(n)$。

对数学家而言，$n$ 确实是任意的自然数。为了讨论的完整性，数学家也会考虑 $n = 1$ 以及 $n = 2$ 这种与诗歌格律绝对不相关的情形。不过，这些情形的答案倒是很容易得到：当 $n = 1$ 时，唯一的可能是全句为一个短音节，因此 $A(1) = 1$。相似地，当 $n = 2$ 时，诗句只能是两个短音节或一个长音节，因而 $A(2) = 2$。对这两个简单的情形，我们总结如下：

$$A(1) = 1, \ A(2) = 2。$$

现在，我们可以开始系统性地探讨，尝试着确定对 $n = 3, 4, 5$ 等情形 $A(n)$ 的数目。例如，如果 $n = 6$，虽然这种音拍数对诗句而言仍然太短，但我们可以找出如下 13 个不同的格律：

## 第 5 章　诗歌与计数

```
1:  ‒ ‒ ‒              6:  ⏑ ‒ ‒ ⏑
2:  ⏑ ⏑ ‒ ‒           7:  ‒ ⏑ ‒ ⏑
3:  ⏑ ‒ ⏑ ‒           8:  ‒ ‒ ⏑ ⏑
4:  ‒ ⏑ ⏑ ‒           9:  ⏑ ⏑ ⏑ ‒ ⏑
5:  ⏑ ⏑ ⏑ ⏑ ‒        10: ⏑ ⏑ ‒ ⏑ ⏑
                      11: ⏑ ‒ ⏑ ⏑ ⏑
                      12: ‒ ⏑ ⏑ ⏑ ⏑
                      13: ⏑ ⏑ ⏑ ⏑ ⏑ ⏑
```

**表 5.1　总时长为六音拍的格律列表**

很快我们会觉得这样的列表实际上没有什么帮助,对比较大的 $n$,可能的格律形式增长得太多,根本难以掌控——那时怎么知道我们的列表有没有遗漏? 因此,对任意的 $n$,另找出路可能才是确定 $A(n)$ 的聪明想法。数学家在攻克问题时有时会采用反向推导的办法,下一节中,我们就将采用这种策略来解决求解 $A(n)$ 的问题。

## 5.5　宾伽罗第一问题的一般情形

如果观察表 5.1 中的两组格律,也许有人会找到解决问题的思路。表中的第一组有 5 个格律,而第二组则有 8 个。这两组之间的区别究竟在哪里? 答案是:它们结束处的音节不同。第一组都是以长音节结束的格律,而第二组则全部都以短音节收尾。现在,我们先来考察第一组。除去结束处的长音节,它们剩余部分的时长全部都等于四个音拍,这一组其实就是所有的四音拍格律在最后添加一个长音节。因此,第一组格律的总数等于 $A(4)$。相似地,第二组就是所有的 5 音拍格律在末尾添加一个短音节而得到的格律,因此,第二组的数目等于 $A(5)$。这样,我们就得到一个关于 $A(6)$ 的公式:

$$A(4) + A(5) = A(6).$$

## 心中有数

很显然，对任何自然数 $n$，我们都可以重复类似的推导。对任何一种总时长为 $n$ 音拍的格律而言，它要么以长音节结束，要么以短音节结束。因此，时长为 $n$ 的格律之集合可以分成两组，一组以长音节结束，另一组以短音节结束。以短音节结束的格律可以以任意一种时长为 $n-1$ 的格律开头，因而这组格律的总数目等于 $A(n-1)$。相似地，以长音节结束的格律的总数等于 $A(n-2)$。因此，我们总结出如下公式：

$$A(n-2) + A(n-1) = A(n)。$$

这个公式当 $n-2$ 至少等于 1 的时候一定成立，或者说，它对所有 $n \geq 3$ 都是正确的。这样，我们汇总已有的结果，得到：

$A(1) = 1，A(2) = 2，$
$A(n-2) + A(n-1) = A(n)$，对所有大于 2 的自然数 $n$ 成立。

我们承认，上述公式并没有直接告诉我们 $A(n)$ 等于多少。但是从某种意义上说，它已经解决了宾伽罗第一问题：这个公式描述了从关于 $A(1)$ 和 $A(2)$ 的"初始条件"出发，逐步计算 $A(n)$ 的办法——

$A(3) = A(1) + A(2) = 1 + 2 = 3，$
$A(4) = A(2) + A(3) = 2 + 3 = 5，$
$A(5) = 3 + 5 = 8，A(6) = 5 + 8 = 13，$
$A(7) = 8 + 13 = 21，$ 如此等等。

总之，每一个 $A(n)$ 都是它前面两个结果的和。现在我们可以肯定表 5.1 中没有任何遗漏，因为我们的计算结果证实：$A(6) = 13$。

只要略微有点耐心，我们可以轻易地计算出 $A(16) = 1597$，从而得到总时长为 16 个音拍的格律的总数。前文提到的"曼妙女郎"这种古老的印度格律，只是所有理论上可能的 1597 种 16 音拍格律中的一种！

$A(n)$ 作为关于格律的宾伽罗第一问题的答案，在印度学者金月（音译"赫

## 第 5 章 诗歌与计数

马缠德拉",1089—1172)的著作中有明确的记述。在西方,1,2,3,5,8,13,21,34,…这个后一项等于前两项之和的数列多次被重复发现。由于不知道印度人早在 1000 多年前就发现了这个数列,法国数学家爱德华·卢卡斯(1842—1891)将这个数列以比萨的列奥纳多的通行名字命名,称之为"菲波纳契数列"。菲波纳契是欧洲中世纪最重要的数学家,是印度-阿拉伯数字在欧洲普及的主要推动者。

## 5.6 计数问题的共同特征

数学引人入胜的地方之一是,在某个情形之下的领悟有可能被应用于几乎毫不相关的另一情形。上一小节解决的计数问题就实实在在地在许多其他情况下出现。容易发现,语言中长、短音节的序列与音乐片段中长、短音符的序列之间非常相似。图 5.1 画出了只含有四分音符与八分音符的所有 6/8 拍小节。

图 5.1 只有四分音符与八分音符的 6/8 拍小节

## 心中有数

我们发现,图 5.1 所列与稍前表 5.1 所列出的六音拍格律有着严格的对应关系。相似地,16 个八分音长的节拍如果只包含有四分音符和八分音符,则总共有 $A(16) = 1597$ 种不同形式,而图 5.2 所示只是其中的一种。

**图 5.2  总长等于 16 个八分音符的节拍**

图 5.2 中的节拍出现在贝多芬第七交响曲的第二乐章,在古印度文学中,它对应于一种名为"*rukmavati*"的格律,其长、短音节的序列为:
— ⌣ ⌣ — — — ⌣ ⌣ — —。

同样的模式当然也会出现在其他地方,我们再举两例。

第一个例子是"花园小路问题"。假设我们要给花园小路铺上长方形地砖,如图 5.3 所示,地砖的方向既可以与小路相同的"横向",也可以与小路的方向相垂直的"竖向"。那么问题来了:用 16 块地砖可以铺出多少种不同的样式呢?

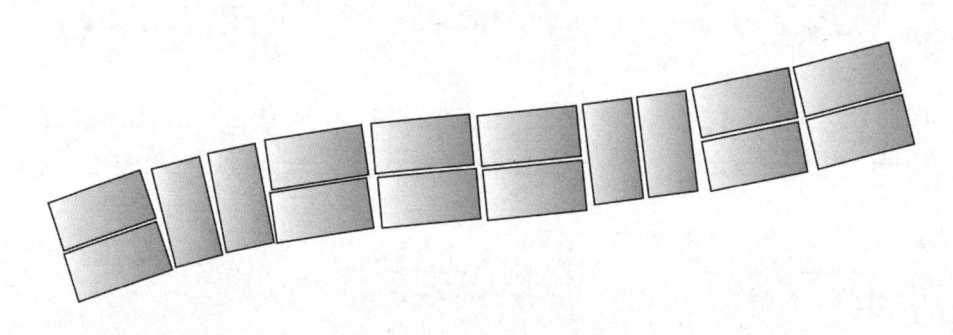

**图 5.3  十六块砖铺成的花园小路**

这个问题与宾伽罗的长短音节排列问题,即宾伽罗第一问题,是非常相似的。一块竖向的地砖可以对应于一个短音节,而两块横向的地砖则构成一个对应着一个长音节的单元。长音节的时长是短音节的两倍,而一个横向单元则总共有

第 5 章　诗歌与计数

两块地砖。小路是由单块竖向地砖与双块的横向单元之序列构成的，而格律由单音拍的短音节与双音拍的长音节排列而成，两者恰可类比。因此，由这种相似性我们可以得到这样的结论：16 块地砖横铺和竖铺，总共可以铺成的 $A(16)$ 种——即 1 597 种——不同花样的花园小路。

第二个例子是"邮差登楼问题"。邮递员每天需要登上同一个共有 16 个梯级的楼梯去投递邮包。他上楼时有时一步只上一个梯级，有时则一步跨上两个。为了让工作有些趣味，他决定每天用一种不同的单梯级与双梯级序列来上这个楼梯。他的问题是：不同的单梯级与双梯级的序列总共有多少种？

略加思考我们就会发现，这个问题与宾伽罗第一问题相似，与花园小路问题同样也相似，因此，三个问题的答案是一样的，即 $A(16) = 1\,597$。

## 5.7　音节计数的艺术

我们回过头来继续考虑关于诗歌格律的分类问题，这是 2000 多年前古印度学者最先讨论的话题，现在称为组合数学之数学分支的第一个典型问题便由此产生。

本节中，我们再一次考虑诗歌格律理论上的数目问题，但稍稍改变我们的视角。现在我们不去讨论时间长度给定的前提下可能的格律总数，转而考虑音节总数给定的情形。在古代印度诗歌格律中，音节总数相等的格律构成一组"等音节韵律"。与前文相同，这里的音节分为长音节和短音节两种。

> 宾伽罗第二问题：音节总数为 $n$ 个的格律总共有多少种？

要得到一种总共 $n$ 个音节的格律，就需要对诗句中的短音节和长音节做出一种安排。对第一个音节，我们可以安排一个短音节，同样也可以安排一个长音节。无论这开头的音节是长、短两种音节中的哪一种，接下来的音节我们又有短音节或长音节两种选择。因此，头两个音节可以是 ——、—⌣、⌣—，或者 ⌣⌣，总共有四种不同的形式。总之，每增加一个音节，格律形式的数目就翻一倍：

音节总数为 3 时，格律总数为：$2 \times 2 \times 2 = 2^3 = 8$；

音节总数为 4 时，格律总数为：$2\times2\times2\times2=2^4=16$；

音节总数为 5 时，格律总数为：$2\times2\times2\times2\times2=2^5=32$；

……

音节总数为 $n$ 时，格律总数为于：$2\times2\times\cdots\times2$（$n$ 个）$=2^n$。

这样我们就得到了计算音节总数等于 $n$ 的格律总数的公式。例如，对 24 个音节的情形，我们就可以知道不同格律的总数超过 1 600 万，准确地说，它等于 $2^{24}=$ 16 777 216。然而，古印度的"等音节韵律"通常由四个相似的部分构成，开始的四分之一决定整个诗句的格律，因此真正存在的格律数要少得多。不过，有的印度诗歌的诗句可以长达 100 多个音节，其格律总数之大是极为惊人的，实际诗歌中出现的格律只是很少的一部分，真正出现过的只有数百种。

古印度学者会去从事这种初看起来毫无用处的数字游戏，这是非常有趣的现象，只有在数学已经发展到一定高度时才可能出现。学者们掌握如何应对数字的高深知识，并显然以能够操弄巨大数学为荣耀，他们已经培育出以逻辑推理为基础来证明事实的能力。在他们对诗歌格律的考察中，我们看到一种数学的思考方式，它追求对一个问题在理论上存在的所有情形的了解，现实中并不出现的情形也不例外。

## 5.8 组合的艺术

给定短音节与长音节的数目，总共可能构成多少种诗歌格律？古印度学者甚至对这个细节更多因而也更复杂的问题也给出了解答。为了表达对宾伽罗的崇敬，我们将这个问题称为"宾伽罗第三问题"。

宾伽罗第三问题：音节总数为 $n$ 个的格律中，恰好包含有 $k$ 个短音节的格律有多少种？

这个问题也可以这样来陈述：恰好包含有 $k$ 个短音节以及 $n-k$ 个长音节的格律总共有多少种？当然，这里的 $n$ 必须是自然数，而 $k$ 的取值必须介于 0 与 $n$ 之间。

## 第 5 章 诗歌与计数

当 $k = 0$ 时,格律中只有长音节,而当 $k = n$ 时,则意味着只有短音节。

与宾伽罗第一问题一样,这同样不过是许多不同背景下很重要的相似问题的一个原型。例如,乐透彩票就利用这个问题背后的数学挣到大把大把的钞票,这我们暂且按下不表。

我们来一步一步地分析解决宾伽罗第三问题。像解决宾伽罗第一问题一样,我们首先给需要求解的未知量命名:

总共有 $n$ 个音节而其中恰好有 $k$ 个短音节的格律总数记为 $B(n, k)$。

经验表明,用图形表示问题的方法经常对解决问题很有帮助。于是,我们先在纸上画一个点,用它来表示诗句的开始。从这个点出发,诗句的第一个音节有两个选择,即短音节或长音节。因此我们画出两条带有方向箭头的线段,分别标上 "L" 和 "S" 以表示长音节和短音节——这样,我们开始画出了一种称为 "决策树" 的图形,如图 5.4 所示。

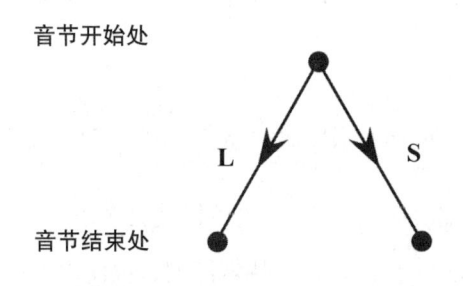

**图 5.4　第一个音节的两种可能性**

现在我们可以得到的是:$B(1, 0) = 1$,以及 $B(1, 1) = 1$。在第一个音节之后,诗句可以按相同的方式继续,图 5.5 中我们画出了到第二个音节结束时的所有情形,总共有 LL,LS,SL,以及 SS 四种。

**心中有数**

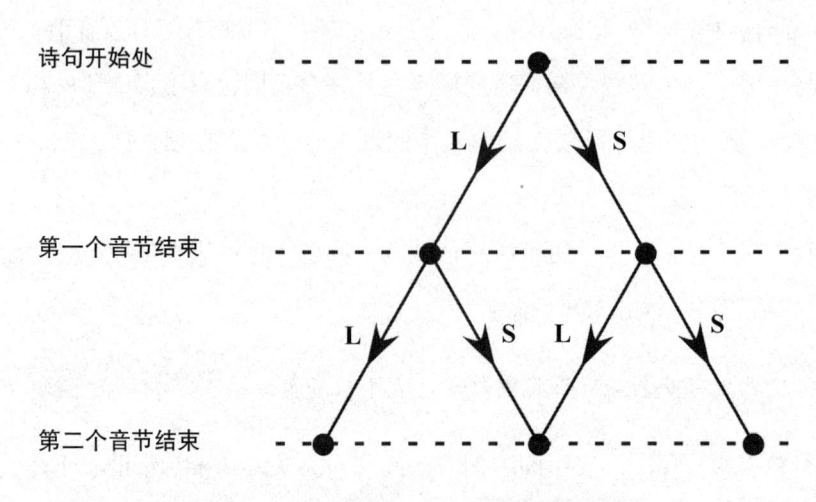

**图 5.5 到达第二个音节结束处的四条路径**

我们发现，LS 和 SL 两种格式（即扬抑格与抑扬格）结束于图形中间的同一个端点，这只不过说明它们的时间长度相同，都是三个音拍。如果我们计算到第二个音节结束时所需的音拍数，我们会发现：到达最右边的端点需要两个音拍，中间的端点需要三个音拍，而左边的端点则是四个音拍。对图 5.5 稍加理解，我们就可以得到如下结果：

$$B(2, 0) = 1, B(2, 1) = 2, B(2, 2) = 1。$$

在已有的基础上每添加一个音节，决策树就又多了一层。在决策树中，每一条自上而下的路径都决定一个 L 与 S 的特定序列，因而也对应着一种特定的格律。在图 5.6 中，粗线标出的路径描述了一种七音节格律，其序列构成是 SLSLSSL，即 ∪−∪−∪∪−。如果以读音的平与仄代替音节的短和长，则唐代著名诗人李益《塞下曲》中的"朝暮驰猎黄河曲"，其平仄恰好就构成这个序列。

在图 5.6 中，每个点都可以由它处在第几行以及在该行上的位置来确定，其中第 $n$ 行标记的是第 $n$ 个音节的结束处，而 $k$ 则表示与最左边的距离。在第 $n$ 行上，最左边的点有 $k=0$，而最右边点则为 $k=n$。这样，图中的每个点都可以用两个数来刻画，它们是其所处的行数及其到最左边的水平距离，它们可以称为该点的"坐

· 110 ·

标"。也就是说，图中点的位置可以用数对 $(n, k)$ 来表示，其中，$k$ 的取值介于 0 和 $n$ 之间。例如，由于图 5.6 中加粗的点位于第 7 行而与最左边的距离为 4，因此它的坐标是 $(7, 4)$。显然，图形顶端的点的坐标是 $(0, 0)$。

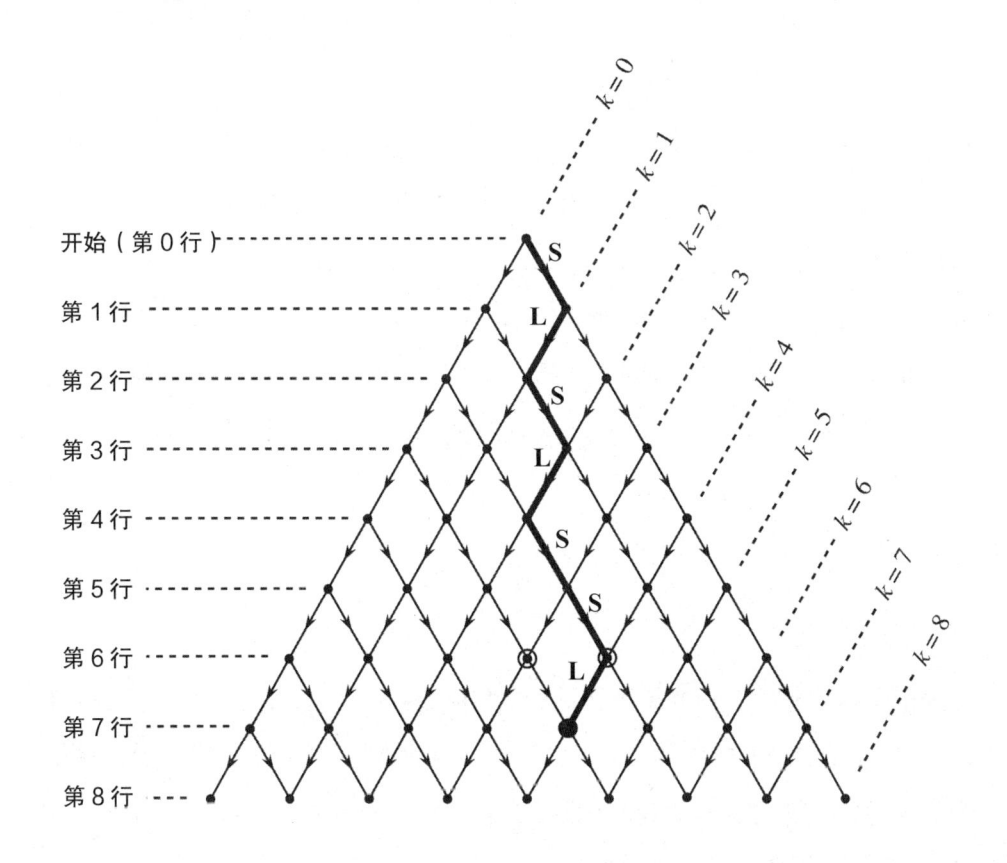

**图 5.6 最多八个音节的格律之决策树**

当我们从顶端循着一条线路向下"走"时，每向右下方走一步则 $k$ 的数值就增加 1，而向左下方走时 $k$ 的数值不会改变。因此，一个点坐标中的 $k$ 表示的是从顶点到达该点过程中所有向右的步数。例如，一个点坐标中的 $k = 4$ 时，表示到达该点总共有四个向右的步子，而向右对应着短音节，因此与该点对应的格律中恰好包含有四个短音节。简言之，坐标中的 $k$ 对应的是格律中短音节的个数！

如前所述，B(n, k) 是总共 n 个音节而恰有 k 个短音节的格律的总数，因此，求解 B(n, k) 的数值就等于寻找决策树中到达第 n 行第 k 个位置的路径总数。当然，这些路径必须从顶点开始，每步都只能沿着箭头所指向左下或右下前进，逆向的"路径"对于这个问题毫无意义。至此，我们得到了关于 B(n, k) 的一个重要性质：

$$B(n, k) = 从 (0, 0) 开始到 (n, k) 的路径的总数。$$

我们究竟获得了什么进展？我们把计算格律的问题转变成了一个计算决策树中某种路径总数的问题，但后者看起来似乎没有更容易。然而，至少我们现在可以用手指头在决策树里点数诗歌格律的数目了，并且这种方法对所有较短的诗句都是可行的。例如，我们可以结束于第三行并且 k = 2 的所有路径，即 LSS、SLS、SSL。它们对应于"扬抑抑""抑扬抑"和"抑抑扬"三种格律。换句话说，B(3, 2) = 3，或者说两短一长的格律共有三种。此外，对所有自然数 n = 1, 2, 3, …我们有：

- B(n, 0) = 1，对所有 n = 1, 2, 3, …都成立。
- B(n, n) = 1，对所有 n = 1, 2, 3, …都成立。

然而，当我们对其他的 k 值尝试点数相应的路径总数时，我们将发现这是相当困难的工作。图 5.6 中从顶点到达 (7, 4) 的路径总共有 35 条，我们能轻易地数出来吗？至少一般人容易出错。因此，在真的想要点数 B(n, k) 的数目之前，我们最好先坐下来多考虑考虑它的性质。

## 5.9 宾伽罗第三问题的解决

在关于宾伽罗第一问题的那个小节里，我们成功地以反向推导的思考方式解决了问题。当时，我们成功地用借助 A(n-1) 和 A(n-2) 来确定 A(n) 的表达式。这回，我们是不是也可以尝试相似的策略？

考虑图 5.6 第 7 行那个加粗的点，图中到底有多少条路径到达这个点？显然，要到达这个点的，其路径必然要经过图中第 6 行中加圈标记的两个点之一。因此，

## 第 5 章　诗歌与计数

到达第7行加粗点的路径总数必然等于到达第6行两个加圈点的路径数之和。这样，我们就得到：

到达 (7，4) 点的路径数 = 到达 (6，3) 点的路径数 + 到达 (6，4) 点的路径数。

写成公式，即

$$B(7,4) = B(6,3) + B(6,4)。$$

这种推导显然对决策树中所有的点都是可行的。换句话说，到达某个特定点的路径总数，必然等于到达上一行中与其相邻的两个点的路径总数之和。当然，处在图的边界上的点是例外，因为上一行中与它们相邻的点只有一个。

上述结果提供了一个逐步确定到达各点路径总数的简单算法，因此我们现在可以给各点标上到达该点的路径总数。简单地说，下行各点上的数字等于上行中直接与之相邻的点上的数字之和。如此向下逐行计算，我们得到结果如图 5.7。

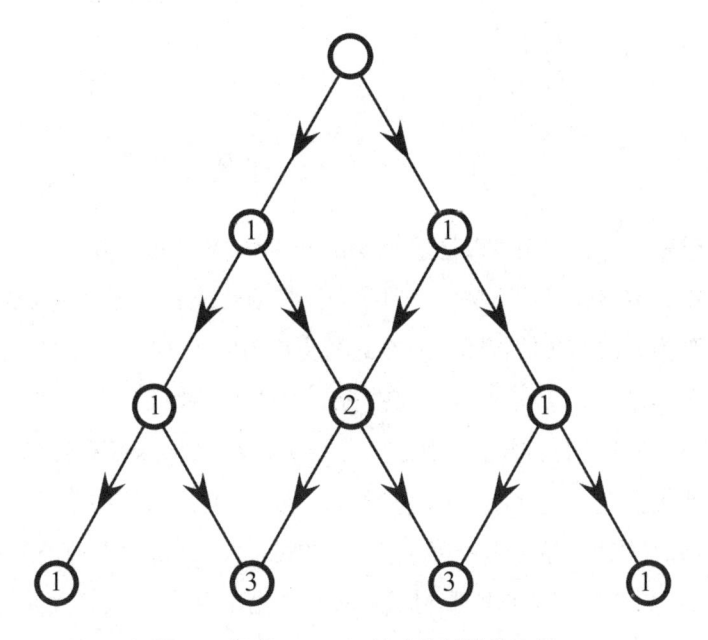

图 5.7　标有 $B(n, k)$ 的决策树的前几行

## 心中有数

因为我们知道下行各点上数字的算法，这个图可以很容易地扩展下去：我们对图形边界上所有的点标上"1"，然后按照"数字等于上一行相邻点数字相加"的公式，自上而下逐步给所有的点都标上数字。为了图的完整性，我们甚至在顶点处也标上"1"。也就是说，我们"定义"$B(0, 0) = 1$。需要注意的是，这个"定义"与前述计算公式没有矛盾，它使图上所有的点都有自己的数字，而不产生任何问题。至此，我们的逐步计算法如图 5.8 所示。

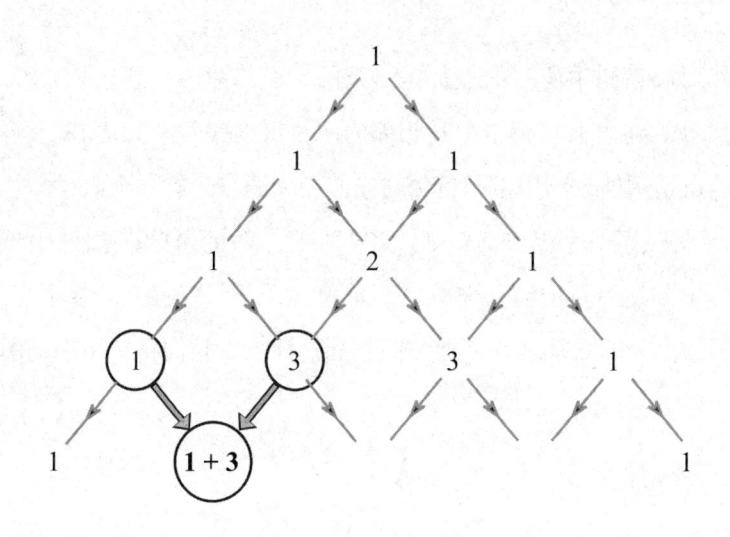

图 5.8 $B(n, k)$ 的逐步计算

按这个方法继续下去，我们可以构造出 $B(n, k)$ 组成的三角形数表。如图 5.9 所示，这个数表可以无穷尽地扩展下去，直到我们没有耐心或者没有书写的空间。这里，为了表达得更为简洁，我们将图中所有的箭头都省略了。

古印度天文学家和数学家伐罗诃密希罗（或译"彘日"，505？—587）同样知道 $B(n, k)$，并且以上述方法对其进行了计算。将 $B(n, k)$ 排列成三角形数表的最早记载可能出自公元 10 世纪的哈拉瑜哈，他在注释宾伽罗的结果时给出了这种三角形，并将其称为"须弥山阶梯"。须弥山是印度宇宙学中神圣的山峰，哈拉瑜哈在 $B(n, k)$ 排成的三角形里看到了它的符号化显现。

正如菲波纳契数一样，图 5.9 中的数字三角形也多次在世界其他地方被重复

## 第 5 章 诗歌与计数

发现。它在出现于印度不久，也为中国宋代数学家[①]贾宪(1010？—1070？)所发现。此后，杨辉（1238？—1298）引用贾宪的结果，对这个三角及其应用进行了详细的解释。由于贾宪的原著不幸散佚，这个三角在中国长期被称为"杨辉三角"。图5.10是杨辉三角的一种早期画法，其中的数字用所谓的"算筹式数字"表示。

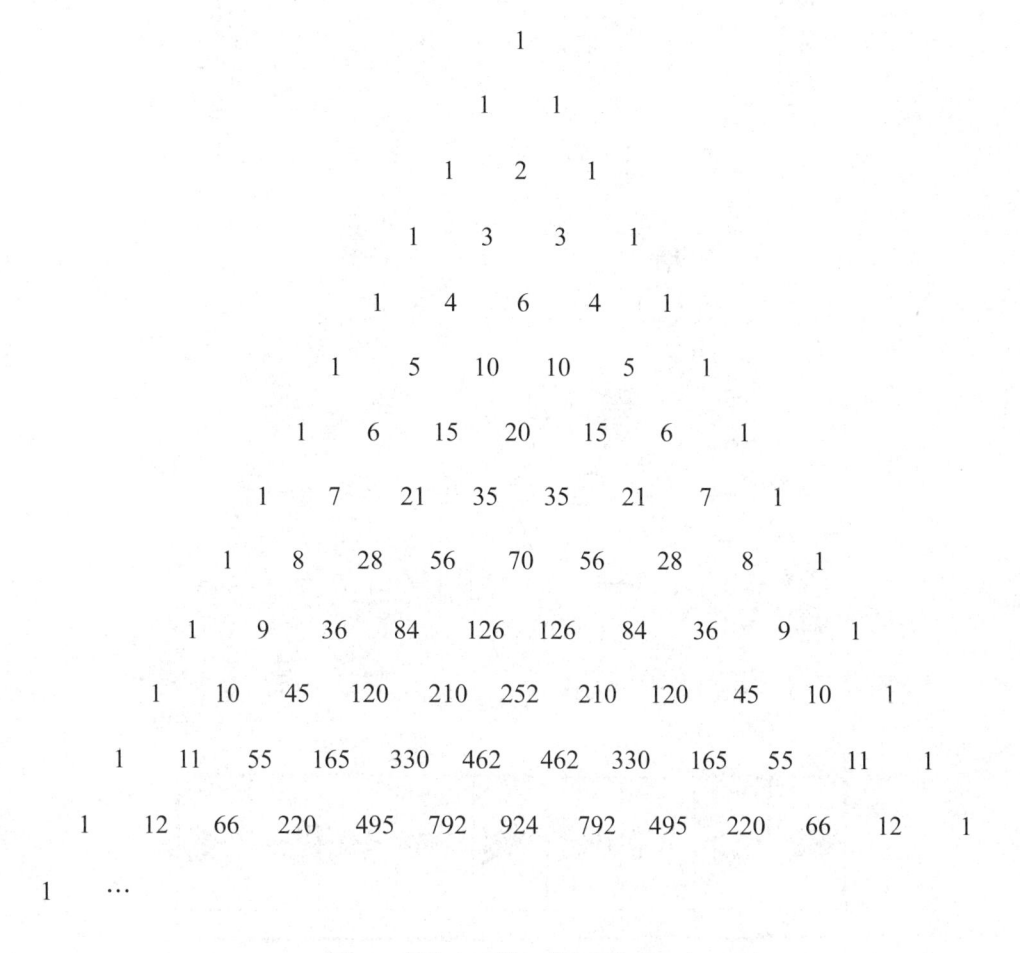

```
                              1
                           1     1
                        1     2     1
                     1     3     3     1
                  1     4     6     4     1
               1     5    10    10     5     1
            1     6    15    20    15     6     1
         1     7    21    35    35    21     7     1
      1     8    28    56    70    56    28     8     1
   1     9    36    84   126   126    84    36     9     1
1    10    45   120   210   252   210   120    45    10     1
1    11    55   165   330   462   462   330   165    55    11     1
1    12    66   220   495   792   924   792   495   220    66    12     1
1    …
```

**图 5.9** 须弥山阶梯，或称帕斯卡三角

---

[①] 原文此处称贾宪为"太监数学家"，"太监"二字源自错误的推论，故翻译时删去。贾宪唯一记载的官职为"左班殿直"，这个官职在贾宪的时代通常被授予与宫廷有关的人员，只是在宋徽宗政和改制之后才成为专属"内官"的官阶。作为数学家，贾宪当时供职于司天监这一属于宫廷的机构，有此官职顺理成章，绝不意味着他是太监。此外，《宋史》中记载的"左班殿直"全部都不是太监，而且宋仁宗的外公就曾被授予这个官职。

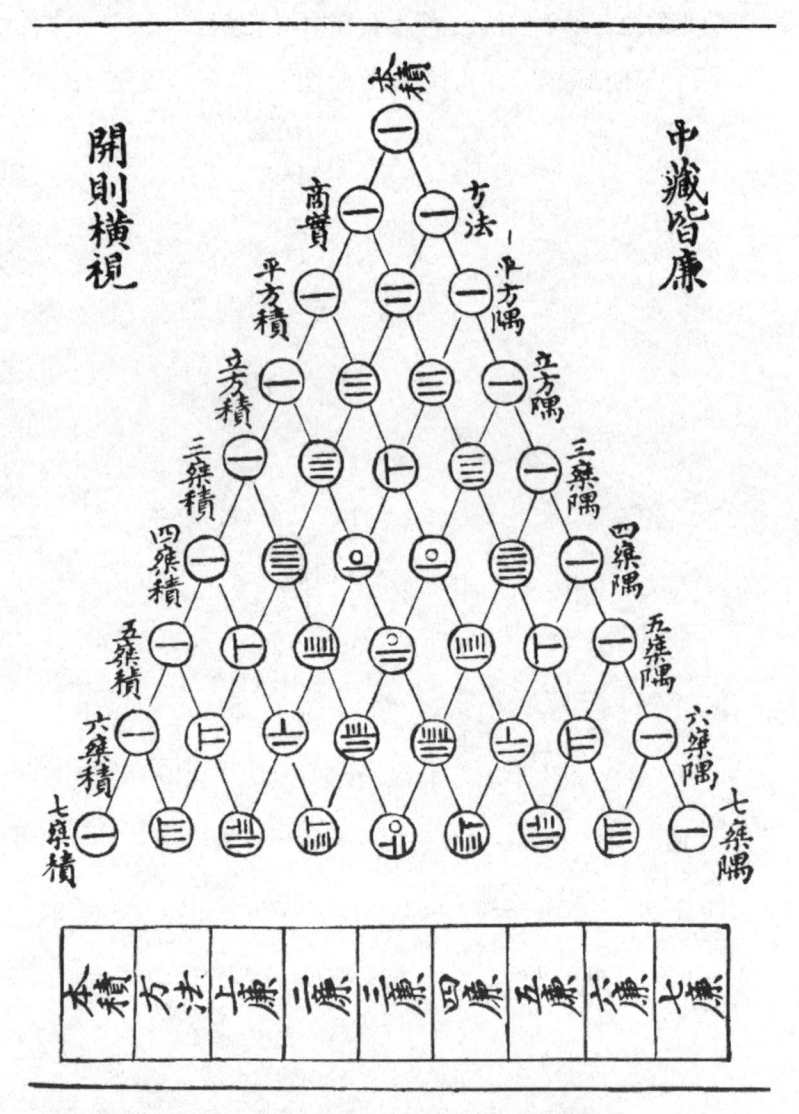

图 5.10 公元 1303 年所画的杨辉三角

几乎与印度同时，这个三角形也被巴格达的卡拉吉（953？—1029）发现，波斯人奥马尔·哈亚姆（或译"莪默·伽亚谟"，1048—1131）此后不久也发现了这个数字三角形，正因此，伊朗人将它称为"哈亚姆三角"。

## 第 5 章 诗歌与计数

在德国，文艺复兴时期的彼特·阿皮安（1495—1552）是欧洲首位公开发表这个数字三角形的学者。这个三角在意大利以数学家塔塔戈利亚（1499—1557）的名字命名，称为"塔塔戈利亚三角"，这位数学家以发现求解三次方程的公式而闻名于世。在现代西方数学文献中，图 5.9 中的三角被称为"帕斯卡三角"。法国著名数学家布莱士·帕斯卡（1623—1662）将这个三角的一些性质用于解决概率论问题，他写于 1654 年，题为《算术三角形》的论文在他去世后的 1665 年才公开发表，其数字三角形如图 5.11。

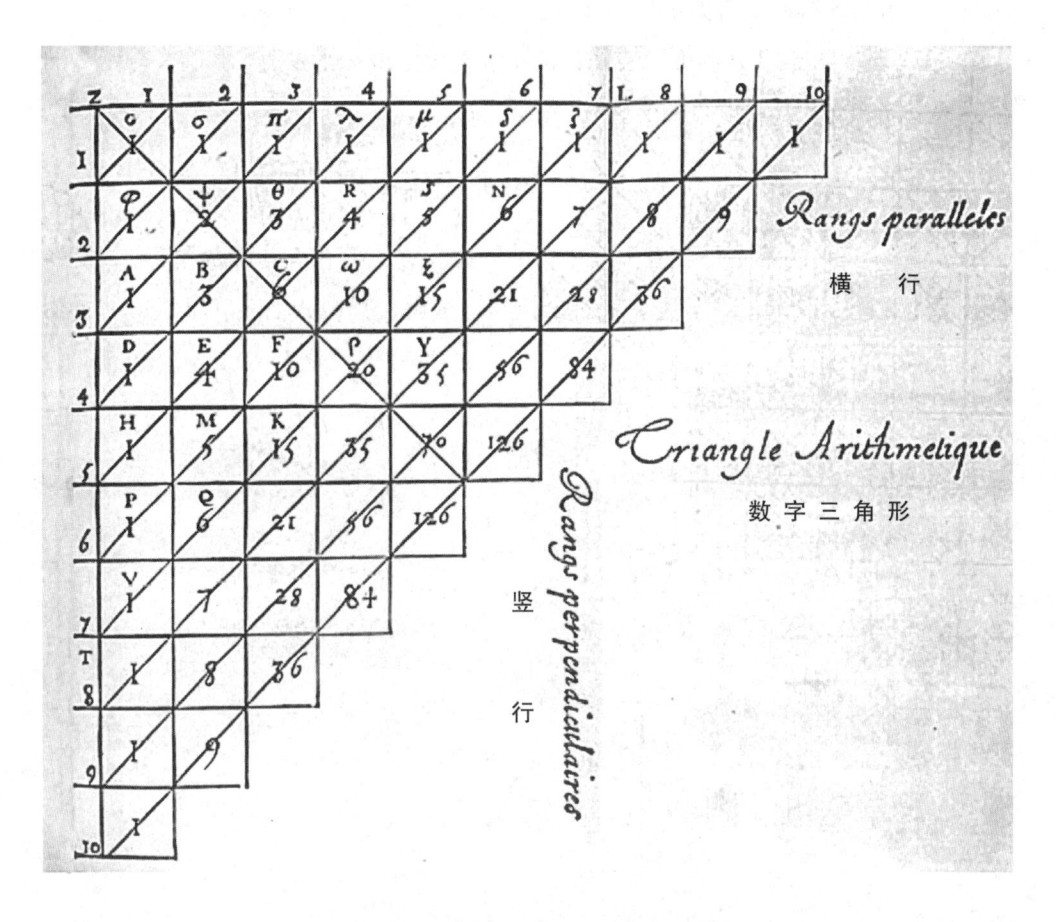

图 5.11 帕斯卡的帕斯卡三角（汉字为译者所增）

## 5.10 帕斯卡三角与宾伽罗问题

图 5.9 中的帕斯卡三角包含着宾伽罗第三问题的全部答案。不仅如此，宾伽罗第一问题与第二问题的答案事实上也隐藏于其中。

宾伽罗第二问题求解"音节总数为 $n$ 的格律之总数"，它其实等于图 5.7 的决策树中从顶点到达第 $n$ 行所有路径的总数。到达第 $n$ 行第 $k$ 点的路径数等于 $B(n, k)$，因此这个问题的答案就等于所有第 $n$ 行的 $B(n, k)$ 之和。由于 $B(n, k)$ 就是帕斯卡三角中在 $(n, k)$ 位置的数字，因此，要回答宾伽罗第二问题，只要将帕斯卡三角第 $n$ 行的所有数字相加即可。

事实上从图 5.12 我们可以看到，帕斯卡三角中每一行数字之和确实等于 2 的相应次方。例如，其第五行的所有数字之和为：

$$1 + 5 + 10 + 10 + 5 + 1 = 32 = 2^5。$$

帕斯卡三角的第五行对应于五个音节的诗句，我们在 5.7 节已经知道其格律总数等于 2 的 5 次方，与上述结果完全相同。这里，我们从不同的思路得到了相同的结果。

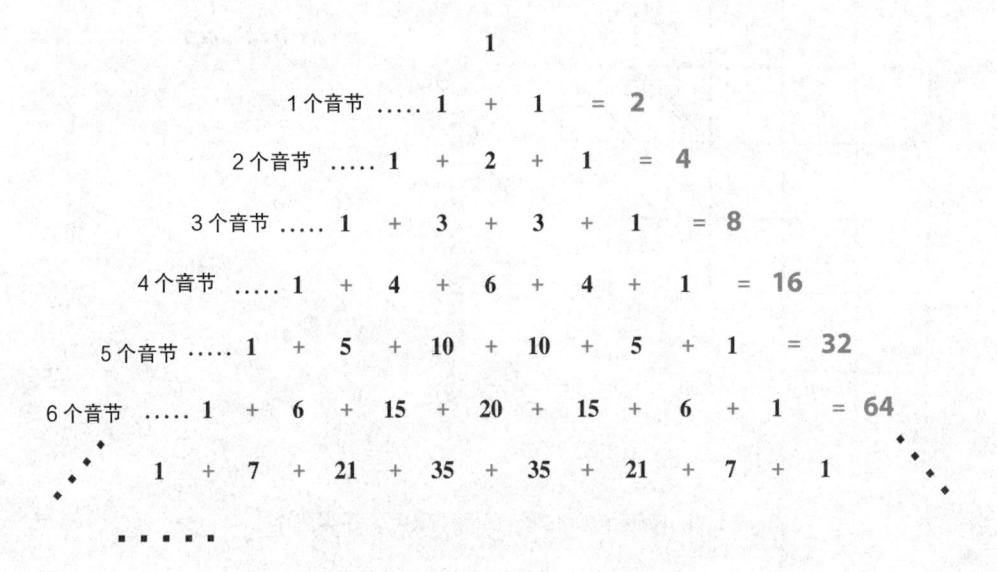

```
                           1
       1 个音节 ..... 1   +   1                                      =  2
       2 个音节 ..... 1 + 2 + 1                                      =  4
       3 个音节 ..... 1 + 3 + 3 + 1                                  =  8
       4 个音节 ..... 1 + 4 + 6 + 4 + 1                              = 16
       5 个音节 ..... 1 + 5 + 10 + 10 + 5 + 1                        = 32
       6 个音节 ..... 1 + 6 + 15 + 20 + 15 + 6 + 1                   = 64
                     1 + 7 + 21 + 35 + 35 + 21 + 7 + 1
```

图 5.12　将须弥山阶梯的每行相加

## 第 5 章　诗歌与计数

宾伽罗第一问题要求解的是总时间长度固定的诗句不同格律的总数。如前所述，这里的"时间长度"是以音拍来衡量的，一个短音节的时长为一个音拍，而长音节时长则为两个音拍。

这个问题的解答同样也隐藏在帕斯卡三角里。回顾定义我们知道，决策树中每一条到达 $(n, k)$ 点的路径都代表一种恰好有 $k$ 个短音节的格律，而它的长音节则有 $n-k$ 个。不难发现，所有到达 $(n, k)$ 点的路径都有相同的时长，它们都有 $1 \times k + 2 \times (n-k) = 2n-k$ 个音拍。然而，时长与此相同的还有其他终点上的路径。考虑图 5.13 中，它画出了决策树的一部分。如果我们开始于决策树中的任意点"a"，它到"b"的距离是一个长音节，而到"c"是两个短音节，两者同样是两个音拍的时长。因此，"b"点和"c"点所对应的格律的时长相同，都比"a"点对应格律的时长多两个音拍。这样，我们在图 5.13 里用虚线画出的"浅斜线"就对应了所有总音拍数相同的格律。

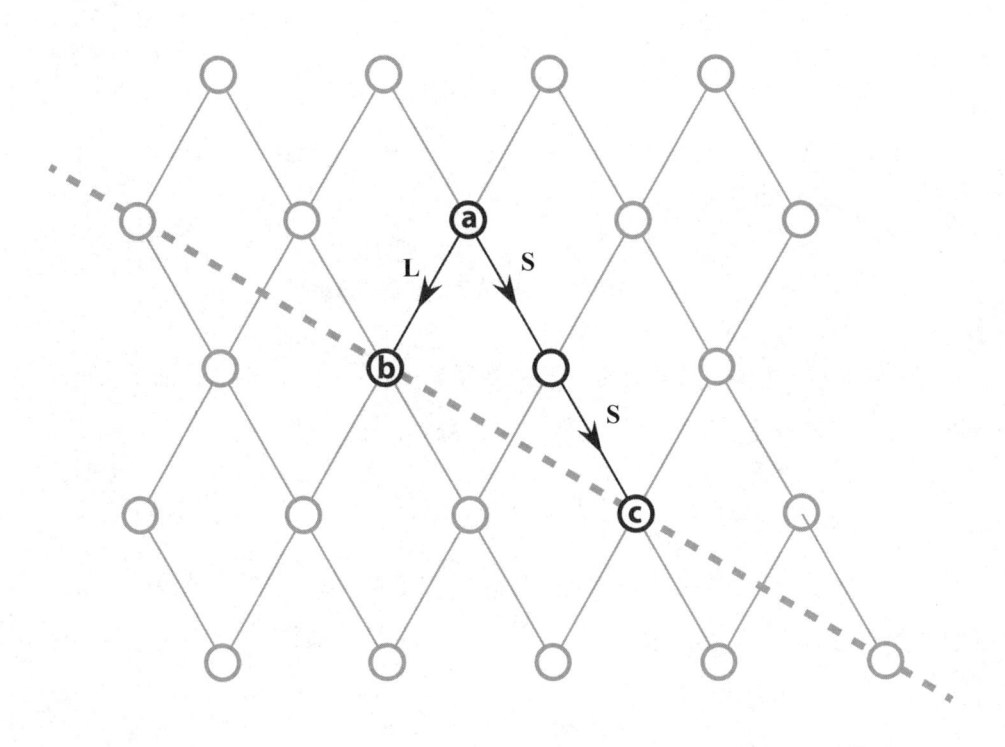

**图 5.13** "b"点和"c"点对应着时长相同的格律

## 心中有数

所以，如果我们想要知道某个给定总时长总共有多少不同的格律时，只要把帕斯卡三角中适当的浅斜线上的数字全部加起来就可以了。如图 5.14 所示，这个和确实是菲波纳契数，也就是宾伽罗第一问题的解。

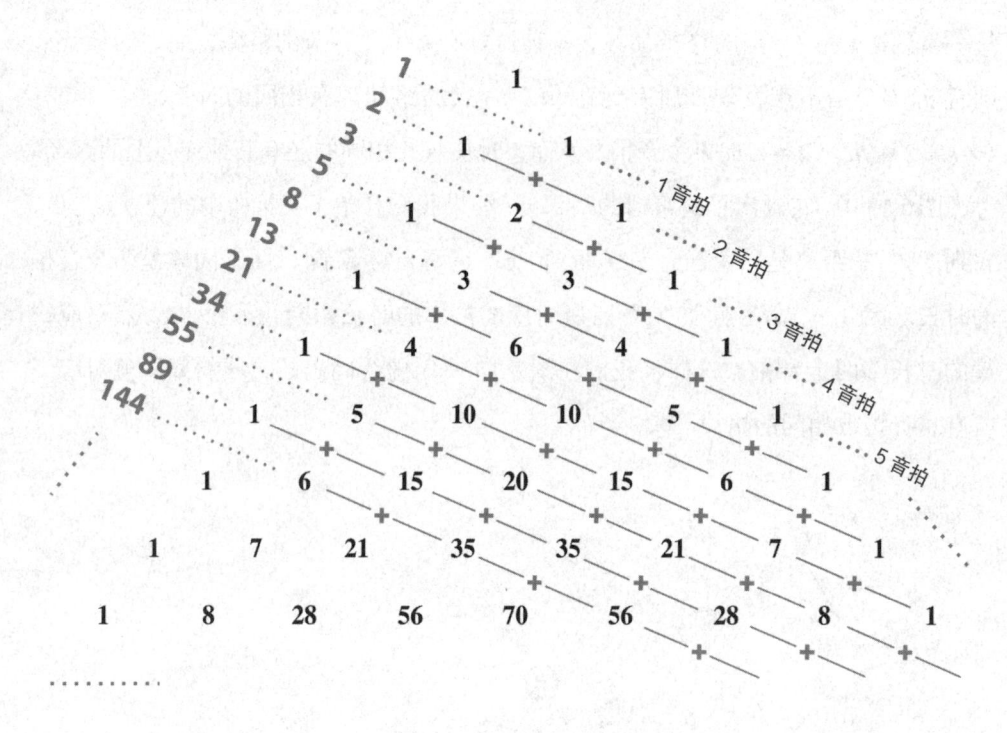

图 5.14 "浅斜线"上的数字之和是菲波纳契数

在帕斯卡三角中，我们还可以发掘出很多有趣的现象。例如，在（三角形内部的）第一条斜线上，其数字依次是 1，2，3，4，…即

$$B(n，1) = n。$$

第二条斜线上的数列看起来也很熟悉，它们在本书此前的章节中出现过，是三角形数的序列 1，3，6，10，15，21，…事实上，据我们得到的 $B(n, k)$ 的公式，我们有

$$B(n+1，2) = B(n，2) + B(n，1) = B(n，2) + n。$$

## 第 5 章 诗歌与计数

这与三角形数之间的递推关系是相同的。此外，第三条斜线上的数 $B(n, 3)$，其实不过是四面体数的序列，即 1，4，10，20，35，⋯

## 5.11 乐透彩票及其他娱乐

在之前的小节里，我们跟随古印度哲人的脚步去解决关于诗歌格律总数的问题，得到了很有趣的结果。而略微变换考虑问题的角度，我们将会发现它们的许多用途。

作为例子，我们来考虑总共七个音节而恰好有两个短音节的诗歌格律。我们可以先写出一个只有七个长音节的序列，然后用两个短音节替换其中的某两个长音节。这样做的结果是得到 21 种不同的七音节而有两个短音节的格律。当我们问"总共七个音节而恰有两个短音节的格律有多少种"这个问题时，我们可以对图 5.15 等价地提出问题：七个元素中替换掉其中两个，总共有多少种不同的替换方式？

图 5.15 从图中任意选择两个元素，共有 21 种不同的方式

一般地，$B(n, k)$ 表示"从 $n$ 个对象中选择出 $k$ 个"的所有可能选择方式的数目。数学家们在使用"选择"一词时通常会准确地说明它的含义。例如，选择的次序是无关的，只要选择出的是同样两个对象，先选哪个后选哪个并没有关系。另外，一个对象只能被选择一次，这也是必须澄清的。以更为数学化的方式，我们说

## 心中有数

$B(n, k)$ 表示一个有 $n$ 个元素的集合的所有 $k$ 个元素的子集合的个数。

对七元素集合 {1，2，3，4，5，6，7}，我们在如下表 5.2 中列出了它所有的 21 个二元素子集合。也就是说，$B(n, 2) = 21$，七个数字中任意选择两个的选法共有 21 种。

{1, 2}, {1, 3}, {1, 4}, {1, 5}, {1, 6}, {1, 7},
{2, 3}, {2, 4}, {2, 5}, {2, 6}, {2, 7},
{3, 4}, {3, 5}, {3, 6}, {3, 7},
{4, 5}, {4, 6}, {4, 7},
{5, 6}, {5, 7},
{6, 7}。

表 5.2 集合 {1，2，3，4，5，6，7} 的所有二元子集

现在，我们可以来回答本章开始时的如下问题：

假设有 $n$ 个人参加新年聚会，在新年钟声敲响时，每个人都和所有其他人碰杯。那么，我们能听到多少声碰杯的声音？

在阅读下一段落里的解答之前，请您先停下来思考一下，说不定您可以独立找到解答。

这么说吧，每次碰杯都需要两个人。因此，我们能听到的碰杯声的总数，就等于从聚会上所有 $n$ 个人中选择任意两个人的选择方式的总数。也就是说，上述问题的答案就是 $B(n, 2)$。如果聚会总共有七个人，那么，我们会听到 21 声碰杯的声音！妙吧？为这个解法干杯！

如果聚会上不缺酒的话，有些人可能会与别人碰两次杯，但却忘记和其他人碰一次。这种情况并不罕见，因此数学所解答的是理论情形，它通常只是与现实情形相近似。

在新年聚会上，你会祝福你的朋友们，祝他们好运，也可能默默祝愿自己撞上大运——希望世上的赌场和乐透让你从此过上无忧无虑的生活。所以，我们来

## 第5章 诗歌与计数

考察一种常见的乐透：当你买乐透彩票时，你可以从49个数字中选择6个。然后，在摇奖时，博彩公司当众随机从这49个数字中摇出6个数字。如果你所买彩票上的6个数字和摇出的完全相同，那么，你就中了这个乐透大奖！

这种乐透所有可能摇出的结果的数目，自然就等于从49个元素中选择出6个的所有选择方法的总数。也就是说，它等于 $B(49，6) = 13\,983\,816$。当然，赢得大奖的只有一组数。因此，一张彩票就赢得这个大奖的可能性是：

$$\frac{1}{\text{所有可能结果的数目}} = \frac{1}{13\,983\,816}。$$

这个数大约是一千四百万分之一。为了形象地解释这个可能性，我们想象沿着北京到沈阳的动车线连续排着一长串的多米诺骨牌，从北京一直排到沈阳。这个骨牌串的长度大约是700千米，而每一张骨牌有5厘米长，因此骨牌串总共大约有一千四百万张。假设这些骨牌中有一张的背后做了记号，你沿着骨牌串行进，并被允许停下一次以抽取一张骨牌。那么，你觉得你可以选中那张有记号的骨牌吗？如果给你100次抽取的机会，那你觉得你能选中吗？明白这可能性之小了吧？然而，每周照样有数以百万计的人在买乐透彩票。

# 第 6 章

# 数字探奇

## 6.1 菲波纳契数列在欧洲

我们在第 5 章 5.4 节讨论宾伽罗第一问题时,引入了给定时长的格律总数 $A(n)$。今天,这种数为人所熟知的名称是"菲波纳契数"。由于历史的原因,菲波纳契数与 $A(n)$ 的定义略有差异。第 $n$ 个菲波纳契数通常记成 $F_n$,从 $n = 2$ 开始,$F(n) = A(n-1)$,而其递推关系则与 5.5 节中的 $A(n)$ 完全相同。因此,菲波纳契数列可以描述如下:

$$F_1 = 1, \ F_2 = 1,$$
$$F_n = F_{n-1} + F_{n-2}, \ 对所有 n > 2 的自然数成立。$$

换句话说,菲波纳契数列的前两个都是 1,而此后的每个数都等于它前面的两个数之和。在第 3 章 3.8 节我们说过,菲波纳契的真名是比萨的列奥纳多,他因为在 13 世纪早期的欧洲推广印度-阿拉伯数字而著称。在西方世界,$F_n$ 首次出现于菲波纳契的著作《计算之书》中。这部著作出版于公元 1202 年,在书中的第 12 章,菲波纳契提出了如下关于兔子繁殖的著名问题:

> 某人在一个封闭的空间里养了一对新生的兔子。他希望知道一年内它们会生出多少对兔子,其关于兔子的假设条件如下:
> - 一对新生的兔子需要两个月才成熟而生育出小兔子,
> - 每对成熟的兔子每个月都怀上一对兔子,
> - 所有兔子都不会死。

《计算之书》中解释这个问题的页面我们转载于下,即图 6.1。

# 心中有数

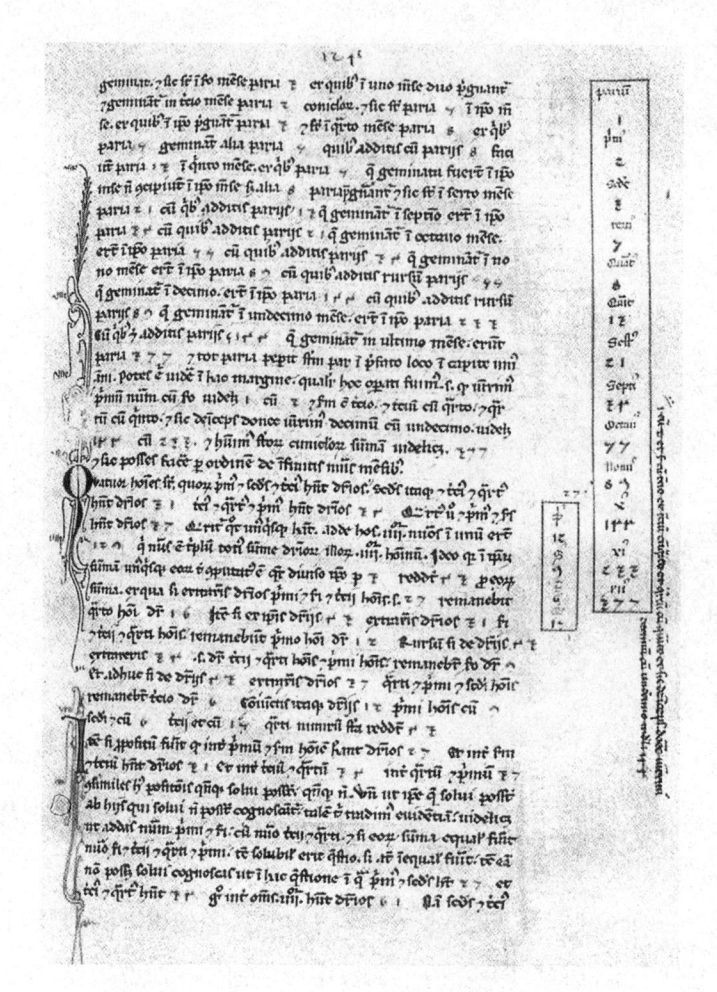

**图 6.1** 《计算之书》中解释兔子问题的页面

菲波纳契描述的这种情形可以由表 6.1 来表示，需要注意的是，我们计数的对象是雌雄成对的而不是单只的兔子。因此，我们开始于年初出生的唯一一对兔子。由于它们需要两个月才成熟并繁殖出后代，因而在第三个月我们才迎来新繁殖出来的第一对小兔子。也就是说，在第三个月底，兔子的数目是两对。在第四个月，新出生的兔子还在成长过程中，只有老兔子会再生育一对小兔子。这样，在第四个月的末了，兔子的总数会是三对。由于我们假设兔子们都不会死，因此在第五个月结束时，原来已有的三对兔子仍然健在。而由于第四个月出生的兔子还在成长中，这个月只有那两对老兔子生育，所以月末兔子的总数是五对。

# 第6章 数字探奇

| 月 份 | 兔子的数目 | $F_n$ |
|---|---|---|
| $n = 1$ | | 1 |
| 2 | | 1 |
| 3 | | 2 |
| 4 | | 3 |
| 5 | | 5 |
| 6 | | 8 |
| 7 | | 13 |
| 8 | …… | 21 |

表6.1 新生、未成熟以及成熟的菲波纳契兔对增殖表

我们看到，兔对的数目显然按照菲波纳契数列的方式增长。我们可以这样来解释：如果我们将第 $n$ 月兔对的数目记为 $F_n$，那么，首先，第 $n$ 月的兔对中包含有上个月的兔对，数目为 $F_{n-1}$。其次，上个月（即第 $n-1$ 月）才出生的兔子不会在本月（即第 $n$ 月）生育，而上上个月（即第 $n-2$ 月）的兔对则每对都会在本月（第 $n$ 月）繁殖一对新兔子。因此，$F_n$ 中还包含有 $F_{n-2}$ 对本月新出生的兔对。概括起来，我们得到 $F_n = F_{n-1} + F_{n-2}$。由于前两个月的兔对数目都等于一，所以问题中的 $F_n$ 恰好符合菲波纳契数列的定义。

现在，我们可以很轻易地计算出一年结束时兔对的总数了，它就是 $F_{12} = 144$，这就是菲波纳契这个著名问题的解答。然而，这仅仅是开始时的情形，按照这个方式繁殖下去，兔对的总数将会以难以置信的速度出现爆炸性增长。在第二年结束时，兔对的总数目将会是 $F_{24} = 46\ 368$，而100个月之后，也就是不过八年多之后，兔对的总数将达到惊人的数量：

**心中有数**

$$F_{100} = 354\ 224\ 848\ 179\ 261\ 915\ 075!$$

事实上，菲波纳契所讨论的是家兔，但是表 6.1 中的动物并不是家兔，而是纽伦堡的德国艺术家阿尔布雷特·丢勒（1471—1528）在 1502 年创作的著名的水彩画《野兔》中的野兔（见图 6.2）。如果这些动物按照菲波纳契的假设繁殖下去，那么 500 年之后的今天，它们的数目（以对为单位）将是一个 1254 位数：

$$F_{6000} = 377\ 013\ 149\ 387\ 799\cdots(略去\ 1\ 224\ 位)\cdots 475\ 233\ 419\ 592\ 000。$$

如此巨大的数目，即便将整个已知宇宙的全部质量都变成兔子也远远不够，菲波纳契关于兔子的假设对于较长的时期而言显然是不现实的。但是，菲波纳契的目的当然不是给出兔子繁殖的实际模型，他只是想给读者提供一个既能挑战智力而又有娱乐性的数学问题。

图 6.2 丢勒创作的水彩画《野兔》（图片为译者所加）

## 6.2 兔子的世代

关于兔子繁殖的话题还有一个挑战性的问题：在某个给定的月份，某个特定世代的兔子总共有多少对？表 6.2 给出了这个问题的答案，它按照兔子世代的顺

## 第6章 数字探奇

序列出了每个月兔对的数目。一开始,我们只有第一代的一对兔子。而因为兔子都不会死去,所以这对兔子永远都在。这对第一代兔子所生的兔子列在表的第二列中,它们是第二代兔子。从第二个月开始,第一代兔子每个月生出一对兔子,因此第二代兔子的数目每个月都增加一对。第三代兔子是第二代兔子的子辈,始祖兔子的孙辈。

| 月份\世代 | 1 | 2 | 3 | 4 | 5 | 6 | 7 | 总数 |
|---|---|---|---|---|---|---|---|---|
| 1 | 1 | | | | | | | 1 |
| 2 | 1 | | | | | | | 1 |
| 3 | 1 | 1 | | | | | | 2 |
| 4 | 1 | 2 | | | | | | 3 |
| 5 | 1 | 3 | 1 | | | | | 5 |
| 6 | 1 | 4 | 3 | | | | | 8 |
| 7 | 1 | 5 | 6 | 1 | | | | 13 |
| 8 | 1 | 6 | 10 | 4 | | | | 21 |
| 9 | 1 | 7 | 15 | 10 | 1 | | | 34 |
| 10 | 1 | 8 | 21 | 20 | 5 | | | 55 |
| 11 | 1 | 9 | 28 | 35 | 15 | 1 | | 89 |
| 12 | 1 | 10 | 36 | 56 | 35 | 6 | | 144 |

表 6.2 每一代菲波纳契兔对的数目

我们来考虑在第 $m$ 月时第 $k$ 代兔子的对数,我们把这个数记为 $S(m, k)$。按照菲波纳契的假设,这个数的构成是:

## 心中有数

- 所有本月之前就已经存在的第 $k$ 代兔对数,数目等于 $S(m-1, k)$,再加上
- 所有本月新出生的第 $k$ 代兔对数。

显然,后一项恰好等于本月能够生育的第 $k-1$ 代兔对的数目。由于兔子需要一个月的成熟时间,因此,本月能够生育的第 $k-1$ 代兔对就是第 $m-2$ 月就已经存在的第 $k-1$ 代兔对,所以它的数目等于 $S(m-2, k-1)$。这样,我们得到如下递推关系:

$$S(m, k) = S(m-1, k) + S(m-2, k-1).$$

这就是说,在表 6.2 中,$S(m, k)$ 等于其上方数字以及上方的左上方数字之和,表 6.2 中带有圆圈记号的 9、10 以及 56 处都标出了这种计算方法。应用这个办法,我们不难为表 6.2 计算更多的数据。

您也许已经发现表 6.2 中数字序列与第 5 章 5.9 节的"须弥山阶梯"——也即帕斯卡三角——很有相似之处。事实上,表 6.2 只不过是帕斯卡三角一种扭曲的形式。因此,帕斯卡三角中的数字现在有了一种新的含义,即特定月份里特定世代兔子的对数。表 6.2 的列等同于帕斯卡三角的(深)斜线,而它的行则是帕斯卡三角的浅斜线。对帕斯卡三角的这种解读如图 6.3 所示,其中黑线对应着表 6.2 的行,而灰线则对应着它的列。

上述讨论对第 5 章描述的须弥山阶梯(即古印度版本的帕斯卡三角)给出了另一种解法。然而,菲波纳契并没有这么做,欧洲人直到数百年后才重新发现这个三角[1]。

相似地,在菲波纳契写于 1202 年的《计算之书》中,也没有指出菲波纳契数列的什么特殊性质,并且数百年中对这种数也无人重视。后来,在 19 世纪 30 年代,德国植物学家 K. F. 席姆佩尔[2](1803—1867)和 A. 布劳恩(1805—1877)发现在松果的螺旋上表现出菲波纳契数。

---

[1] 原文此句不确,故略有改动。作者曾指出,欧洲的阿皮安与塔塔戈利亚都比帕斯卡更早。
[2] 原文为 C. F. Schimper,首字母因误 Karl 为 Carl 而出错,故纠正。

第6章 数字探奇

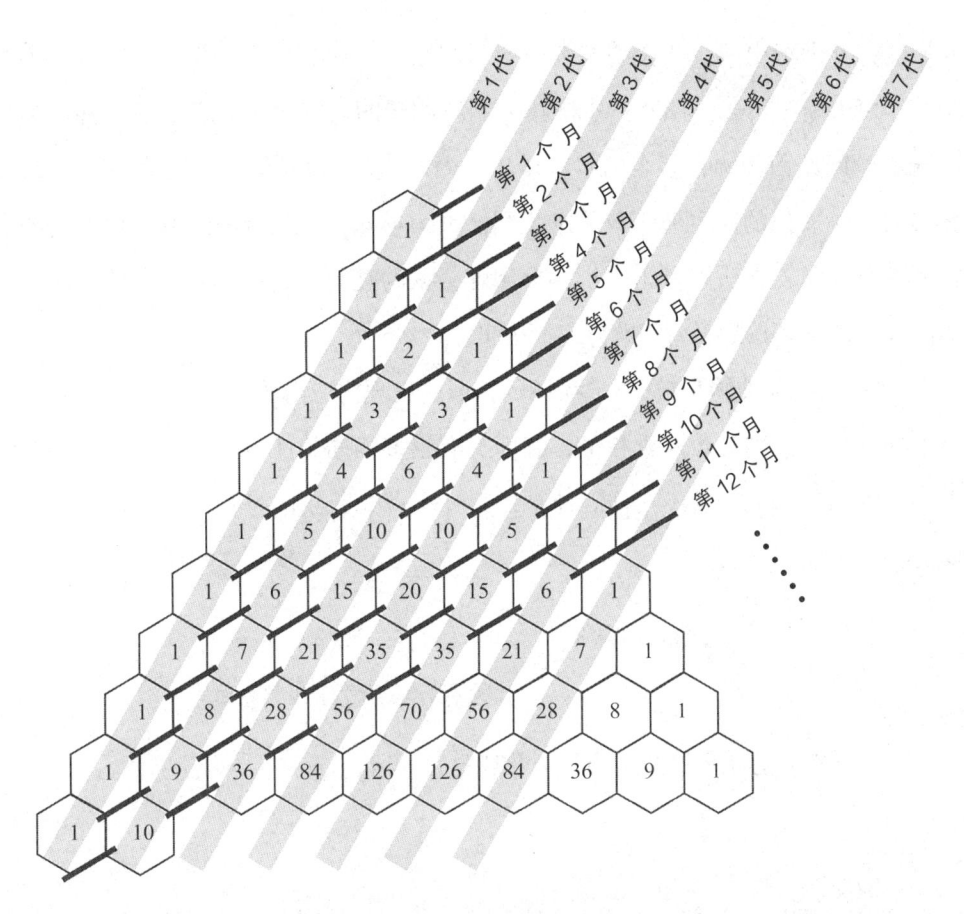

图 6.3 帕斯卡三角与兔子的世代

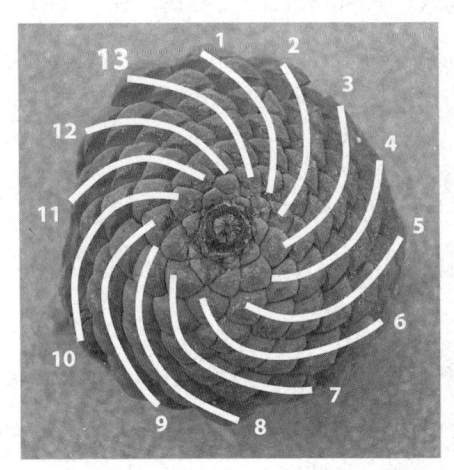

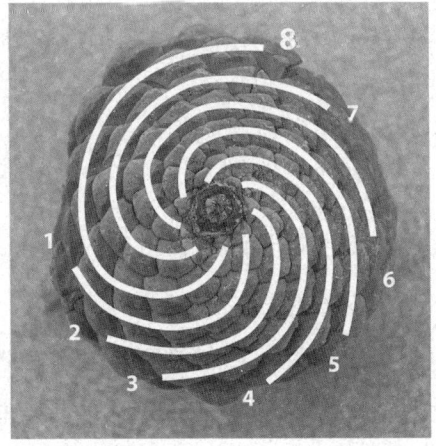

图 6.4 松果的螺旋数是菲波纳契数 **8** 和 **13**

· 131 ·

## 心中有数

在 19 世纪中期，菲波纳契数开始引起数学家们的极大兴趣，法国数学家爱德华·卢卡斯（1842—1891）才将其以菲波纳契的名字命名。卢卡斯以善于提出趣味数学问题而著称，著名的"汉诺塔问题"[①]就是他以笔名"克劳斯"于 1883 年发表的，而他的四卷趣味数学巨著则已成为趣味数学领域的经典。卢卡斯的去世极为不寻常：在法国科学进步协会年度会议的宴会上，卢卡斯被不慎摔碎的餐盘碎片划破脸颊，几天后因败血症而去世。

除了研究菲波纳契数，卢卡斯还以相似的机理构造出属于自己的"卢卡斯数"。卢卡斯数与菲波纳契数非常相似，它们拥有很多相同的性质。事实上，两者的区别在于它们起始的数项不一样。通常，第 $n$ 个卢卡斯数记为 $L_n$，其具体定义是这样的：

$$L_1 = 1,\ L_2 = 3,$$
$$L_n = L_{n-1} + L_{n-2}，对所有 n > 2 的自然数成立。$$

因此，卢卡斯数的序列最开始的几个数项是：

$$1,\ 3,\ 4,\ 7,\ 11,\ 18,\ 29,\ \cdots$$

差不多在同一时期，法国数学家雅克·比奈（1786—1856）发现了一个求菲波纳契数的公式，只要将给定的 $n$ 代入公式，就可以算出 $F_n$ 的值。换句话说，要求得第 118 个菲波纳契数，我们不必先求出第 117 个。比奈的这个公式是：

$$F_n = \frac{1}{\sqrt{5}}\left[\left(\frac{1+\sqrt{5}}{2}\right)^n - \left(\frac{1-\sqrt{5}}{2}\right)^n\right]。$$

虽然在比奈之前已经有无数的数学家找到了相似的公式，但随着时间的推移，这个公式后来被称为"比奈公式"。

现在，这些著名的数字仍然吸引着全世界数学家的眼球。两名美国数学家在 1963 年创立了菲波纳契协会，给爱好者们提供了共享他们关于这些神奇数字的发

---

[①] 此为通行译名，事实上这是误译，正确名称是"河内塔问题"。其中，"河内"即越南首都。

现与应用成果的机会。通过该协会的《菲波纳契季刊》，关于这些数字的很多新发现、新应用，以及数字间的新联系被分享给全世界。根据它的官方网站，《季刊》的目的在于成为菲波纳契数以及相关思想的兴趣中心，对新结果、新思路、挑战性问题，以及已知结果的创新性证明尤为重视。

菲波纳契数似乎在无数的植物结构上都有体现，菠萝和松果上螺旋的数目就是其中的例子。在对很多树种的树枝进行计数时它们也常常现身，而由于它们与黄金比例的紧密联系，菲波纳契数在建筑与艺术领域可以说是无处不在。我们建议大家进一步探究这些奇妙的数字，A. S. 波萨门蒂和英格玛·雷曼的《神妙的菲波纳契数》出版于 2007 年，书中可以找到大量菲波纳契数的不同呈现。

## 6.3 帕斯卡三角的进一步探讨

现在我们回过头再来考察帕斯卡三角，发掘其更多的性质。这个三角形给我们提供了许多不同寻常而且相当神奇的关系。例如，如果某行的第二个数是一个素数，那么该行（除首尾之外）的其他数都是这个素数的倍数。比方说，在第 11 行中，第二个数是素数 11，因此该行（除首尾之外）的其他数，即 55、165、330 以及 462，就全部都是 11 的倍数。

如图 6.5 所示，这些数构成的三角形还有另一个奇特性质。从边界开始沿着斜线向下到任意位置画一条线段。则该结束位置另一个方向下方的数字，一定等于刚刚画出的那条线段上所有的数字之和。在图 6.5 中，圆圈里的数字等于相应条状阴影里所有数字之和。

这个性质的一种特殊情形是：第三条斜线上的数恰好等于第二条斜线上的数字和。作为例子，我们考察图 6.6 中的阴影部分。其中的数字是从 1 到 7 这七个自然数，而它们的和就出现在 7 的左下方，即 28 = 1+2+3+4+5+6+7。

第二条斜线只不过是自然数的序列。在第 4 章 4.5 节中，我们证明了三角形数等于从 1 开始的连续自然数和，因而帕斯卡三角中第三条斜线上的数字全部都是三角形数。在图 6.6 中，这些数我们特地用粗体字标示。

心中有数

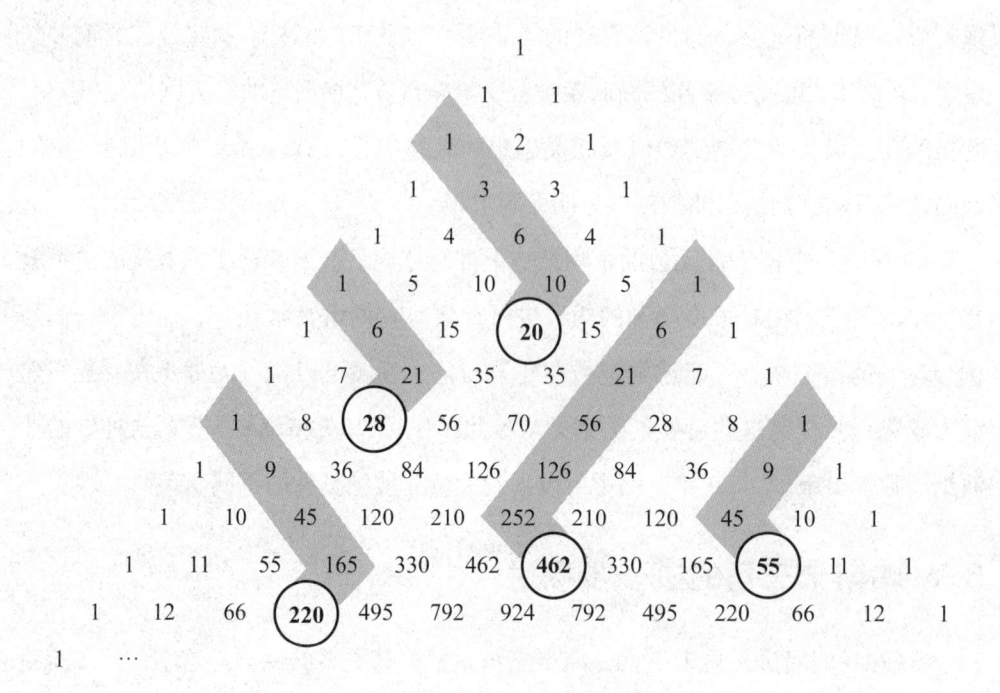

```
                            1
                          1   1
                        1   2   1
                      1   3   3   1
                    1   4   6   4   1
                  1   5  10  10   5   1
                1   6  15  20  15   6   1
              1   7  21  35  35  21   7   1
            1   8  28  56  70  56  28   8   1
          1   9  36  84 126 126  84  36   9   1
        1  10  45 120 210 252 210 120  45  10   1
      1  11  55 165 330 462 462 330 165  55  11   1
    1  12  66 220 495 792 924 792 495 220  66  12   1
  1  ...
```

图 6.5　神奇的斜线和等式

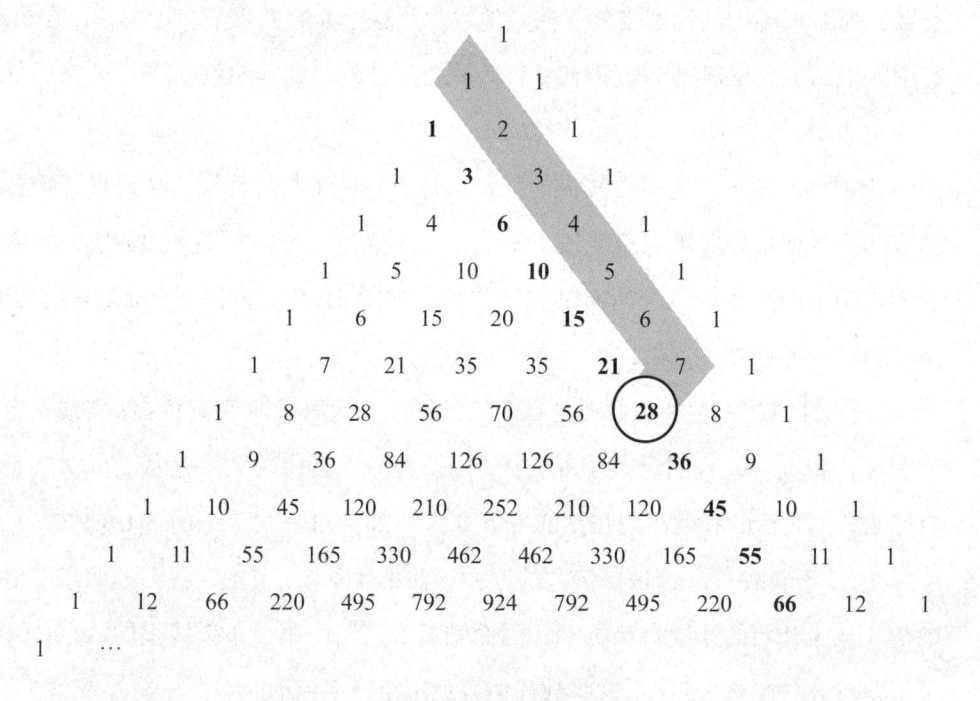

```
                            1
                          1   1
                        1   2   1
                      1   3   3   1
                    1   4   6   4   1
                  1   5  10  10   5   1
                1   6  15  20  15   6   1
              1   7  21  35  35  21   7   1
            1   8  28  56  70  56  28   8   1
          1   9  36  84 126 126  84  36   9   1
        1  10  45 120 210 252 210 120  45  10   1
      1  11  55 165 330 462 462 330 165  55  11   1
    1  12  66 220 495 792 924 792 495 220  66  12   1
  1  ...
```

图 6.6　帕斯卡三角中的三角形数

· 134 ·

第 6 章　数字探奇

帕斯卡三角中还有很多有趣的样式有待发现。考察图 6.7，我们在图中给数字 10 周围的数字都做了标记。将其中带圈的数字相乘，我们得到 $5 \times 6 \times 20 = 600$。再把六角形里的数字相乘，则是 $4 \times 10 \times 15 = 600$。现在我们会大吃一惊：它们竟然相等！

我们再试试帕斯卡三角中的其他地方。在图 6.7 中还有两个例子：9 和 210。如图所示，9 周围圈子里的数字相乘是 $1 \times 8 \times 45 = 360$，六角形里的数字相乘为 $1 \times 10 \times 36 = 360$，两个乘积结果依然相等。为了确信无疑，我们最后考察 210 的周围，它的两种乘积分别是 $84 \times 252 \times 330$ 和 $120 \times 126 \times 462$，结果同样都是 6 985 440！

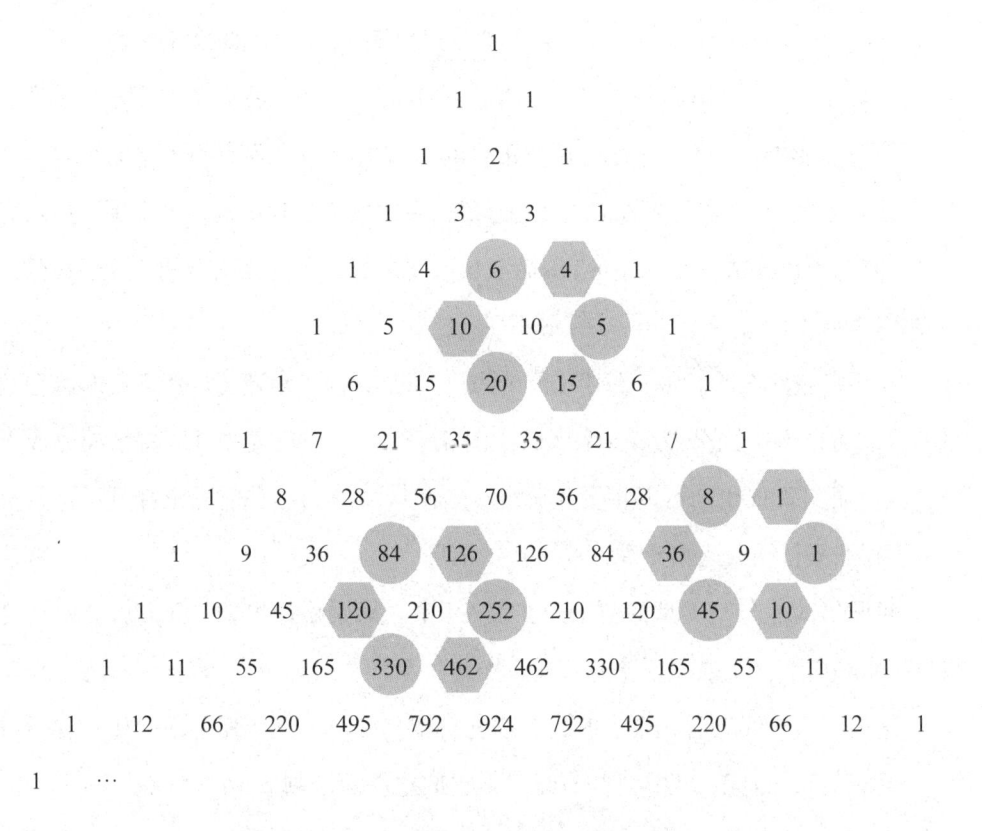

```
                        1
                      1   1
                    1   2   1
                  1   3   3   1
                1   4  (6) (4)  1
              1   5  ⬡10  10  (5)  1
            1   6   15 ⬡20  15   6   1
          1   7   21   35   35   21   7   1
        1   8   28   56   70   56   28  (8) (1)
      1   9   36  ⬡84  126  126   84 ⬡36  9  (1)
    1  10   45 ⬡120 210  252  210  120 ⬡45 (10) 1
  1  11   55  165 ⬡330 462  462  330  165  55  11   1
1  12   66  220  495  792  924  792  495  220  66  12   1
1  …
```

图 6.7　帕斯卡三角中的数字及其周围

## 6.4　组合几何学

使帕斯卡三角显得如此突出的是，它触及或牵涉到数学的很多领域。在第 5 章 5.11 节，我们看到关于乐透的概率理论中出现了帕斯卡三角。现在，纯粹为了娱乐，我们来考察它的更多应用。

在表 6.3 中，我们在第一列列出了标有若干个点的圆，点的数目随其行数递增。而当圆上有至少两个点时，我们画出所有可能的连线。接下来的列中，所列出的是第一列图形中所有能数出来的多边形的个数。结果，我们会发现，本质上我们得到了一个帕斯卡三角，除了它的最左边（还有顶点上的 1）之外，帕斯卡三角整个都在这个表格里面。表 6.3 中出现帕斯卡三角自有它的道理，我们可以这样来理解：在第 5 章，我们将第 $n$ 行第 $k$ 个数记为 $B(n, k)$，而据第 5 章第 5.11 节，$B(n, k)$ 等于一个 $n$ 元集合所有 $k$ 元子集合的个数。例如，我们考虑连接七边形顶点的线段的总数。显然，它是七顶点集合的所有恰有两个顶点的子集的个数，即 $B(7, 2) = 21$，这确实是表 6.3 中第七行第二列的数字。相似地，七个顶点中任意选择三点都可以连成一个三角形，因而三角形的总数等于七元集合的三元子集数，即 $B(7, 3) = 35$。

在不存在两线平行或三线共点的前提下，帕斯卡三角还可以用来判断给定数目的直线可以将平面分成多少个区域。图 6.8 显示，三条直线可以将平面分成七个区域，而四条直线则可以将平面分成十一个区域。当然，前提条件是：这些直线中不存在平行线，也不出现三线共点的情形。

我们将其他分割类型的数字列在表 6.4 中。只要略加思索，我们就会发现这些数字与帕斯卡三角之间究竟有着什么样的联系。

例如，当直线上有三个点时，它们把直线分割成四段。而平面上如果有五条既无两线平行，也无三线共点的直线时，它们把平面分割成 16 个区域。这个表也许会给我们一些关于这些数字产生原理的启示，但现在我们要来看看如何用帕斯卡三角来产生出这些数字。

第6章 数字探奇

| 图形 | 点 | 线段 | 三角形 | 四边形 | 五边形 | 六边形 | 七边形 |
|---|---|---|---|---|---|---|---|
| ○ | 1 | | | | | | |
| ⊖ | 2 | 1 | | | | | |
| △ | 3 | 3 | 1 | | | | |
| ◇ | 4 | 6 | 4 | 1 | | | |
| ☆ | 5 | 10 | 10 | 5 | 1 | | |
| ✦ | 6 | 15 | 20 | 15 | 6 | 1 | |
| ✸ | 7 | 21 | 35 | 35 | 21 | 7 | 1 |

表 6.3 圆周上多边形的数目

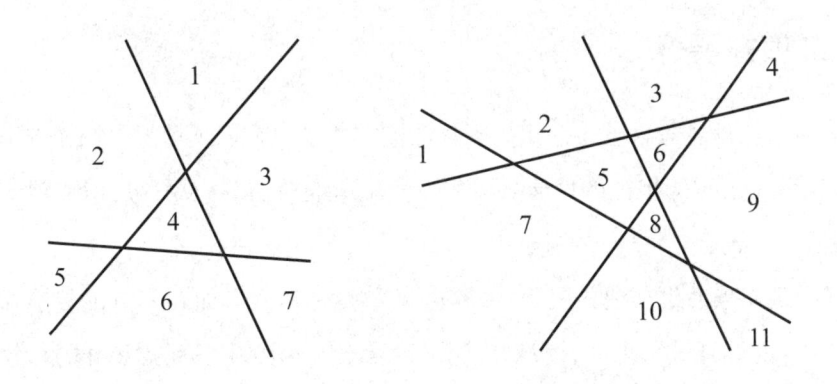

图 6.8 三条或四条线分割出的平面区域

心中有数

| $n$ 的值 | 直线上 $n$ 个点所分割出的线段数 | 平面上 $n$ 条直线划分出的区域数 | 空间中 $n$ 个平面分割出的区域数 |
|---|---|---|---|
| 0 | 1 | 1 | 1 |
| 1 | 2 | 2 | 2 |
| 2 | 3 | 4 | 4 |
| 3 | 4 | 7 | 8 |
| 4 | 5 | 11 | 15 |
| 5 | 6 | 16 | 26 |

表 6.4 几何分割的数字

如图 6.9 所示，表 6.4 中每一行的数字可以由帕斯卡三角相应行中阴影部分的数字相加而得到。

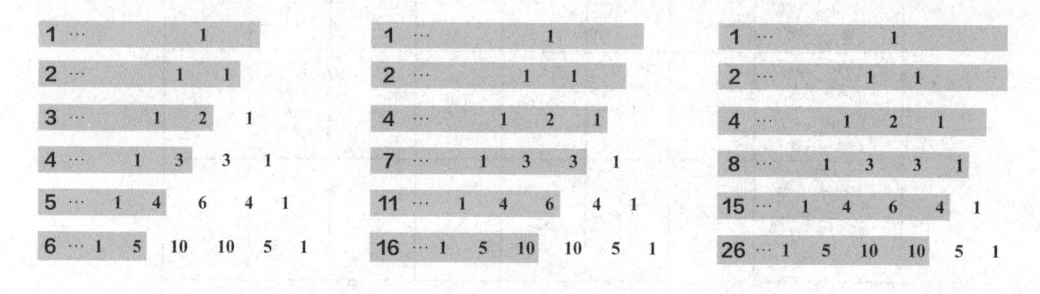

```
1 …           1                    1 …           1                    1 …           1
2 …         1   1                  2 …         1   1                  2 …         1   1
3 …       1   2   1                4 …       1   2   1                4 …       1   2   1
4 …     1   3   3   1              7 …     1   3   3   1              8 …     1   3   3   1
5 …   1   4   6   4   1           11 …   1   4   6   4   1           15 …   1   4   6   4   1
6 … 1   5  10  10   5   1         16 … 1   5  10  10   5   1         26 … 1   5  10  10   5   1
```

图 6.9 帕斯卡三角各行的部分和

## 6.5 二项式展开

帕斯卡三角还蕴含着很多出人意料的数字关系，它们远远超出帕斯卡本人最初应用这个三角时所推得的性质。事实上，帕斯卡最初的应用是展示二项式展开相继各项的系数。

我们现在来考虑二项式展开，换句话说，就是考察形如 $(a+b)$ 的二项式的连续各个次方的展开式。现在，我们应当可以看出图 6.10 中二项式展开的系数的规律了——每个二项式展开所有项的系数都恰好是帕斯卡三角中的一行。

## 第6章 数字探奇

$$(a+b)^0 = 1$$

$$(a+b)^1 = 1a + 1b$$

$$(a+b)^2 = 1a^2 + 2ab + 1b^2$$

$$(a+b)^3 = 1a^3 + 3a^2b + 3ab^2 + 1b^3$$

$$(a+b)^4 = 1a^4 + 4a^3b + 6a^2b^2 + 4ab^3 + 1b^4$$

$$(a+b)^5 = 1a^5 + 5a^4b + 10a^3b^2 + 10a^2b^3 + 5ab^4 + 1b^5$$

$$(a+b)^6 = 1a^6 + 6a^5b + 15a^4b^2 + 20a^3b^3 + 15a^2b^4 + 6ab^5 + 1b^6$$

$$(a+b)^7 = 1a^7 + 7a^6b + 21a^5b^2 + 35a^4b^3 + 35a^3b^4 + 21a^2b^5 + 7ab^6 + 1b^7$$

**图 6.10 二项式展开**

二项式系数的这一性质，使得我们立刻可以写出二项式的展开式，而不必真正进行大量的乘积运算。此外，其中还有一个关于变量次方的规律：各项两个变量的次方数都是一个递增一个递减，而总和保持不变，总是等于展开前二项式原先的次方数。

图 6.10 中的所有公式可以紧凑地写成一行，因为它的优美，我们特地在此给予介绍。这个公式称为"二项式定理"，具体形式如下：

$$(a+b)^n = \sum_{k=0}^{n} \binom{n}{k} a^{n-k} b^k \text{。}$$

其中，符号 $\binom{n}{k}$ 有时也写作 $C_n^k$，读作"n 选 k"，是帕斯卡三角中数字的现代记号，它就是所谓的"二项式系数"，此前我们将它记为 $B(n, k)$。

实际上，对帕斯卡三角中给定的位置 $(n, k)$，有一个公式让我们可以直接计算出相应的二项式系数，而不需要计算其上方的系数。这个公式使用如下记号：

$$n! = 1 \times 2 \times 3 \times \cdots \times (n-1) \times n \text{。}$$

记号 $n!$ 表示从 1 到 $n$ 所有自然数的乘积，读作"$n$ 阶乘"。使用这个简便的记号，

**心中有数**

则二项式系数可以由以下公式给出：

$$\binom{n}{k} = \frac{n!}{k!\,(n-k)!} = B(n,\,k)。$$

例如，

$$\binom{7}{3} = \frac{7!}{3!(7-3)!} = \frac{1\times2\times3\times4\times5\times6\times7}{1\times2\times3\times(1\times2\times3\times4)} = \frac{5\times6\times7}{1\times2\times3} = \frac{210}{6} = 35$$

即给出二项式系数 $B(7, 3) = 35$。据第 5 章，它表示从七个元素中选择三个之选择方式的总数，同时也告诉我们抛掷七枚硬币时出现其中三枚正面朝上之情形的总数。

对 $a = 1$ 和 $b = 1$，图 6.10 中的表达式可以大大简化，其中所有 $a$ 和 $b$ 的次方都可以 1 来替代，我们从而得到很漂亮的结果，例如

$$(1+1)^6 = 2^6 = 1 + 6 + 15 + 20 + 15 + 6 + 1，$$

其右式不过是帕斯卡三角中对应行的各数之和。用这种方法，我们又一次得到图 5.12 的结果，即帕斯卡三角的一行中各数之和是 2 的次方。

当 $a = 10$ 而 $b = 1$ 时，图 6.10 中的 $a^m b^k$ 因数变成简单的 $10^m$，这也导致有趣的现象。例如，

$$(10+1)^3 = 11^3 = \mathbf{1}\times10^3 + \mathbf{3}\times10^2 + \mathbf{3}\times10^1 + \mathbf{1} = 1\,331。$$

这种情形下，从二项式公式得到的结果是一个十进制数，其各位数字恰好是帕斯卡三角在该行的各个数值。也就是说，如果我们按顺序读出帕斯卡三角的这一行，我们事实上得到了 11 的相应次方。确实，$121 = 11^2$，而帕斯卡三角的第四行为 1、4、6、4、1，等式 $14641 = 11^4$ 也确实成立。不过，从第五行开始，我们就必须重新组合这些数字了：

$$11^5 = 1\times10^5 + 5\times10^4 + 10\times10^3 + 10\times10^2 + 5\times10^1 + 1 = 161\,051。$$

在这种情形下，帕斯卡三角中有些位置的数字大于 10，因而会进位到上一位数字中去。因此，对像 11 的 6 次方这样的例子，我们需要用图 6.11 所示的方式来计算：

# 第 6 章　数字探奇

$$11^6 = 1$$
$$6$$
$$1\ 5$$
$$2\ 0$$
$$1\ 5$$
$$6$$
$$1$$
$$\overline{1\ 7\ 7\ 1\ 5\ 6\ 1}$$

**图 6.11　用帕斯卡三角计算 11 的次方**

菲波纳契数、2 的次方，以及 11 的次方等在帕斯卡三角中的显现，可以用图 6.12 来总结。

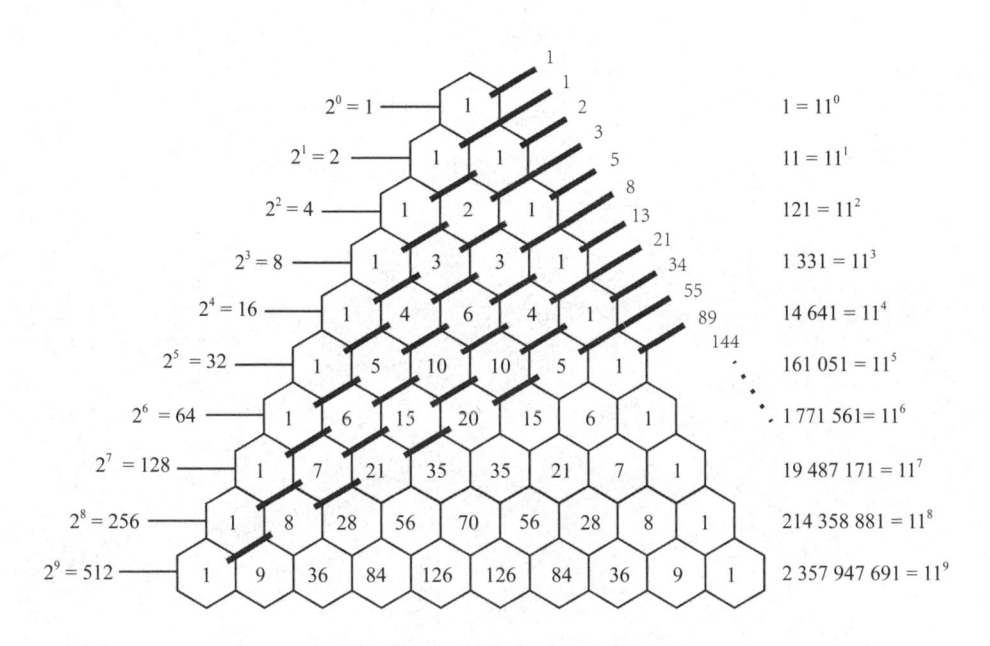

|  |  |
| --- | --- |
| $2^0 = 1$ | $1 = 11^0$ |
| $2^1 = 2$ | $11 = 11^1$ |
| $2^2 = 4$ | $121 = 11^2$ |
| $2^3 = 8$ | $1\ 331 = 11^3$ |
| $2^4 = 16$ | $14\ 641 = 11^4$ |
| $2^5 = 32$ | $161\ 051 = 11^5$ |
| $2^6 = 64$ | $1\ 771\ 561 = 11^6$ |
| $2^7 = 128$ | $19\ 487\ 171 = 11^7$ |
| $2^8 = 256$ | $214\ 358\ 881 = 11^8$ |
| $2^9 = 512$ | $2\ 357\ 947\ 691 = 11^9$ |

斜线上的数字：1, 1, 2, 3, 5, 8, 13, 21, 34, 55, 89, 144 ...

**图 6.12　帕斯卡三角中神奇的数字关系**

帕斯卡三角中存在着非常多的数字关系，就像是一处宝藏，其中有发现宝石的无限机会！我们鼓励有兴趣的读者去探索隐藏在这个数字阵式中的更多宝贝。

# 第7章

# 数字的摆放

## 7.1 幻 方

对有些人来说,"休闲数学"或"趣味数学"是一个自相矛盾的词汇,就像是"活死人"或者"黑光线"那样。然而也有很多人,有些是职业的而有些是业余爱好者,却以摆弄数字和琢磨数学为乐。因在休闲数学方面活跃而著名的一位职业数学家是法国的爱德华·卢卡斯,他的贡献之一是在19世纪时普及了菲波纳契数。在20世纪,对休闲数学有着强烈兴趣的一位著名作者是美国的马丁·嘉德纳(1914—2010)。在长达25年的时间里,嘉德纳在《科学美国人》杂志上刊载了一系列名为"数学游戏"的专栏文章,并且出版了许多休闲数学著作。

数学谜题是休闲数学的一个重要部分。它们常常与填字游戏相似,但所填的是数字而不是单词。与数字有关的一种著名游戏是起源于日本的"数独",它是以逻辑为基础的填数游戏,到2005年时已经风靡全世界。还有一种比数独与算术联系更紧密,但普及性较低的填数游戏,它同样起源于日本,名称是"算独",有些人也称之为"唶唶"。

数学史上最早的一种填数谜题是"幻方",它今天仍然与从前具有相同的吸引力。这种谜题的要求是:把数字填入方格组成的方形中,使得各行、列,以及两条对角线上的数字和都等于同一个数值。已知的第一个幻方是中国的"洛书",其中数字的填法如图7.1。洛书早在公元前650年左右就已经被中国数学家所发现,后来它成为"风水学"的重要部分。

一则古老的传奇故事说,中国的洛水曾经遭遇大洪水,于是人们试图祈求河神平息其怒气。但每次人们奉献牺牲时,一只神龟就浮出水面,围着牺牲转一圈然后离去,而洪水依然如故。直到有一天,一个小孩发现了龟壳上奇怪的点状符号,

## 心中有数

人们研究这些符号之后，意识到牺牲的正确数目应该是15。而在人们这样做之后，河神终于得到满足，洪水也随之退去。

图 7.1  洛书与幻方神龟

"15"这个数字，就是洛书这个幻方各行、列，以及对角线上数字之和的数值。

幻方的存在贯穿整个历史，它们在阿拉伯的巴格达数学家中相当流行，他们甚至设计出6×6的幻方，并将它载入公元983年出版的百科全书。在公元10世纪，印度出现了一个名为"三十四方图"的著名幻方。这是一个如图7.2所示的4×4幻方，发现于印度克久拉霍市的耆那教第23代祖师巴湿伐那陀（又译"白史婆"）的神庙中。这个幻方的各行、各列，以及两条对角线上的数字之和都等于34。

图 7.2  三十四方图

## 第 7 章　数字的摆放

然而还有一个幻方，除了其出现方式之奇特外，还因为其优美以及诸多额外性质而格外突出。在满足一般幻方所规定的条件之外，这个特别的幻方还拥有许多其他性质。甚至，其出现的方式也与众不同，它是通过艺术，而不是数学的渠道而公诸于众的。丢勒在 1514 年创作了一幅著名的版画，而这个幻方就出现在这幅作品的背景里（见图 7.3）。

图 7.3　丢勒 1514 年创作的版画《忧郁 I》

## 心中有数

如上所述，幻方是数字的正方形阵列，它的各行、各列，以及两条对角线上数字的和都等于同一个数。在我们开始查验丢勒的版画时，我们应该注意到，大多数丢勒作品都以其姓名字头"A"和"D"签名，两个字母相叠，而创作的年份也签署在这个地方。我们在图 7.3 右下方的深色阴影中发现了他的签名（图 7.4），并注意到创作年份是 1514 年。

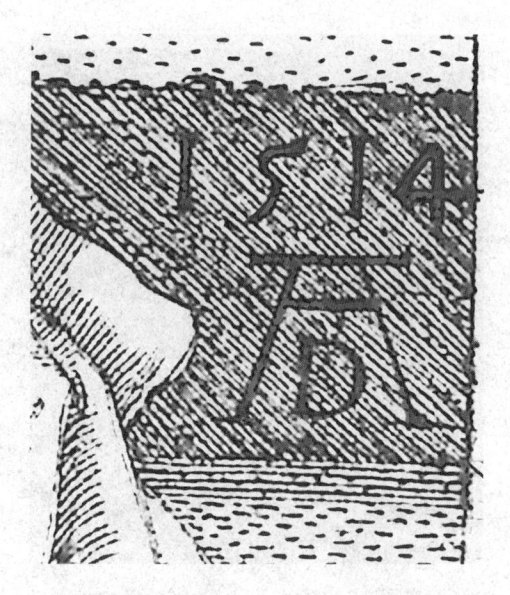

**图 7.4 《忧郁 I》中丢勒的签名与年份**

细心的读者可能会发现，丢勒幻方下部中间两个方格正好表示作品创作的年份。现在我们把丢勒幻方复制到下面的图 7.5 中，然后一起来认真地考察这个幻方。

我们首先来检验一下，确认图 7.5 中的数字方阵确实是一个幻方。我们将它的各行、各列，以及两条对角线上的数字相加时，我们确实都得到 34 这个结果。因此，它毫无疑问满足"幻方"的要求。然而，这个丢勒幻方还具备其他幻方所没有的许多性质，现在我们来对它的一些额外性质进行一番猎奇——

• 四个角上的数字相加也等于 34：

$$16 + 13 + 1 + 4 = 34$$

第 7 章 数字的摆放

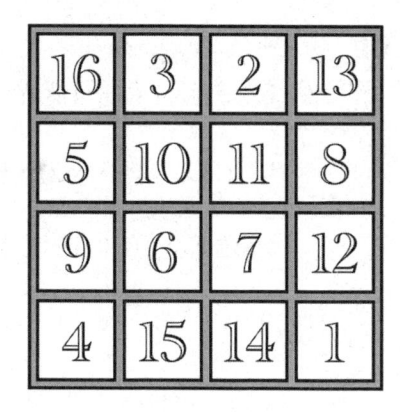

图 7.5 丢勒幻方，左侧是版画《忧郁 I》的局部

- 四个角上的 2×2 小方块中数字之和同样等于 34：

$$16 + 3 + 5 + 10 = 34$$
$$2 + 13 + 11 + 8 = 34$$
$$9 + 6 + 4 + 15 = 34$$
$$7 + 12 + 14 + 1 = 34$$

- 中心的 2×2 小方块数字之和也等于 34：

$$10 + 11 + 6 + 7 = 34$$

- 两条对角线上的数字之和等于不在对角线上的其他数字之和：

$$16 + 10 + 7 + 1 + 4 + 6 + 11 + 13 =$$
$$3 + 2 + 8 + 12 + 14 + 15 + 9 + 5 = 68$$

- 两条对角线上所有数字的平方和等于
$$16^2 + 10^2 + 7^2 + 1^2 + 4^2 + 6^2 + 11^2 + 13^2 = 748,$$

而这个数值等于

◇ 不在对角线上的其他数字的平方和：

147

## 心中有数

$$3^2 + 2^2 + 8^2 + 12^2 + 14^2 + 15^2 + 9^2 + 5^2 = 748$$

◇ 第一行与第三行所有数字的平方和：

$$16^2 + 3^2 + 2^2 + 13^2 + 9^2 + 6^2 + 7^2 + 12^2 = 748$$

◇ 第二行与第四行所有数字的平方和：

$$5^2 + 10^2 + 11^2 + 8^2 + 4^2 + 15^2 + 14^2 + 1^2 = 748$$

◇ 第一列与第三列所有数字的平方和：

$$16^2 + 5^2 + 9^2 + 4^2 + 2^2 + 11^2 + 7^2 + 14^2 = 748$$

◇ 第二列与第四列所有数字的平方和：

$$3^2 + 10^2 + 6^2 + 15^2 + 13^2 + 8^2 + 12^2 + 1^2 = 748$$

- 两条对角线上的所有数字之立方和等于不在对角线上的其他数字之立方和：

$$16^3 + 10^3 + 7^3 + 1^3 + 4^3 + 6^3 + 11^3 + 13^3 =$$
$$3^3 + 2^3 + 8^3 + 12^3 + 14^3 + 15^3 + 9^3 + 5^3 = 9\ 248$$

- 不在对角线上的八个数字构成两组平行于对角线的斜线，这两组线上的数字具有如下神奇的性质：

$$2 + 8 + 9 + 15 = 3 + 5 + 12 + 14 = 34$$
$$2^2 + 8^2 + 9^2 + 15^2 = 3^2 + 5^2 + 12^2 + 14^2 = 374$$
$$2^3 + 8^3 + 9^3 + 15^3 = 3^3 + 5^3 + 12^3 + 14^3 = 4\ 624$$

- 将第一行与第二行相加，第三行与第四行相加，产生有趣的对称形式：

| 16 + 5 = **21** | 3 + 10 = **13** | 2 + 11 = **13** | 13 + 8 = **21** |
|---|---|---|---|
| 9 + 4 = **13** | 6 + 15 = **21** | 7 + 14 = **21** | 12 + 1 = **13** |

- 将第一列与第二列相加，第三列与第四列相加，产生有趣的对称形式：

# 第 7 章　数字的摆放

| 16 + 3 = **19** | 2 +13 = **15** |
| --- | --- |
| 5 +10 = **15** | 11 + 8 = **19** |
| 9 + 6 = **15** | 7 +12 = **19** |
| 4 + 15 = **19** | 14 + 1 = **15** |

有兴趣的读者可以进一步探寻这个神奇幻方的其他性质，我们再重复一次，这个幻方不是普通的幻方，普通幻方只需要满足各行、各列，以及两条对角线上数字之和相等的条件，而丢勒幻方却拥有许多额外的性质。相似地，图 7.2 中的印度"三十四方图"有没有什么特殊的性质？这值得读者们自行探究。

## 7.2 幻方的一般性质

您可能会好奇，为什么印度"三十四方图"与丢勒幻方的"魔法数"都等于 34？事实上，对于所填入的是从 1 到 16 这些数字的 4×4 幻方，它的魔法数必然等于 34。这 16 个数字的总和为 1 + 2 + 3 + ⋯ + 16 = 136。在幻方中，这些数字被分配到四个和数相等的行中，因此每行的和等于上述总和的四分之一，即 136 ÷ 4 = 34。根据幻方的定义，各列数字之和也必须与之相等，因而 4×4 幻方每列数字之和同样也必须等于 34。

按照这个办法，我们甚至可以得到任何 $n \times n$ 幻方的魔法数。为此，我们回顾一下第 4 章关于前 $n$ 个自然数和的讨论，这个和为三角形数 $T_n$，其公式为

$$T_n = 1 + 2 + 3 + \cdots + (n-1) + n = \frac{n}{2}(n+1)。$$

$n \times n$ 幻方总共有 $n^2$ 个数字，因而它包含所有从 1 到 $n^2$ 的自然数。应用上面引述的公式，这些数字的总和为

$$T_{n^2} = \frac{n^2}{2}(n^2 + 1)。$$

然而，由于幻方的每行数字之和等于一个相同的数 $S_n$，我们得到

$$S_n = \frac{T_{n^2}}{n} = \frac{n}{2}(n^2+1)。$$

因此，这就是 $n \times n$ 幻方的魔法数，幻方每行、每列、还有对角线的数字之和都肯定等于这个数字。

对 $n = 3$，上述公式给出了洛书的魔法数：

$$S_3 = \frac{3}{2}(3^2+1) = 15。$$

我们讨论的是包含有从 1 到 $n^2$ 的所有自然数的幻方，它的行数和列数都为 $n$，因此通常就称为"$n$ 阶幻方"。然而，如果对所有的数字同时加上某个数 $k$ 的话，那么我们会得到另外一个幻方，它所包含的数字是从 $k$ 到 $n^2+k$ 的所有自然数，而其魔法数则等于 $kn + S_n$。相似地，将每个数字同时乘以 $k$，得到的又是另一种幻方，它的魔法数等于 $kS_n$，但它所包含的数字不再是连续自然数。

依常人的逻辑，接下来的问题会是——怎么构造幻方？丢勒的那个幻方是怎么来的？按照 $n$ 阶幻方阶数的不同，我们将它们分成三类：

（1）奇数阶幻方，即阶数 $n$ 为奇数的幻方；

（2）双偶数阶幻方，即阶数 $n$ 为 4 的倍数的幻方；

（3）单偶数阶幻方，即阶数 $n$ 为偶数但又不是 4 的倍数的幻方。

据此分类方法，丢勒幻方是一个双偶数阶幻方。

## 7.3 双偶数阶幻方构造法

因为我们已经握有丢勒幻方，我们就从双偶数阶幻方的构造开始讨论。首先考虑最小的双偶数阶幻方，即四行四列的幻方。第一步，我们将 1 到 16 这些数字按自然的顺序填入幻方，得到图 7.6 最左边的方形。

这当然还不是幻方，因为所有的小数都在第一行而大数都在最末行。然而我们很快就发现，它的对角线上数字的和已经等于幻方的魔法数 34 了。这样，我们可以将对角线上数字重新排列顺序，因为那样不会改变它们的和。接下来是第二步，

## 第 7 章　数字的摆放

这一步必须将一些大的数字调换到上面。我们的做法很简单，就是先将"主对角线"，也就是由 1、6、11、16 构成的对角线，逆着原来的顺序重新摆放，然后对由 4、7、10、13 组成的另一条对角线也如法炮制。于是，我们得到了图 7.6 中的第二个图形，其中变动过的部分用阴影标示。就这样，我们将一些大的数字调换上面，而此时第一行的和已经等于 34！继续验算其他各行和各列，我们发现它们的数字和也都等于 34。因此，我们已经构造出了我们的第一个幻方！然而，这个幻方与丢勒版画《忧郁 I》中的幻方并不相同。显然，为了在幻方底部表示这幅版画创作的年份是 1514 年，丢勒将它的第二列与第三列互换了位置。这个互换的结果就是图 7.6 中的最后一幅图形，它正是丢勒幻方。与我们的第一个幻方相比，它拥有非常多特别的性质，这我们在上一节已经探讨过。

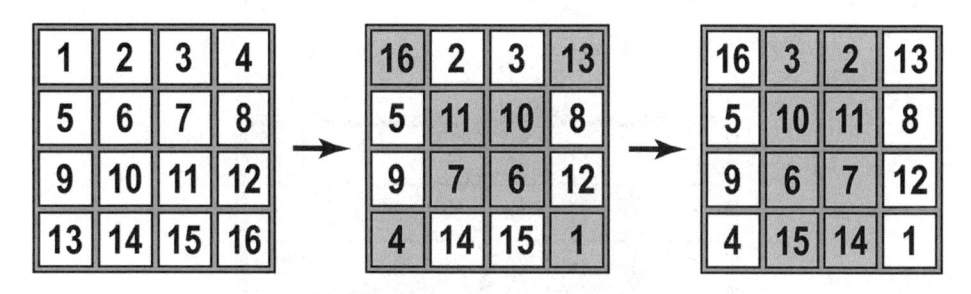

**图 7.6　丢勒幻方的三步构造法**

一旦我们得到一个幻方，我们就可以尝试从它出发创造其他的幻方，当然，为此所作的变动不可以改变各行、列，以及对角线的和。举例来说，如果我们像丢勒那样互换四阶幻方的第二列和第三列。那么，这种变动既不会改变各行数字之和，也不会改变各列数字之和，而对角线上数字之和则可能因此而有变化。不过，这种变化可以用接着互换第二行与第三行来弥补。图 7.2 中的印度"三十四方图"就是这样的，互换它的第二和第三列的结果不是幻方，但接着互换其第二和第三行则变成一个新的幻方。这一点上丢勒幻方也是特殊的，它在互换第二和第三列之后仍然是幻方，互换第一与第四列、第二与第三行，以及第一与第四行也都各自构成幻方。

对所有四阶幻方而言，互换其第一与第四列，然后再互换相应的行，即它的第一与第四行，得到的结果仍然是幻方。而如上所说，互换第二与第三列，再互

**心中有数**

换相应的两行，结果同样也是幻方。

将幻方中的每一个数用它的"补数"替换，是另一个从已知幻方出发构造新幻方的办法。对幻方而言，如果两个自然数的和等于幻方的方格总数加一，则这两个数就称为是"互补的"，每一个都是另一个的"补数"。对四阶幻方的情形，互补的两个数字之和等于17。从这个角度看，图7.6中从第一图到第二图的变动，可以描述成将对角线上的数字用它们的补数替换的操作。

四阶幻方总共有880种，您是不是该试试用上述技巧自己构造一些新的幻方呢？顺便提一句，二阶幻方是不存在的，而三阶幻方本质上只有一种，也就是图7.1所示的洛书，其他所有三阶幻方都是其旋转或翻转的结果。

下一个双偶数阶幻方是8阶的，也就是具有8行和8列的幻方。与四阶幻方相似，我们也可以用自然顺序出发，通过互换某些特定方格中的数字来构造八阶幻方，图7.7给出了一种具体做法。

| 1 | 2 | 3 | 4 | 5 | 6 | 7 | 8 |
|---|---|---|---|---|---|---|---|
| 9 | 10 | 11 | 12 | 13 | 14 | 15 | 16 |
| 17 | 18 | 19 | 20 | 21 | 22 | 23 | 24 |
| 25 | 26 | 27 | 28 | 29 | 30 | 31 | 32 |
| 33 | 34 | 35 | 36 | 37 | 38 | 39 | 40 |
| 41 | 42 | 43 | 44 | 45 | 46 | 47 | 48 |
| 49 | 50 | 51 | 52 | 53 | 54 | 55 | 56 |
| 57 | 58 | 59 | 60 | 61 | 62 | 63 | 64 |

图 7.7 构建八阶幻方的第一步

我们首先也用它们的补数替换"对角线"上的数字，不过，这回互补数字之和是65，而所谓"对角线"所指的则是它所包含的四个4×4小方形各自的对角线——也就是图7.7中的阴影部分。完成所有替换之后，所得到的结果如图7.8，它确实是一个八阶幻方。

| 64 | 2  | 3  | 61 | 60 | 6  | 7  | 57 |
|----|----|----|----|----|----|----|----|
| 9  | 55 | 54 | 12 | 13 | 51 | 50 | 16 |
| 17 | 47 | 46 | 20 | 21 | 43 | 42 | 24 |
| 40 | 26 | 27 | 37 | 36 | 30 | 31 | 33 |
| 32 | 34 | 35 | 29 | 28 | 38 | 39 | 25 |
| 41 | 23 | 22 | 44 | 45 | 19 | 18 | 48 |
| 49 | 15 | 14 | 52 | 53 | 11 | 10 | 56 |
| 8  | 58 | 59 | 5  | 4  | 62 | 63 | 1  |

图 7.8 我们构造出的八阶幻方

## 7.4 三阶幻方的构造法

现在，我们用系统性的方法来构造所有可能的三阶幻方。首先，我们像图 7.9 那样，用字母来表示从 1 到 9 的九个数字，而第 $j$ 行、第 $j$ 列，以及第 $j$ 条对角线上的数字和则相应地记为 $r_j$、$c_j$ 及 $d_j$。对三阶幻方而言，所有这些和都等于它的魔法数 15。

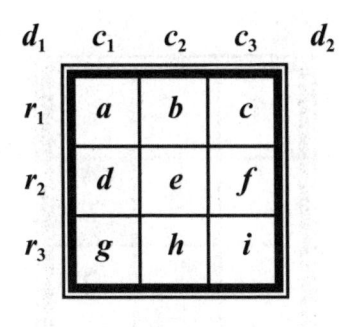

|     | $d_1$ | $c_1$ | $c_2$ | $c_3$ | $d_2$ |
|-----|-------|-------|-------|-------|-------|
| $r_1$ |       | $a$   | $b$   | $c$   |       |
| $r_2$ |       | $d$   | $e$   | $f$   |       |
| $r_3$ |       | $g$   | $h$   | $i$   |       |

图 7.9 三阶幻方的字母表示

## 心中有数

因此，在幻方中，我们可以得到

$$r_2 + c_2 + d_1 + d_2 = 15 + 15 + 15 + 15 = 60。$$

然而，这个和式的左边可以写成

$$r_2 + c_2 + d_1 + d_2 = (d+e+f)+(b+e+h)+(a+e+i)+(c+e+g) =$$
$$(a+b+c+d+e+f+g+h+i)+3e = 45+3e,$$

因此，$45+3e = 60$，这就可以推出：$e = 5$。这样，我们发现，三阶幻方中心的数字必须是 5。

我们回顾一下幻方中"互补"数的意思：两个数字互补的条件是它们的和等于 $n^2 + 1$。在三阶幻方中，这个两个数互补时它们的和等于 $9 + 1=10$。由于三阶幻方的魔法数是 15，因此我们发现，在幻方中心数字 5 两侧的数字和等于 10，即它们是一对互补数。换句话说，我们得到：$a$ 与 $i$ 互补，$b$ 与 $h$ 互补，$c$ 与 $g$ 互补，$d$ 与 $f$ 互补。

现在，我们试着将 1 放到幻方的角上。由于幻方的（旋转）对称性，我们不妨将它如图 7.10 那样放到左上角。这样，由互补关系，右下角的数字必须是 9。我们注意到，2、3、4 不能与 1 排在同一行或同一列，否则相应的行或列的和就必然会小于魔法数 15。因此，它们只能放在图 7.10 中的阴影位置。两个位置当然不可能放三个数字，所以我们就得到这样的结论：1 不可能出现在幻方的角上。

图 7.10 错误的开始

## 第 7 章　数字的摆放

这样，1 只有四个可能的位置。根据幻方的（旋转）对称性，我们不妨像图 7.11 的第一图那样，将它放在幻方的正顶端。此时，按照互补关系，9 必须放在幻方的正下方。前面我们说过，3 和 1 不可以放在同一行或同一列，因为那样相应的行和或列和会小于 15。此外，3 也不能与"9"在同一行或同一列，因为那样的话，那个行或列的最后那个数也必须是 3，才可以使数字和等于 15——这当然是不可以的，因为每个数字只能用一次。因此，3 可能的位置就只有图 7.11 中的两个阴影方格。再按（翻转）对称性，我们不妨将它放在幻方的左边，就像图 7.11 中间的图形那样。3 + 5 + 7 = 15，3 的对面是它的补数 7，因而 7 的位置也就确定了。

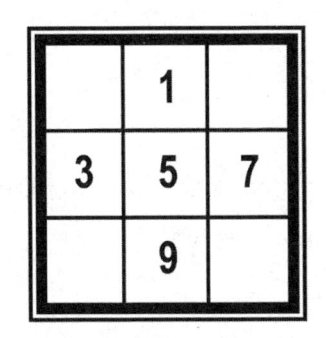

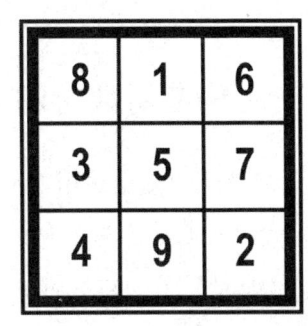

图 7.11　构造三阶幻方的过程

我们现在从图 7.11 的第二图出发，继续构造幻方的过程。由于每行每列的数字和都必须等于 15，因此 8 不能与 7 放在同一列，也不能与 9 放在同一行。这样，8 只能放在图 7.11 的左上角，而其他数字的位置据此立刻可以完全确定，结果就是图 7.11 的第三图。

至此，我们得到了一个三阶幻方。从获得这个幻方的过程我们知道，其他所有可能的三阶幻方都是它的旋转、翻转、或旋转与翻转结合的结果。因此，不难发现，三阶幻方总共有八个，如图 7.12 所示。

心中有数

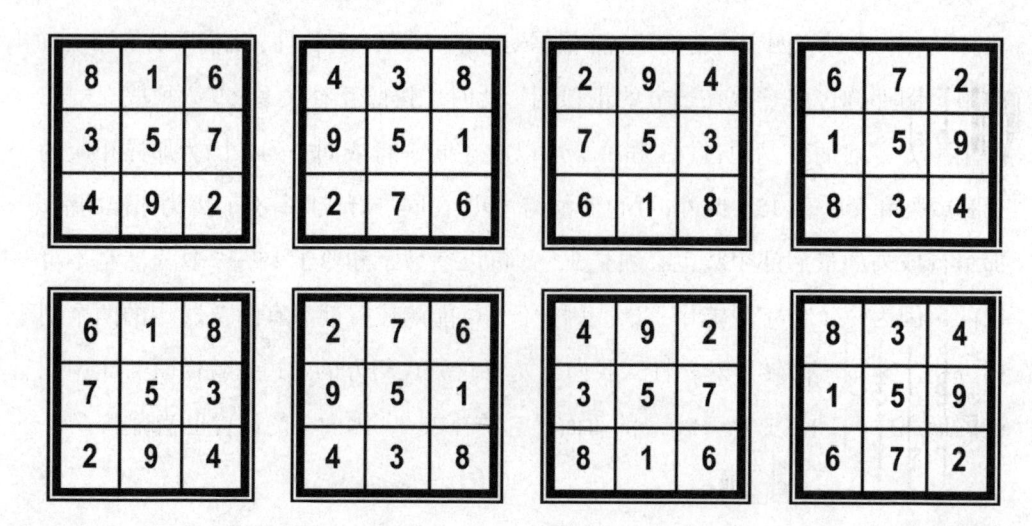

| 8 | 1 | 6 |
|---|---|---|
| 3 | 5 | 7 |
| 4 | 9 | 2 |

| 4 | 3 | 8 |
|---|---|---|
| 9 | 5 | 1 |
| 2 | 7 | 6 |

| 2 | 9 | 4 |
|---|---|---|
| 7 | 5 | 3 |
| 6 | 1 | 8 |

| 6 | 7 | 2 |
|---|---|---|
| 1 | 5 | 9 |
| 8 | 3 | 4 |

| 6 | 1 | 8 |
|---|---|---|
| 7 | 5 | 3 |
| 2 | 9 | 4 |

| 2 | 7 | 6 |
|---|---|---|
| 9 | 5 | 1 |
| 4 | 3 | 8 |

| 4 | 9 | 2 |
|---|---|---|
| 3 | 5 | 7 |
| 8 | 1 | 6 |

| 8 | 3 | 4 |
|---|---|---|
| 1 | 5 | 9 |
| 6 | 7 | 2 |

图 7.12 三阶幻方总共有八个

## 7.5 构造奇数阶幻方

有人可能会想用上一节的方法来构造其他奇数阶幻方，但很快就会发现这种做法非常繁琐。事实上，各类幻方都有许多不同的构造法，这里我们介绍一种构造奇数阶幻方的简单而机械的办法。

我们以五阶幻方为例。首先，将 1 填入幻方最上面一行的中间位置，然后如图 7.13 所示，沿向右上方向的斜线依次填入数字。

沿这种斜线填数时，如果一个数字跑出幻方之外，我们就"绕"到幻方的另一边来放置这个数。例如，图 7.13 中幻方外灰色的 2 "突出" 到幻方之上，因此被放入最底部那行相应的位置；而 4 跑出幻方的右边，因而被放到左边的第一列。

当填满一条斜线后，我们无法将下一个数字继续放在该斜线上，此时我们就将它放在上一个数字的正下方。就像图 7.13 所示，6 放在 5 的正下方那样。这样，我们又开始了一条新的斜线。然后，当再次遇到同样的情况时，我们也作同样的处理，直到填完所有数字。进行过一些这样的填数操作之后，我们会发现一些特定的规律，例如，最后一个数字必定在最底部那行的中间位置。当然，这只是众多构造奇数阶幻方的方法中的一种。不计旋转和翻转的话，五阶幻方总共有 275 305 224 种，而更高阶幻方的总数则至今没有人知道。

第 7 章　数字的摆放

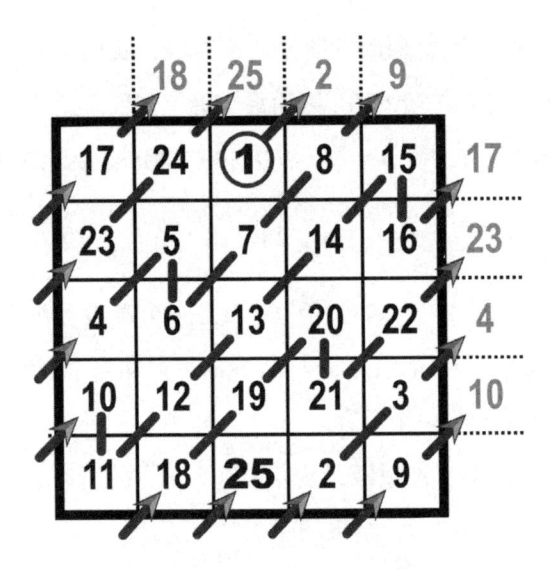

图 7.13　构造奇数阶幻方

## 7.6　单偶数阶幻方构造法

如前文所定义，单偶数阶幻方的阶数是偶数，但又不是 4 的倍数。与双偶数阶以及奇数阶幻方都不同，单偶数阶幻方必须使用不同的构造机制。每一个单偶数阶幻方都可以分割成大小相同的四个部分，我们暂且称它们为"象限"。如图 7.14，我们用 A、B、C、D 来标记这四个象限。

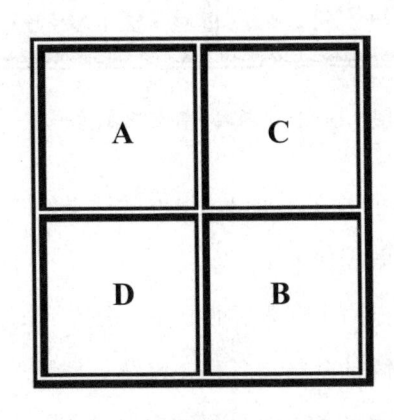

图 7.14　单偶数阶幻方的象限

## 心中有数

由于幻方是单偶数阶的，因此象限的阶是一个奇数，我们记为 $k = 2m + 1$，其中的 $m$ 是自然数。由于不存在二阶幻方，因而最小的单偶数阶幻方是六阶幻方，这时，$m = 1, k = 3$。单偶数阶幻方的阶 $n = 2k = 2(2m+1) = 4m+2$，因此它可以取如下数值：

$$n = 6,\ 10,\ 14,\ 18,\ \cdots$$

每个象限都有 $k^2$ 个不同的数字。如上所述，$k$ 是一个奇数，我们首先用上节的方法构造一个 $k$ 阶幻方。对 $n = 6$ 的情形，$k = 3$，我们可以从洛书或它的某个变体出发，这里我们选择图 7.12 中的第一个幻方。

我们将选中的幻方放入 A 象限，然后将这个幻方的所有数字加上特定的数，放入其他象限。对 $n = 6$ 的情形，结果如图 7.15 所示。

| 8 | 1 | 6 | 8+18 | 1+18 | 6+18 |
|---|---|---|---|---|---|
| 3 | 5 | 7 | 3+18 | 5+18 | 7+18 |
| 4 | 9 | 2 | 4+18 | 9+18 | 2+18 |
| 8+27 | 1+27 | 6+27 | 8+9 | 1+9 | 6+9 |
| 3+27 | 5+27 | 7+27 | 3+9 | 5+9 | 7+9 |
| 4+27 | 9+27 | 2+27 | 4+9 | 9+9 | 2+9 |

**图 7.15　构造单偶数阶幻方的第一步**

图中，B 象限是 A 象限中幻方加上 $k^2 = 9$ 的结果，C 象限由 B 象限加上 $k^2$ 而得到，D 象限则等于 C 象限再加上 $k^2$。

我们知道，对一个幻方中所有数都加上同一个数字，并不改变它的"幻方性"。也就是说，得到的数字方阵的各行、各列，以及对角线上的数字和都等于同一个数值。于是，B、C、D 都算是幻方，只不过它们不是用从 1 到 $k^2$ 这些数字所构成

第 7 章　数字的摆放

的幻方。例如，B 象限是由从 $k^2+1$ 到 $2k^2$ 构成的，即从 10 到 18 这九个数字所构成的幻方。上述这种做法所获得的数字方阵如图 7.16 所示。虽然它的每个象限都是幻方，但它本身却还不是。

|  8 |  1 |  6 | 26 | 19 | 24 |
|----|----|----|----|----|----|
|  3 |  5 |  7 | 21 | 23 | 25 |
|  4 |  9 |  2 | 22 | 27 | 20 |
| 35 | 28 | 33 | 17 | 10 | 15 |
| 30 | 32 | 34 | 12 | 14 | 16 |
| 31 | 36 | 29 | 13 | 18 | 11 |

**图 7.16　构造单偶数阶幻方的第二步**

要以这个数字方阵为出发点来构造六阶幻方，我们需要对其中的一些数字做些调整。我们先回顾一下自然数 $m$ 的定义，它以等式 $k = 2m+1$ 决定象限的阶数，而以等式 $n = 2(2m+1)$ 确定整个单偶数阶幻方的阶数 $n$。

一般性的调整规则是这样的：除了中间那一行之外，我们取 A 象限其他所有行的前 $m$ 个方格，而中间行则跳过第一个方格取其后 $m$ 个。然后，将这些方格与下方 D 象限中相应位置互换数字。接着，我们还需要取 C 象限每行的最后 $m-1$ 个方格，将它们与 B 象限相应位置的数字互换。

对六阶幻方，即 $n = 6$ 的情形，$m = 1$，上述步骤将把图 7.16 中 A 象限与 D 象限的阴影部分互换。而由于此时 $m-1 = 0$，右侧的 B 象限与 C 象限保持不变。这样做的结果如图 7.17 所示，验算可知，它确实是一个六阶幻方。

心中有数

| 35 | 1  | 6  | 26 | 19 | 24 |
|----|----|----|----|----|----|
| 3  | 32 | 7  | 21 | 23 | 25 |
| 31 | 9  | 2  | 22 | 27 | 20 |
| 8  | 28 | 33 | 17 | 10 | 15 |
| 30 | 5  | 34 | 12 | 14 | 16 |
| 4  | 36 | 29 | 13 | 18 | 11 |

图 7.17 从图 7.16 得到的单偶数阶幻方

为了更清楚地阐明这种构造方法，我们下面来演示构造下一个单偶数阶幻方，即 10 阶幻方的全过程。此时，$n = 10$，$m = 2$。

1. 从一个五阶幻方开始，我们采用图 7.13 中的五阶幻方。

2. 将这个五阶幻方填入 A 象限，将它的每个数字加上 25 后填入 B 象限，再加上 25 填入 C 象限，最后再加上 25 填入 D 象限。结果如图 7.18 中的第一图。

3. 由于 $m = 2$，我们取 A 象限中间行的第 2 与第 3 个方格，以及其他每行的前两个方格，将这些方格与其下方 D 象限中相应的方格互换，如图 7.18 第一图左侧阴影部分所示。

4. 最后，由于 $m - 1 = 1$，我们取 C 象限每行最右边的一个方格，将它们与 B 象限相应方格互换。这样，我们就得到一个十阶幻方，具体如图 7.18 的第二图所示。

第 7 章  数字的摆放

| 17 | 24 | 1 | 8 | 15 | 67 | 74 | 51 | 58 | 65 |
|---|---|---|---|---|---|---|---|---|---|
| 23 | 5 | 7 | 14 | 16 | 73 | 55 | 57 | 64 | 66 |
| 4 | 6 | 13 | 20 | 22 | 54 | 56 | 63 | 70 | 72 |
| 10 | 12 | 19 | 21 | 3 | 60 | 62 | 69 | 71 | 53 |
| 11 | 18 | 25 | 2 | 9 | 61 | 68 | 75 | 52 | 59 |
| 92 | 99 | 76 | 83 | 90 | 42 | 49 | 26 | 33 | 40 |
| 98 | 80 | 82 | 89 | 91 | 48 | 30 | 32 | 39 | 41 |
| 79 | 81 | 88 | 95 | 97 | 29 | 31 | 38 | 45 | 47 |
| 85 | 87 | 94 | 96 | 78 | 35 | 37 | 44 | 46 | 28 |
| 86 | 93 | 100 | 77 | 84 | 36 | 43 | 50 | 27 | 34 |

| 92 | 99 | 1 | 8 | 15 | 67 | 74 | 51 | 58 | 40 |
|---|---|---|---|---|---|---|---|---|---|
| 98 | 80 | 7 | 14 | 16 | 73 | 55 | 57 | 64 | 41 |
| 4 | 81 | 88 | 20 | 22 | 54 | 56 | 63 | 70 | 47 |
| 85 | 87 | 19 | 21 | 3 | 60 | 62 | 69 | 71 | 28 |
| 86 | 93 | 2 | 9 | 61 | 68 | 75 | 52 | 34 |
| 17 | 24 | 76 | 83 | 90 | 42 | 49 | 26 | 33 | 65 |
| 23 | 5 | 82 | 89 | 91 | 48 | 30 | 32 | 39 | 66 |
| 79 | 6 | 13 | 95 | 97 | 29 | 31 | 38 | 45 | 72 |
| 10 | 12 | 94 | 96 | 78 | 35 | 37 | 44 | 46 | 53 |
| 11 | 18 | 100 | 77 | 84 | 36 | 43 | 50 | 27 | 59 |

图 7.18 高阶单偶数阶幻方的构建

前文中我们将幻方分成三种类型：奇数阶、双偶数阶，以及单偶数阶幻方。至此，我们拥有了所有三种类型幻方的构造方法。

最后，纯粹为了娱乐，我们来看看图 7.19 中的奇妙图形。不难验算，第一个图形确实算是一个幻方，因为它的各行、各列，以及两条对角线的数字和都等于 45。

| 12 | 28 | 5 |
|---|---|---|
| 8 | 15 | 22 |
| 25 | 2 | 18 |

| twelve | twenty eight | five |
|---|---|---|
| eight | fifteen | twenty two |
| twenty five | two | eighteen |

| 6 | 11 | 4 |
|---|---|---|
| 5 | 7 | 9 |
| 10 | 3 | 8 |

图 7.19 拼写幻方

然而，这个幻方还有一个奇特的性质，它因此而被称为"拼写幻方"。将幻方中的数字用它的英文单词代替，我们得到图 7.19 中的第二图。现在，我们数一数拼写每个单词所用的字母数目，然后用这个数目替换单词，这样就得到图 7.19 的第三图。洞察力强的读者可能很快发现，这个图实际上是洛书上下翻转后再逐个数字加 2 的结果，也就是说，第三图也是幻方。当然，计算这个图中的各行、各列，以及两条对角线之和，也容易发现这个事实。无论如何，图 7.19 的左边第一图幻方的特别之处是：这个幻方中数字的英文拼写字母的数目同样构成一个幻方！

· 161 ·

## 7.7 回文数

有些数字具有格外奇特的性质，我们会因为这些共同的特性而对它们加以考察。而有的时候，娱乐性的探讨会引出有难度和有意思的数学问题。这一小节，我们来考察顺序与逆序看起来相同的数字，这种数字称为"回文数"。相应地，如果一个单词、词组，或句子的顺序与逆序拼写相同，我们就称之为"回文"。"黄山落叶松叶落山黄"就是一个中文回文句，而图 7.20 则给出了一些有趣的英文回文。

```
                           A
                          EVE
                         RADAR
                        REVIVER
                        ROTATOR
                      LEPERS REPEL
                     MADAM I'M ADAM
                    STEP NOT ON PETS
                    DO GEESE SEE GOD
                   PULL UP IF I PULL UP
                   NO LEMONS, NO MELON
                  DENNIS AND EDNA SINNED
                  ABLE WAS I ERE I SAW ELBA
                 A MAN, A PLAN, A CANAL, PANAMA
                A SANTA LIVED AS A DEVIL AT NASA
              SUMS ARE NOT SET AS A TEST ON ERASMUS
        ON A CLOVER, IF ALIVE, ERUPTS A VAST, PURE EVIL; A FIRE VOLCANO
```

**图 7.20 趣味英文回文**

有一个源于公元 3 世纪的拉丁文回文句子颇为有趣。它的原文是这样的："*Sator arepo tenet opera rotas*"，句子的意思是"播种者阿勒颇努力抓住轮子"。拉丁文原句由五个五字母单词组成，将这个句子的拼写依次填入 5×5 的方阵中，所得如图 7.21 所示，它就是所谓的"圣骑士幻方"。这个"幻方"无论从左上角开始向右或向下读，或者从右下角开始向上或向左读，读出来的句子都与原句完全相同！确实神奇！圣骑士幻方历史相当悠久，在古罗马的庞培古城遗址里就发

## 第 7 章  数字的摆放

现过这个句子，而庞培古城在公元 79 年时就已经因维苏威火山的强烈喷发而被埋入灰烬。中世纪的人们为了抵御巫术，给这个幻方赋予神奇的力量。1937 年在美索不达米亚发现了五例这个幻方，而在英国、土耳其的卡帕多西亚、埃及以及匈牙利也曾有发现。

**图 7.21 圣骑士幻方**

数学中的回文就是像"666"或"123321"这样的回文数，有意思的是，11 的前四个次方都是回文数：

$$11^1 = 11,$$
$$11^2 = 121,$$
$$11^3 = 1\,331,$$
$$11^4 = 1\,4641。$$

从一个给定的数字出发产生出回文数的过程有时是颇为有趣的。将任意自然数的各位数字反序排成一个数，我们称为它的"逆序数"。将某数与它的逆序数相加，称为对该数的"逆加"运算。现在，对一个给定的自然数，我们进行逆加运算，如果结果不是回文数，那我们就对这个结果继续做逆加运算。如此继续下去，我

## 心中有数

们通常就可以得到一个回文数。例如，给定的数是 23，那么其逆加运算为 23 + 32 = 55，结果是回文数。

有时候做一步并不足够。例如给定 57，加上它的逆序数 75，我们得到 132，这不是回文数。但是，132 加上它的逆序数 231，得到的结果 363 就是回文数了。

也有需要三步逆加的例子，比如从 86 开始，则：

$$86 + 68 = 154，154 + 451 = 605，605 + 506 = 1\,111。$$

如果我们从 97 开始，则需要连续做六步逆加运算才会得到回文数，而 98 需要的步骤更多，它需要经过 24 步才会得到回文数。

需要小心的数字是 196。从这个数字开始连续进行逆加运算，至今还没有人最终得到回文数——经过 300 多万次运算都没有！事实上，至今没有人知道它是不是最终会产生出回文数。如果我们从 196 开始演算，在第 16 次时会得到 227 574 622，而从 788 开始做 15 次演算也会得到这个数字。这说明从 788 开始连续做逆加运算的话，我们同样也不知道能不能得到回文数。实际上，10 000 以内的自然数中有 5 996 个数字至今无人知道它们是否能通过连续逆加运算产生回文数。其中的例子有：196、691、788、887、1 675、5 761、6 347，以及 7 436 等。

我们发现，有些数字经过相同步数的逆加运算会得到相同的回文数，例如，554 和 752 经过连续三次逆加运算，都得到同一个回文数 11 011。一般地，中间位置数字为"5"的数中，"5"两边对称位置之和相等者都会在相同的步数得到相同的回文数。也就是说，这个例子还包括 158、950 和 653。然而，也有些数字经过不同的步数得到相同的回文数，例如，198 经过连续五步逆加运算得到回文数 7 9497，而 7 299 经过两步也得到相同的结果。

对满足 $a \neq b$ 的两位数 $ab$，它的两位数字之和 $a + b$ 决定了它产生回文数所需要的运算步数。显然，如果两个数字之和小于 10，则正如 25 + 52 = 77 一样，只要一步逆加运算就可以得到回文数。如果两位数字之和恰好等于 10，则 $ab$ + $ba$=110，由于 110 + 011 = 121，得到回文数只需要两步。两位数的两个数字之和分别等于 11、12、13、14、15、16、17 时，得到回文数所需的逆加运算步骤数依

· 164 ·

## 第 7 章 数字的摆放

次是 1、2、2、3、4、6、24。

在玩回文数时,我们有时会得到一些可爱的数字样式。例如,有些回文数的平方也是回文数,$22^2 = 484$,以及 $212^2 = 44\,944$ 就都是例子。另一方面,一些回文数的平方不是回文数,例如 $545^2 = 297\,025$;而有些不是回文数的数字,其平方却又是回文数,例如 $26^2 = 676$ 和 $836^2 = 698\,896$。当然,这些只是数字给我们的一点娱乐,我们可以去探寻其他的奇观。

一个数如果其所有各位上的数字都是"1",那么我们就称它为"全一数"。小于十个"1"组成的全一数平方后都会得到回文数,例如

$$111\,111^2 = 12\,345\,654\,321。$$

还存在一些回文数,它们的立方也是回文数,所有形如 $n = 10^k + 1$ 的数都属于这个类型,它们的立方得到的结果是在 1、3、3、1 之间各插入 $k-1$ 个 "0"。例如:

$k = 1$,$n = 11$,$11^3 = 1\,331$

$k = 2$,$n = 101$,$101^3 = 103\,0301$

$k = 3$,$n = 1\,001$,$1\,001^3 = 1\,003\,003\,001$。

我们可以继续推广并得到有趣的数字样式,例如当 $n$ 含有三个"1",而"1"之间以相同数目的"0"隔开的时候,它们的立方也是回文数,例如:

$111^3 = 1\,367\,631$,

$10\,101^3 = 1\,030\,607\,060\,301$,

$1\,001\,001^3 = 1\,003\,006\,007\,006\,003\,001$,

$100\,010\,001^3 = 1\,000\,300\,060\,007\,000\,600\,030\,001$。

再进一步,我们还可以发现一些由四个"1"和若干个"0"组成的回文数,如果"1"之间"0"的个数不全相同,则它们的立方也会是回文数——下面就是两个例子:

$11\,011^3 = 1\,334\,996\,994\,331$

$10\,100\,101^3 = 10\,303\,319\,093\,390\,913\,30\,301$。

心中有数

然而，如果"1"之间"0"的个数都相同，则立方的得数不会是回文数，例如 10 10 101³ = 1 030 610 121 210 060 301。还有一个事实是，280 000 000 000 000 以内的自然数中，本身不是回文数但其立方却是回文数的只有一个，即 2 201，简单计算可知：2 201³ = 10 662 526 601。

最后，纯粹出于娱乐大家的目的，我们介绍一类有趣的回文运算式，其中几个如下[①]：

$$12\,321 = \frac{333 \times 333}{1+2+3+2+1}$$

$$1\,234\,321 = \frac{4\,444 \times 4\,444}{1+2+3+4+3+2+1}$$

$$123\,454\,321 = \frac{55\,555 \times 55\,555}{1+2+3+4+5+4+3+2+1}$$

$$12\,345\,654\,321 = \frac{666\,666 \times 666\,666}{1+2+3+4+5+6+5+4+3+2+1}$$

回文数是一个非常有趣的话题，但我们决定到此为止，有兴趣的读者请自己展开进一步的探索。

## 7.8 纳皮尔乘法算筹

下面来介绍一种计算乘法的办法，它依靠预先放在特定位置的数字来完成。苏格兰有一位知名的数学家叫约翰·纳皮尔（1550—1617），他以发明对数以及采用小数点而闻名，也是我们要介绍的乘法计算系统的发明者。这个发明被称为"纳皮尔乘法算筹"，中文或简称"纳氏算筹"，它技术上以阿拉伯人在 13 世纪的发明为基础。当阿拉伯人的发明最终传到欧洲时，它被称为"戒备法"，是一种用加法来完成乘法运算的系统。纳皮尔采用构造特别的算筹（如图 7.22），对它进行了显著的改进。这种带数字的算筹可以用硬纸板或木片制作，也可以像纳皮尔那样使用动物骨头。由于纳皮尔使用的材料，纳氏算筹有时也被称为"纳皮尔骨筹"。在继续阅读之前，我们需要先花点时间考察图 7.22，尝试理解其构成中的逻辑。

---

[①] 原文下述等式中都漏掉乘号，译者自行改正。

第 7 章　数字的摆放

图 7.22 中数字的摆放其实构成一个乘法表。它包含十根竖式算筹，每根算筹都是乘法表的一个列，只是写法有些奇特。顶端数字为"5"的竖棒，从上到下是 5 的各个倍数，其写法是十位放置于斜线的上方，而个位放置于下方。其他算筹的形式也一样，顶端为"7"的算筹上，第五个数字就是 35，表示 5×7=35。值得注意的是，当乘法结果的十位数为零时，斜线上方不是空白，而是写上了"0"。

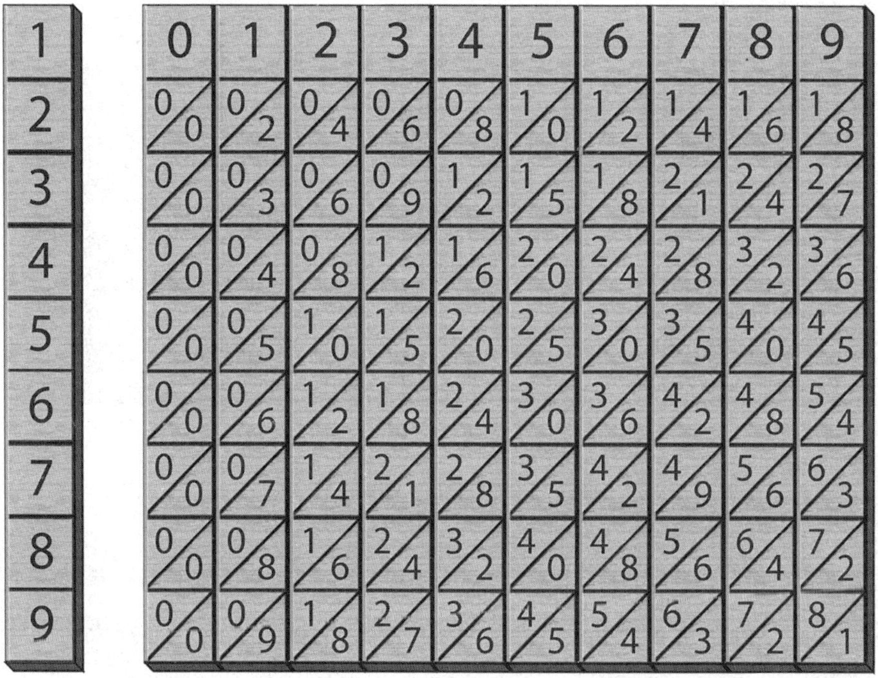

**图 7.22　纳皮尔乘法棒**

这些算筹可以自由排列，这使得我们可以构建出需要做乘法运算的数字。然后，乘法只需要加法就可以完成。这怎么可能？没错，我们可以来看一个使用纳氏算筹计算乘法的具体算例。

我们随便选择两个数来做乘法，比如说 284 和 572。使用纳氏算筹的做法，第一步我们选择顶端数字构成两个乘数中的一个。此时选择哪一个乘数都无关紧

**心中有数**

要，作为例子我们选择 572。因此，我们挑选出顶端分别是 2、5、7 的三根纳氏算筹，然后按 "572" 顺序排列，得到如图 7.23 的图样。

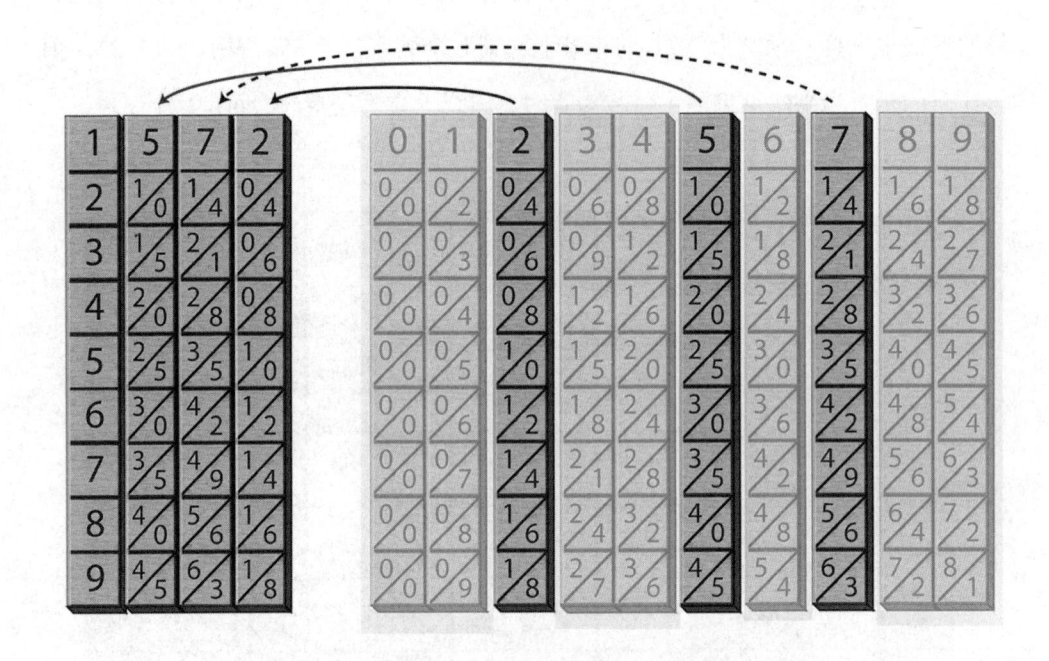

**图 7.23** 计算 572×284 的第一步

这里，我们在纳氏算筹的左边依次写上了从 1 到 9 这九个数。在纳皮尔原本的设计中，这九个数被刻在一个浅盒子的边上，而挑选出的算筹则依次排列在盒子里。如果想自己学习这个算例，您可以将这些数字写在纸上，只要与算筹对齐就没有问题。

就如许多读者可能已经猜到的，下一步要做的是挑选出合适的行来构成另一个乘数。使用真正的算筹时是没有办法抽取出这些行的，但我们的演示则没有问题。于是，我们抽取出合适的行，根据乘数 "284" 排成图 7.24 中的样子。

为演示下一步的运算，我们淡化算筹之间的边界而强调其中的斜线。并且，在各条斜线的端口，我们画出用来容纳加法结果的空间。由于有六个斜条，计算结果看起来会是一个六位数（图 7.25）。

第 7 章　数字的摆放

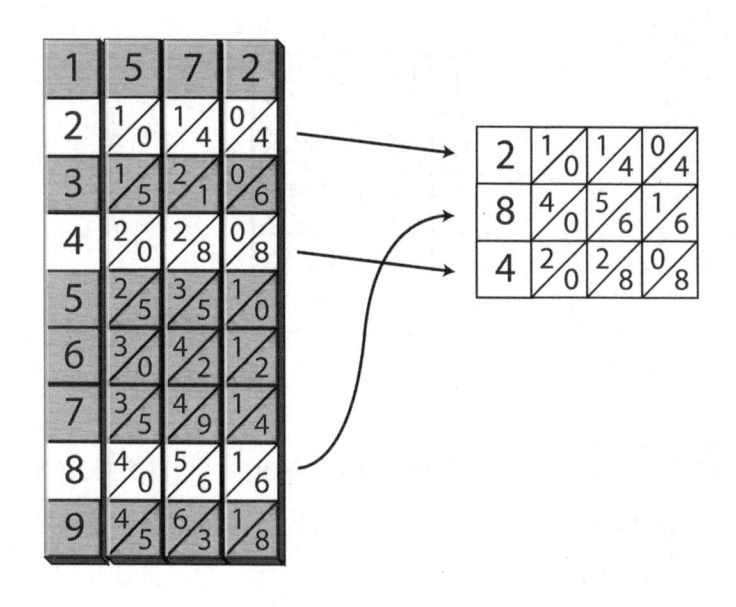

图 7.24　计算 572×284 的第二步

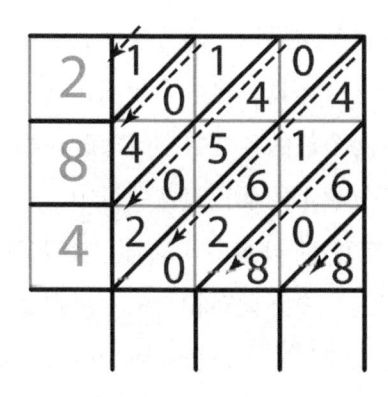

图 7.25　计算 572×284 的第三步

我们从右下角开始，逐次计算各个斜条中数字的和。当和的结果超过 9 时，就需要像通常的加法那样将 10"进位"到上一个高位。例如，第二个斜条中，8+0+6=14，因此，这个位置将留下 4，而把 10 进到上一位，即在第三斜条的末尾添上 1，如图 7.26 所示。

· 169 ·

心中有数

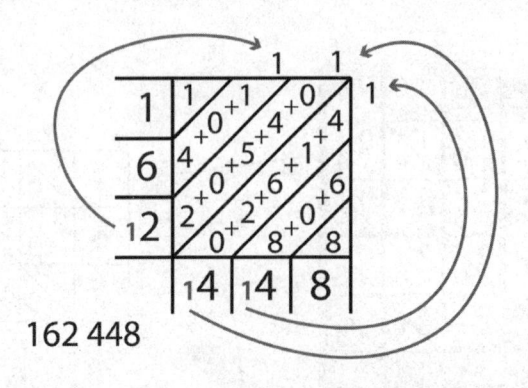

图 7.26　斜条上的和，相加和进位

依次将各斜条数字相加，得到的和相应为 8、14、14、12、6 和 1。略去已进位的十位数，然后从上到下、左到右读，得到"162 448"，这表示 572 与 284 乘积的最终答案就是 162 448。这确实是正确的答案，愿意的话我们可以用现代的方法验算，甚至使用计算器也可以！

我们来考察一下这种做法的机制。两个数乘法的通常做法是用乘数的各位数字与被乘数分别相乘，将这些结果按正确位置摆放，然后再把它们相加。我们按照小学里学到的办法来做这个运算，将一个数当作被乘数放在上方，另一个作为乘数放在它的下方，然后两个数的各位数字逐次配对相乘。这样做时，我们将乘数同一位数字与被乘数各位数字的乘积写在一行中，必要时就进位，最后再将各行数字相加。为了说明纳氏算筹的原理，我们将上述步骤拆解开来分析。

第一步是将 572 乘以 4，数字配对相乘依次得到 $2 \times 4 = 8$，$7 \times 4 = 28$，$5 \times 4 = 20$。28 需要进位，把它的 20 改为 2 进到上一位数，这样我们得到 2 288。而如图 7.27 所示，这也正是纳氏算筹上第四行数字斜向相加的结果。

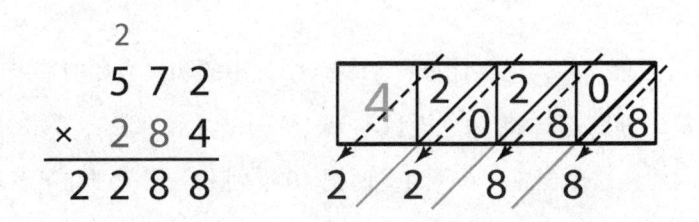

图 7.27　中间步骤之一：572 乘以 4

## 第 7 章　数字的摆放

对乘数的第二个数字"8"重复上述步骤，我们得到 $572 \times 8 = 4576$，它同样是纳氏算筹上第八行数字的斜向和。按照小学里学到的知识，这行的位置应该向右移一位，或者如图 7.28，在它后面添加一个"0"。

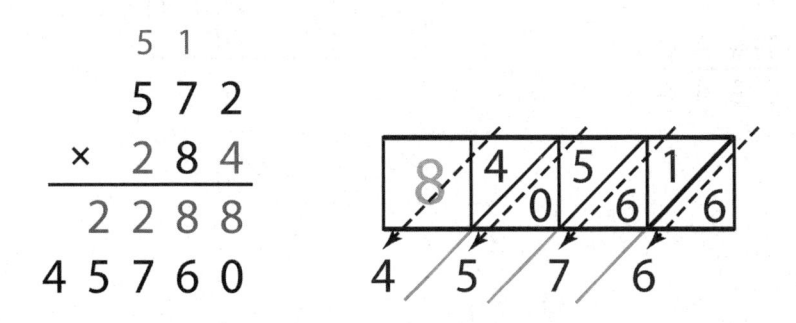

$$
\begin{array}{r}
5\,1\phantom{0} \\
572 \\
\times\ 284 \\
\hline
2288\phantom{0} \\
45760\phantom{0}
\end{array}
$$

**图 7.28　中间步骤之二：572 乘以 8**

现在，我们将 572 乘以 2，在结果后面补上两个"0"，得到 114 400，而如图 7.29 所示，纳氏算筹上第二行数字的斜向相加得到的结果正是 1 144。

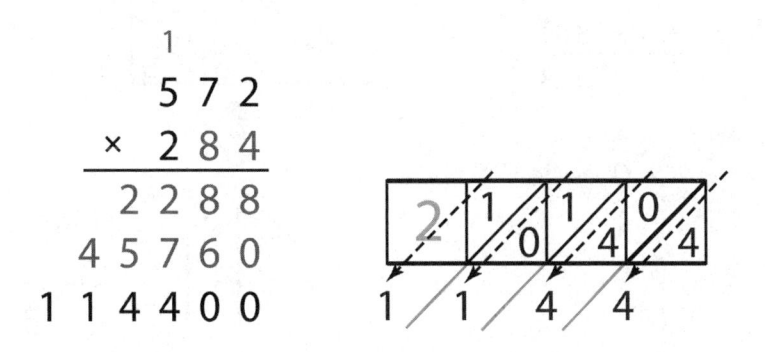

$$
\begin{array}{r}
1\phantom{00} \\
572 \\
\times\ 284 \\
\hline
2288 \\
45760 \\
114400
\end{array}
$$

**图 7.29　中间步骤之三：572 乘以 2**

最后，我们把上述三步中的数字相加，得到 162 448。在图 7.30 的右图中，将纳氏算筹相应三行上的数字斜向相加，结果正确无误。

· 171 ·

心中有数

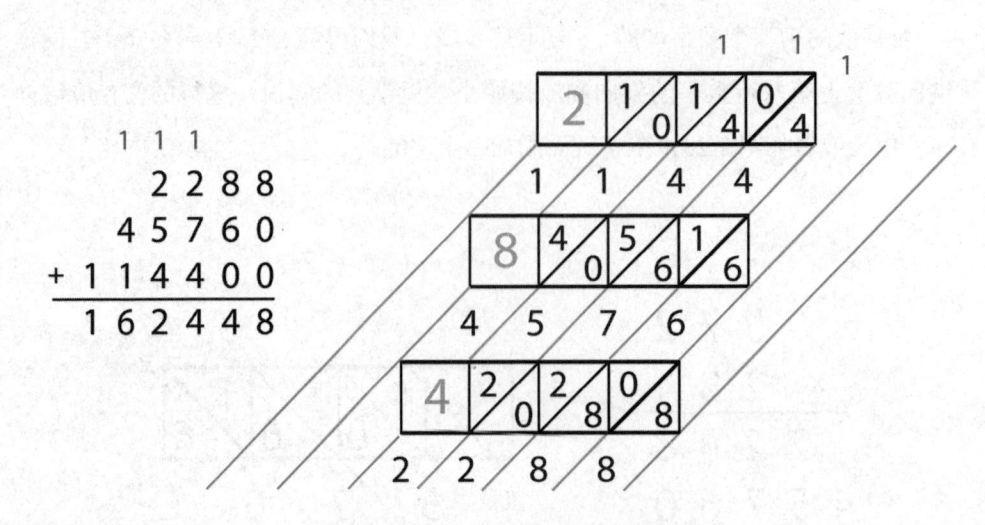

```
    1 1 1
      2 2 8 8
    4 5 7 6 0
+ 1 1 4 4 0 0
───────────
  1 6 2 4 4 8
```

图 7.30 将中间步骤的结果相加

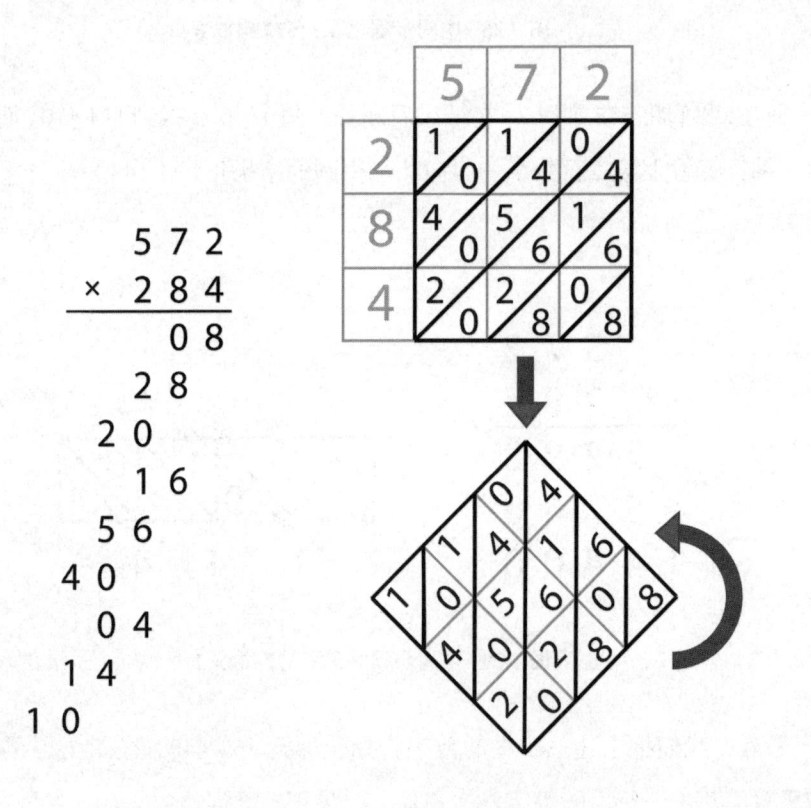

```
      5 7 2
    ×   2 8 4
    ─────────
          0 8
        2 8
      2 0
      1 6
      5 6
    4 0
    0 4
  1 4
  1 0
```

图 7.31 纳氏算筹法与普通算法比较

· 172 ·

## 第 7 章　数字的摆放

为完成对纳氏算法的说明，现在我们做最后一次变动：在乘数每个数字与被乘数相乘时，我们不将它们相加而成为一行，而是将数字两两相乘的结果像纳氏算筹那样写出来，十位为零时就添上"0"。这回，我们将每个相乘结果做适当移位，并按前述乘法的次序写下。

同时，我们抽取纳氏算筹相应的行按正确顺序摆放，旋转 45 度成为图 7.31 中右边的图形。

看到什么有趣的没有？没错，普通乘法算出来的每个数字都在纳氏算筹法的表示式中，并且是在正确的数位上！而且我们还可以看到，算筹上每行数字与相应乘积的数字恰好准确对应。比如，图 7.30 左图最后三行依次是 10、14、04，这完全相同于右图第一行的数字。

至此我们看到，纳氏算筹法与小学所教的算法原理上完全相同，只是使乘积中各个数字的位置摆放问题变得更容易。此外，因为个位数乘法都事先刻在算筹上，这种算法还有一个优点，它可以避免计算乘法时可能产生的错误。毕竟，对大多数人来说，加法出错的机会远比乘法要少！

# 第 8 章

# 特殊数字

## 8.1 素 数

作为本节的开头,我们先来回顾一下"素数"的定义,它是大于 1,而且只有 1 以及它本身共两个因数的自然数。例如,最初的几个素数是:2、3、5、7、11、13、17 以及 19。很显然,素数中只有 2 一个偶数,其他所有的素数都是奇数。在第 4 章中,我们把素数界定为大于 1 而且不是矩形数的自然数,也就是说,我们不可能将一个素数表示成行数与列数都大于 1 的矩形(图 8.1)。

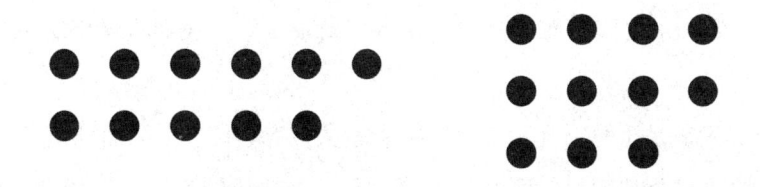

**图 8.1　11 是一个素数**

另一方面,矩形数可以排列成矩形,或者等价地说,可以写成至少两个大于 1 的自然数的乘积。例如,$45 = 3 \times 15 = 9 \times 5 = 3 \times 3 \times 5$。这样的数也有一个名称,叫作"合数"。

事实上,每一个合数都可以写成若干个素数的乘积。例如,$297 = 3 \times 3 \times 3 \times 11$,$9\,282 = 2 \times 3 \times 7 \times 13 \times 17$。当我们把一个合数写成素数的乘积时,我们就对这个合数做了"素因数分解",乘积中的每个素数都是该合数的一个"素因数"。需要注意的是,合数的素因数分解中,它的素因数是"唯一确定的"。我们说:

**心中有数**

> 每一个大于 1 的自然数，要么它本身是一个素数，要么有唯一的素因数分解形式。

早在古代希腊，欧几里得就已经知道这个著名的定理，由于它的重要性，它被称为"代数基本定理"。

最早的一种寻找素数的方法出自古希腊学者厄拉多塞（前 276—前 194），使用他的方法我们可以列出所有的素数，至少是想要多少就可以列出多少。他的做法是这样的：把考虑范围内所有大于 1 的自然数列成一张大表格，首先将 2 单独放到一边，然后隔一个数划掉一个，这样我们就只剩下奇数。接着，从第一个没有被划掉的数开始，目前的情况是 3，划掉它后面所有 3 的倍数。接下来，第一个没有被划掉的数字是 5，于是将它后面所有 5 的倍数也都划掉。这样不断进行下去，我们就只留下素数，而把所有合数全都划掉了。这是最传统的筛选素数的办法，称为"厄拉多塞筛法"。图 8.2 是应用这种筛法的一个示例，它只列出奇数，而图中各直线划掉了 3、5、7、11、13 的所有倍数，留下的数我们用圆圈标记，它们是从 3 到 281 之间所有的素数。在本书附录 2 中，我们将列出所有 10 000 以内的素数。

那么，素数是不是有无穷多个？或者素数只有有限个，因而到了某一个步骤，所有后面的数都会被划掉？欧几里得给出了一个精巧的论证，证明素数确实有无穷多个。他的证明是这样的：假如我们只知道有限个素数，比方说只有 2、3、5、7、11、13、17 以及 19，然后我们来证明至少还有一个，它可以在所有这些素数的乘积加 1 所得的结果中找到。就我们的例子而言，这个运算是：

$$2 \times 3 \times 5 \times 7 \times 11 \times 13 \times 17 \times 19 + 1 = 9\,699\,691。$$

这个数本身未必是一个素数，我们这个例子就是如此：$347 \times 72\,953 = 9\,699\,691$。如果这个数是素数，那么我们就已经找到了一个原来没有列出的素数。当然，相继的素数之乘积再加 1 可能是素数，例如 $2 \times 3 + 1 = 7$，也可以不是素数，例如 $3 \times 5 + 1 = 16$。现在，就如我们例子的情形，假设我们产生出来的这个数不是素数。那么，它是合数，所以它有小于其自身的素因数。我们将它最小的素因数记为 $q$，

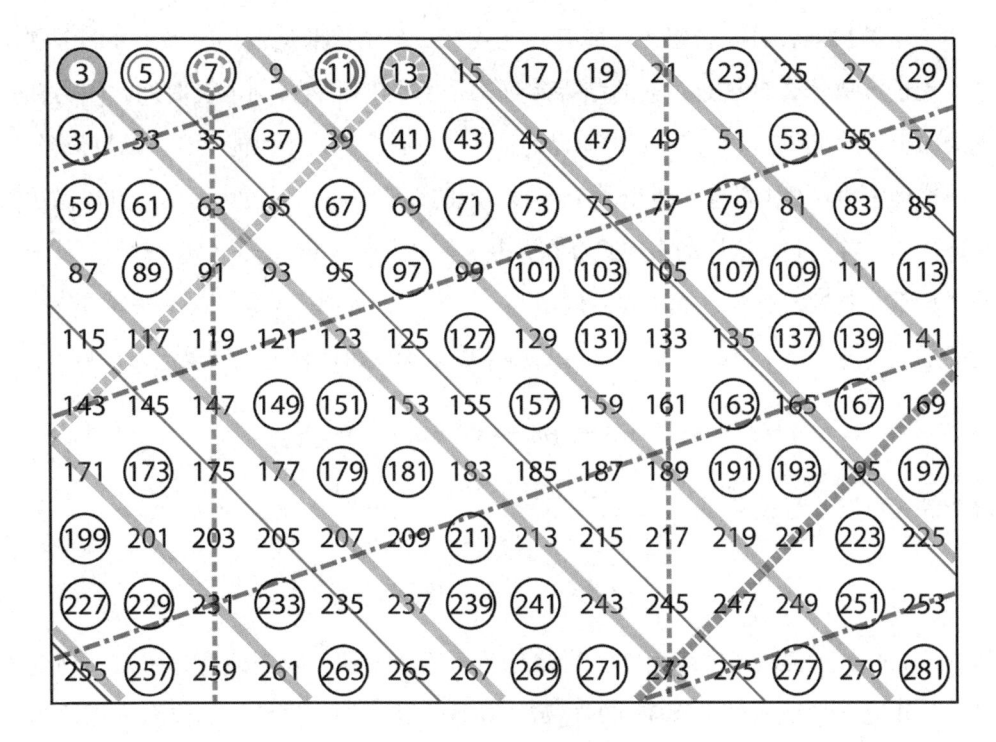

**图 8.2 厄拉多塞的筛子**

则 $q$ 可以整除这个数。由于这个数的构造，它除以任何一个已知素数的余数都是 1。换句话说，所有已知的素数都不能整除这个数。因此 $q$ 不是它们之中的任何一个，只能是一个新找出来的素数。总之，对任何有限的素数集合，我们都可以用这种方法找出一个新的素数。因此，素数当然就有无穷多个。

## 8.2 寻找素数

数学家们花了很多很多年来寻找能够产出素数的公式，尝试已经有很多很多，但成功的至今连一例都没有。我们可以检验 $n^2-n+41$ 这个表达式，把不同的自然数代入其中，来察看它产生出素数的可能性。计算发现，当 $n$ 的值从 1 取到 40 时，表达式算出来的结果全部都是素数。然而当 $n=41$ 时，计算得到的是 $41^2$，显然是一个合数。相似的表达式还有 $n^2-79n+1601$，它当 $n$ 从 1 取到 80 时，所得到的结果都是素数，但当 $n=81$ 时，我们得到 $81^2-79\times 81+1601=1763=41\times 43$，

## 心中有数

又不是素数！读者可能会想：有没有可能找到一个系数都是整数的关于 $n$ 的多项式，无论 $n$ 取什么自然数，它的结果永远都是素数？那么，别浪费时间，因为伟大的瑞士数学家欧拉（1707—1783）已经证明了这种多项式不可能存在。欧拉证明，任何这种多项式至少都会产生出一个合数，他的证明思路相对还算简单，具体做法是这样的：首先假设这样的多项式存在，其表示式是 $a + bx + cx^2 + dx^3 + \cdots$，其中的系数都是整数，有些可能是零。假定当 $x = m$ 时，多项式的结果是一个素数 $s$。也就是说，$s = a + bm + cm^2 + dm^3 + \cdots$。相似地，取 $x = m+ns$ 时，将它的结果记为 $t$，则有：

$$t = a + b(m + ns) + c(m + ns)^2 + d(m + ns)^3 + \cdots。$$

这个等式可以改写成

$$t = (a + bm + cm^2 + dm^3 + \cdots) + A,$$

其中，$A$ 表示原表达式中除前面括号之外所有剩余的项。我们前面介绍过二项式展开，知道 $A$ 中所有的项都是 $s$ 的倍数。并且，我们不难理解，通过对 $n$ 做适当选择，可以做到让 $A$ 大于零。根据我们的假设，上式的括号部分等于 $s$，这样我们就得到：$t$ 是 $s$ 的倍数，而且 $t$ 大于 $s$。因此，$t = ks$，且 $k > 1$，因而它不是素数。这就证明，不可能有多项式能够只产生素数而不产生合数。然而，尽管这个论证已被接受，数学家们仍然继续猜测着只产生素数的表达式。

法国数学家费马（1601—1665）对数论研究作出过巨大贡献，他曾猜测形如 $F_n = 2^{2^n} + 1$ 的数，当 $n = 0, 1, 2, 3, 4, \cdots$ 时都是素数。如果我们尝试对 $n = 0, 1, 2$ 计算前三个 $F_n$，我们得到的是 3、5、17，显然都是素数。当 $n = 3$ 时，$F_3 = 2^{2^3} + 1 = 2^8 + 1 = 257$，$n = 4$ 时，$F_4 = 2^{2^4} + 1 = 2^{16} + 1 = 65537$，两个结果也都是素数。我们注意到，随着 $n$ 的增加，$F_n$ 的值增加得非常快。当 $n = 5$ 时，$F_5 = 2^{32} + 1 = 4\,294\,967\,297$，由于数字太大，费马已经无法确定它是不是素数，但他受前几个都是素数这个事实的鼓舞，于是提出一个猜测：所有 $F_n$ 都是素数。很不幸，这个猜测很快就寿终正寝，欧拉在 1732 年证明：$F_5 = 4\,294\,967\,297 = 641 \times 6\,700\,417$，它是两个素因数的乘积，因而不是素数。然而 $F_6$ 是如此之大，直到 150 年之后人们才找出它的因数分解：

## 第 8 章  特殊数字

$F_6$ = 18 446 744 073 709 551 617 = 274 177 × 67 280 421 310 721 [①]。

数百年来，人们研究了很多形如 $F_n$ 的数，但迄今为止，再也没有找到一个素数！看起来，费马的这个猜测已经被完全颠覆，人们现在好奇的是：$n = 4$ 之后，究竟还有没有 $F_n$ 会是素数？

截至 2013 年初，最大的已知素数是 $2^{57\,885\,161} - 1$，它是一个 17 425 170 位数。这是一个形如 $2^k - 1$ 的素数，这种形式的素数称为"梅森素数"[②]，因法国修士梅森（1588—1648）的发现而命名。当 $k$ 取 2、3、5、7、13、17、19、31、61、89、107、127 时，$2^k - 1$ 给出最初的 12 个梅森素数。

我们看到，以上列出的最初这些梅森素数，其对应的 $k$ 本身全部都是素数。这其实是很自然的，因为只有当 $k$ 本身是素数时，$2^k - 1$ 才有可能是素数。但是另一方面，$k$ 是素数本身并不能保证 $2^k - 1$ 一定是素数。例如，$k = 11$ 是素数，但 $2^{11} - 1 = 2\,047 = 23 \times 89$ 却不是素数，也就是说，对素数 $k = 11$，$2^{11} - 1$ 不是梅森素数。

根据欧几里得的证明，我们知道素数有无穷多个，但我们至今不知道，梅森素数是不是有无穷多个。

自然数中存在着许多与素数相关的趣味联系，其中之一是著名的"哥德巴赫猜想"。德国数学家哥德巴赫（1690—1764）在 1742 年给欧拉写过一封信，在这封信中他猜测道：

- 每一个大于 2 的偶数都可以写成两个素数的和。

对最开始的几个偶数，我们有：4 = 2+2、6 = 3 + 3、8 = 3 + 5、10 = 5 + 5、12 = 5 + 7、14 = 7 + 7、16 = 5 + 11，如此等等，与哥德巴赫的猜想完全吻合。但是我们应该清楚，哥德巴赫提出的是猜想，人们至今没有能够证明它对所有偶数都正确，然而也没有能够找到推翻这个猜想的例子，它对数论专家是一个长期的挑战。

---

[①] 原文此处数字有误，译者已改正。

[②] 全球数学爱好者采用计算机联网合作，因此对梅森素数的寻找不断在取得进展，截至 2018 年 12 月，已发现的最大梅森素数是 $2^{82\,589\,933} - 1$，是一个 24 862 048 位数。我们在这里指出，由于全球计算机联网合作寻找巨大数字的工程一直在持续进行中，本书中涉及巨大数字的结果随时都可能有最新进展，有兴趣的读者可以通过互联网查找最新结果，我们不一一注明。

## 心中有数

如果两个素数之间的差等于 2，我们就称它们是一对"孪生素数"。根据这个定义，图 8.2 中相邻而带圆圈的，例如 3 和 5，5 和 7，17 和 19，都是孪生素数对。古人提出了所谓的"孪生素数猜想"，猜测孪生素数有无穷多对。

此外，还有所谓的"三胞胎素数"的概念。如果三个相继的素数中，任何相邻两个的差异都不大于 4，这样的三个素数就称为一组"三胞胎素数"。例如，最小的一组三胞胎素数是 (2，3，5)，其次则是 (3，5，7)。下面的表 8.1 中列出了三胞胎素数的一些例子。

| | |
|---|---|
| 2，3，5 | 107，109，113 |
| 3，5，7 | 191，193，197 |
| 5，7，11 | 193，197，199 |
| 7，11，13 | 223，227，229 |
| 11，13，17 | 227，229，233 |
| 13，17，19 | 277，281，283 |
| 17，19，23 | 307，311，313 |
| 37，41，43 | …… |
| 41，43，47 | 7 873，7 877，7 879 |
| 67，71，73 | 247 603，247 607，24 7609 |
| 97，101，103 | 5 037 913，5 037 917，5 037 919 |
| 101，103，107 | 88 011 613，88 011 617，88 011 619， |
| 103，107，109 | 1 385 338 061，1 385 338 063，1 385 338 067 |

表 8.1 一些三胞胎素数

## 8.3 素数中的妙趣

素数中存在着一些模式，例如，有些素数有这样的性质：将它各位数字逆顺序写出来，所得的也是素数。这样成对的素数并不少见，13 和 31、17 和 71、37 和 73、79 和 97、107 和 701、113 和 311、149 和 941、157 和 751 都是这样的素数对。

前文我们讨论过回文数，而素数中也存在回文素数，例如 2、3、5、7、11、101、131、151、181、191、313、353、373、383、727、757、787、797、919、

# 第 8 章 特殊数字

10 301、10 501、10 601、11 311、11 411、12 421、12 721、12 821 以及 13 331。

我们在第 7 章提到过的"全一数",也就是各位数字都是"1"的数。这种数中也有一些是素数,其中 11 是最小的一个,接下来的两个分别是

$$1\,111\,111\,111\,111\,111\,111$$

和

$$11\,111\,111\,111\,111\,111\,111\,111,$$

而再接下来的两个全一素数所含的"1"非常之多,分别含有 317 个和 1 031 个。

有一些素数也很有意思,它们各位数字之任何重新排列的结果也是素数,例如 2、3、5、7、11、13、17、31、37、71、73、79、97、113、131、199、311、337、373、733、919 以及 991。通过大量计算后人们猜测:此后所有具有这种性质的素数都是全一素数。

与任意重排不同,另一种重排数字的方法可以称为"绕转"。以 1 193 为例,将它的第一位数字"绕转"到最后面,就得到 1 931。再依次绕转,又分别得到 9 311 和 3 119。像 1 193 这样,所有绕转结果都是素数的数被称为"绕转素数"。显然,一位的素数(即 2、3、5、7)都是一位的绕转素数,两位的绕转素数就是 11 以及上文中所有像 13 和 31 那种两位素数对,三位的绕转素数就是前面所举的三位而又可任意重排的素数。四位的绕转素数除了 1 193 以及它的所有绕转之外,还有 3 779 和它的所有绕转 7 793、7 937 以及 9 377。五位数的绕转素数也有两组,它们可以分别以 11 939 和 19 937 为代表。

继续寻找,我们就找到一个有趣的素数:193 939,它的所有绕转全部都是素数:

$$193\,939、939\,391、393\,919、39\,193、391\,939,以及 919\,393。$$

不仅如此,193 939 的一种重排,即 199 933,也是一个绕转素数,它的所有绕转为:

$$199\,933、999\,331、993\,319、933\,199、331\,999 以及 319\,993。$$

心中有数

另一方面，有一些素数比较"脆弱"，改变它们的任何一位数字，结果就都会是一个合数，其中的一些我们列在下面：

294 001、505 447、584 141、604 171、971 767、1 062 599、
1 282 529、1 524 181、2 017 963、2 474 431、2 690 201、
3 085 553、3 326 489，以及 4 393 139。

还有一些素数，它们是两个连续自然数的平方和，即具有 $n^2+(n+1)^2$ 的形式。最开始的三个所谓的"连续平方和素数"是：$1+4=5$、$4+9=13$、$16+25=41$。此后则是：61、113、181、313、421、613、761、1013、1201、1301、1741、1861、2113、2381、2521、3132、3613、4513、5101、7321、8581、9661……

此外，有一些素数可以称为"可加素数"，它们的各位数字之和也是素数，最小的例子是：2、3、5、7、11、23、29、41、43、47、61、67、83、89、101、113 和 131。

在休闲数学中，我们常常追寻数字中具有的好玩而奇特的性质，例如有一类素数称为"极小素数"，它们的性质是：其各位数字序列的任何子列排成的数字都不是素数。数学界认为，这种数字总共只有 26 个。为了更好地理解"极小素数"的含义，我们来考察一个例子。对 6 949 这个素数，它的各位数字子集对应的数字是：6、9、4、69、94、49、64、99、694、699、649 和 949，它们全部都不是素数。所有 26 个已知的极小素数是：2、3、5、7、11、19、41、61、89、409、449、499、881、991、6 469、6 949、9 001、9 049、9 649、9 949、60 649、666 649、946 669、60 000 049、66 000 049，以及 66 600 049。

## 8.4 尚未解决的问题

千百年来，人们提出了很多关于素数的猜想。这些猜想中，有的被证明了，而像前面提到的哥德巴赫猜想和孪生素数猜想等则至今悬而未决。下面，我们列举一些至今尚未证明对错的"事实"：

- 形如 $n^2+1$ 的素数有无穷多个，其中 $n$ 是自然数。

## 第 8 章 特殊数字

- 对任何自然数 $n$，$n^2$ 与 $(n+1)^2$ 之间必然存在素数。
- 对任何自然数 $n$，$n$ 与 $2n$ 之间必然存在素数。
- 对任何给定的自然数 $k$，必然存在长度为 $k$ 的等差素数序列。例如，对于 $k=4$，251，257，263，269 是一个长度等于 4 的等差素数列。目前已知的最大长度是 10。
- 如果 $n$ 是素数，则 $2^n-1$ 不能被任何素数的平方整除。
- 形如 $n!-1$ 的素数有无穷多个。
- 形如 $2^n-1$ 的素数，即梅森素数，有无穷多个。
- 对 $n>4$，所有费马数 $2^{2^n}-1$ 都是合数。
- 菲波纳契数列中包含有无穷多个素数。菲波纳契数列的定义读者参见 6.1 节，其中 2、3、5、13、89、233、1 597、28 657、514 229、433 494 437、2 971 215 073、99 194 853 094 755 497 等就是素数。

关于素数的研究可以是海阔天空，无边无界，我们只是给出了其中一些特异的事实，其他特别而有趣的问题还有许多许多，有兴趣的读者可以寻找相关文献，展开自己的探索。

## 8.5 完全数

多数数学老师可能都会教导我们说，数学中的每件事情都是完美的。虽然我们因此会假定数学的所有都尽善尽美，但其中有没有什么比其他的更加完美？这个问题为我们引入一类具有特别性质的数字："完全数"或"完美数"——这里汉译中的"完全"或"完美"，在英文里是同一个单词。这是数学界公认的一个术语，数论领域中有一类自然数称为"完全数"，它们的定义是：等于所有小于它自己的因数（即"真因数"）之和的自然数，也就是说，一个完全数等于它的所有真因数之总和。

例如，6 有 1、2、3 三个真因数，而 6 = 1 + 2 + 3，所以 6 是一个完全数，而且它显然是最小的完全数。我们顺便在这里指出，6 还有一些奇特的性质——

## 心中有数

6是唯一既等于其真因数之和又等于其真因数之积的数。此外，6还等于它的真因数立方和的开平方，$6 = \sqrt{1^3 + 2^3 + 3^3}$，而且，它与其真因数还有这样的关系：$\frac{1}{1} = \frac{1}{2} + \frac{1}{3} + \frac{1}{6}$。而6和它的平方36还同时都是三角形数（参见第4章）。

第二小的完全数是28。28有1、2、4、7和14共五个真因数，而28 = 1 + 2 + 4 + 7 + 14。接下来是496，496 = 1 + 2 + 4 + 8 + 16 + 31 + 62 + 124 + 248，是它的所有小于自身的因数之和。第四个完全数是8 128——这四个完全数古希腊人早就已经知道。古希腊的欧几里得曾经提出了一个定理，给出了一个寻找完全数的一般过程。他说，对一个自然数$k$，如果$2^k-1$是素数，那么$2^{k-1}(2^k-1)$就是一个完全数。这就是说，每一个梅森素数（参见本章第2节）都相应地给出一个完全数。前面我们说到，$2^k-1$只有当$k$是素数时才有可能是素数。我们注意到，所有由欧几里得这个公式得到的完全数都是偶数，而欧拉则终于证明每一个偶完全数都可以从欧几里得公式得出。然而有些出人意料的是，人们至今没有找到奇的完全数，也不知道是否存在奇完全数。

如前所述，对每个梅森素数$2^k-1$，应用欧几里得公式$2^{k-1}(2^k-1)$计算出的就是完全数。表8.2中我们列出前九个完全数，所有已知的梅森素数可参见本书附录3。

| $k$ | 梅森素数 $2^k-1$ | 完全数 $2^{k-1}(2^k-1)$ |
|---|---|---|
| 2 | 3 | 6 |
| 3 | 7 | 28 |
| 5 | 31 | 496 |
| 7 | 127 | 8 128 |
| 13 | 8 191 | 33 550 336 |
| 17 | 131 071 | 8 589 869 056 |
| 19 | 524 287 | 137 438 691 328 |
| 31 | 2 147 483 647 | 2 305 843 008 139 952 128 |
| 61 | 2 305 843 009 213 690 951 | 2 658 455 991 569 831 744 654 692 615 953 842 176 |

表8.2 前九个完全数

# 第 8 章 特殊数字

截至 2013 年初，人们总共找到了 48 个梅森素数。因此，至此已知的完全数也只有 48 个。（目前，已找到 51 个梅森素数——编注）我们将会把所有这些完全数列在本书的附录 4 中，这里，我们来看一看完全数完整的样子：

对 $k = 61$，$2^{60}(2^{61} - 1) = 2\,658\,455\,991\,569\,831\,744\,654\,692\,615\,953\,842\,176$；

对 $k = 89$，$2^{88}(2^{89} - 1) =$

　　191 561 942 608 236 107 294 793 378 084 303 638 130 997 321 548 169 216。

到 2013 年初，已知最大的完全数是由 $k = 57\,885\,161$ 时的梅森素数据欧几里得公式计算而得到的，它总共有 34 850 340 位十进制数字。

根据观察，我们发现一些完全数的额外性质。例如，它们的结束数字似乎总是"6"或者"28"，而且"6"或"28"的前一位数字总是奇数。还有，根据第 4 章三角形数 $T_n$ 的定义，完全数似乎都是三角形数，即连续自然数之和，例如，

$$496 = 1 + 2 + 3 + 4 + \cdots + 30 + 31 = T_{31}。$$

确实，如果 $p$ 是梅森素数，则对应的完全数就是下标为 $p$ 的三角形数 $T_p$，即前 $p$ 个自然数之和。

根据意大利数学家弗朗切斯科·毛罗里科（1494—1575）的研究，我们知道每一个偶完全数都是六角形数。在第 4 章 4.7 节我们给出了第 $n$ 个 $k$ 角形数的公式，据此不难得到，第 $n$ 个六角形数的公式为 $H_n = 2n^2 - n = n(2n-1)$。因此，偶完全数 $2^{k-1}(2^k-1)$ 是第 $2^{k-1}$ 个六角形数。而我们还知道，每一个偶完全数都是 $2^k-1$ 为素数时，形如 $2^{k-1}(2^k-1)$ 的数，这就证明了毛罗里科的结果。

更进一步，我们还有：每一个大于 6 的偶完全数都是连续奇数的立方和。也就是说，每个大于 6 的偶完全数都等于和式

$$1^3 + 3^3 + 5^3 + 7^3 + 9^3 + 11^3 + \cdots$$

的前若干项之和。例如，

$$28 = 1^3 + 3^3，$$
$$496 = 1^3 + 3^3 + 5^3 + 7^3，$$
$$8128 = 1^3 + 3^3 + 5^3 + 7^3 + 9^3 + 11^3 + 13^3 + 15^3。$$

完全数与连续奇数立方和的这种联系远远出乎我们的意料之外。读者如果有兴趣，可以尝试寻找此后几个完全数的这种表达式，这也是一个有挑战性的问题。

## 8.6 卡布列克数

除了以上所介绍的，还有很多数字具有其他异常奇特的性质。有些特性可以通过其代数表示而被理解和证明，但有些则纯粹就是十进制系统下呈现的奇异现象。无论是哪种情况，这些特殊性质都相当具有娱乐性，激励我们进一步探寻这样的奇观和异趣。

比如说，我们考虑 297 这个数字。如果计算它的平方，我们得到 $297^2$ = 88 209，然后就到了见证奇迹的时候了——我们把这个数分成两块，即 88 和 209，结果，它们的和等于我们原本拿来平方的那个数：297 = 88+209！印度数学家卡布列克（1905—1986）首先发现这样的数，因此，如果一个数 $n$ 的平方分成两块后，相加恰好等于原来那个数 $n$，那么 $n$ 就称为一个"卡布列克数"。除了 297 之外，下面是其他一些卡布列克数：

$$9^2 = 81 \cdots 8 + 1 = 9$$
$$45^2 = 2\ 025 \cdots 20 + 25 = 45$$
$$55^2 = 3\ 025 \cdots 30 + 25 = 55$$
$$703^2 = 494\ 209 \cdots 494 + 209 = 703$$
$$2\ 728^2 = 7\ 441\ 984 \cdots 744 + 1\ 984 = 2\ 728$$
$$4\ 879^2 = 23\ 804\ 641 \cdots 238 + 04641 = 4\ 879$$
$$142\ 857^2 = 20\ 408\ 122\ 449 \cdots 20\ 408 + 122\ 449 = 142\ 857$$

本书的附录 5 是更全面的卡布列克数列表，其中比较大的数字有 38 962、77 778、82 656、95 121、99 999 以及 538 461，此外还有 857 143，如此等等。

我们还可以考虑卡布列克数的变体，比如 45 可以说是一个"三重卡布列克数"，因为它不仅是卡布列克数，它的立方是 $45^3$ = 91 125，而将它分成三部分时，我们发现 9 + 11 + 25 = 45，三部分之和恰好也等于 45。这种"三重卡布列克数"

不止一个，1、8、10、297、2 322 也都是。奇妙的是，我们的第一个例子 297，恰好也是三重卡布列克数，因为 $297^3 = 26\,198\,073$，而 $26 + 198 + 073 = 297$。那么，还有没有其他的三重卡布列克数？读者不妨自己找找看。

## 8.7 卡布列克常数

有一个奇特的数字被称为"卡布列克常数"，它显然是十进制系统下的古怪事物，这个数就是 6 174。那么，这个数古怪在什么地方呢？我们随意选取一个四位数，要求它至少有两个不同的数字。然后，我们取这个数四个数位上的数字，用它们分别排出最大与最小的两个数字，再取这两个数字的差，得到一个新的四位数。对这个新的四位数继续进行上述操作，结果——最终总是会得到 6 174！而当我们得到 6 174 之后，它的数字排成的最大与最小数分别是 7 641 与 1 467，其差恰好又回到 6 174。因此，继续上述操作不会再得到新的数字。

我们下面随机挑选一个四位数，来具体演示上述过程。当我们挑选数字时，我们必须避免像 3 333 这样四个数字全部相同的数，而如果选出的数之位数达不到四位数的话，那倒没有关系，我们只要在它前面适当补上些"0"，当作"广义四位数"就可以了。比如，如果我们想到的数字是 12，那么就用 0012 这个"准四位数"开始我们的运算过程。

好了，我们随便挑了个四位数：2303，它的四个数字是 2，3，0，3。

- 这四个数字排成的最大数字是 3320。
- 这四个数字重排成的最小数字是 0233。
- 3320 与 0233 的差等于 3087。
- 3087 的四个数字排成的最大数字是 8730。
- 3087 的四个数字排成的最小数字是 0378。
- 上述两数的差是 8352。
- 8352 的四个数字排成的最大数字是 8532。
- 8352 的四个数字排成的最小数字是 2358。

心中有数

- 以上两个数字的差是 6174。
- 6、1、7、4 排成的最大数字是 7641。
- 6、1、7、4 排成的最小数字是 1467。
- 7 641 与 1 467 的差恰好又是 6174。

至此,上述运算过程最终形成了循环。记住,只要我们选取的数字不是四位全部相同,那么通过连续的上述操作过程,我们都会得到 6 174。而一旦得到这个数,我们就陷入永远走不出的循环。事实上,对任何四位不全同的数字,最多只需要七步这样的操作就会得到 6 174。如果运算多于七次,那么必定是出现了计算错误!

很凑巧,6 174 还有一个特别的性质:可以被它的各位数字之和整除:

$$\frac{6174}{6+1+7+4} = \frac{6174}{18} = 343。$$

顺便说一下,您会不会想到对三位数也来尝试类似的过程呢?如果尝试的话,您将会得到同样有趣的结果:连续的这种操作最终都会得到 495,然后进入无尽的循环。译者在此插句话:6 174 和 495 的这种特性是可以用很初等的方法证明的,读者可以尝试着自己证明。

## 8.8 神奇的 1089

1089 这个数字拥有不少奇特的性质。首先,我们取它的倒数,得到的是一个循环节共有 22 个数字的无限循环小数:

$$\frac{1}{1089} = 0.\overline{000\,918\,273\,645\,546\,372\,819\,1}\cdots。$$

关键是,除了最开始的三个"0"以及最后的一个"1",循环节的其他数字顺序和逆序看是一样的。也就是说,918 273 645 546 372 819 是一个回文数。更进一步,将 1089 乘以 5,得到的结果是 5445,又是一个回文数。1089 乘以 9,得到 9 801,正好是 1089 逆序排成的数字。而 10 000 以内的数中,乘以某数会得到自己的逆序数的只有它和 2 178,2 178 × 4 = 8712。

## 第 8 章　特殊数字

我们来看看一些由 1 089 增改而成的数字，我们在它的中间增插若干个 "9"，于是得到 10 989、109 989、1 099 989、10 999 989 等，然后我们就发现，它们乘以 9 得到的结果恰好是 9 801 中间增插相同数目的 "9"：

$$10\,989 \times 9 = 98\,901$$
$$109\,989 \times 9 = 989\,901$$
$$1\,099\,989 \times 9 = 9\,899\,901$$
$$10\,999\,989 \times 9 = 98\,999\,901。$$

回到 1 089，我们发现它是一个非常有意思的奇特现象的核心。假设我们选择一个个位和百位不相同的三位数，将它的三位数字逆序排列成另一个数，然后取它与原来的数之差。对这个差的各位数字逆序排列，得到一个新的数。最后，我们将这个新数字与前面得到的差加起来。结果——我们总是得到 1 089！

为了演示这个过程，我们随机选取一个百位与个位不同的三位数，比如说 732。逆序排列，我们得到 237。两数相减，得到 495。对 495 逆序排列，得到 594。594 与 495 相加，得到的确实是 1 089！确实，对所有百位与个位不同的三位数都会这样，神奇吧？这个好玩的小 "把戏" 其实可以用简单的代数方法来证明。有些读者可能会有兴趣了解这个把戏背后的原理，借这个机会，我们就一起来做一做初等代数练习。

首先，我们把任意的一个三位数写成 $htu$，表示的是 $100h + 10t + u$。也就是说，这个三位数的百、十、个位数分别是 $h$、$t$、$u$[①]。相应的，它各位数字逆序排成的数就是 $100u + 10t + h$。我们不妨假设 $h > u$，也就是说，原数比它的逆排数要大。接着，我们按通常的算法从 $htu$ 中减去 $uth$。由于 $u<h$，个位数相减时，首先被减数需要从十位中借 1，成为 $10 + u$，然后才能做减法。两个数的十位数本来相同，现在由于被减数的十位数被借去 1，所以它又需要从百位数中借 1，这样，被减数的十位数就变成 $100 + 10(t-1)$，也就是 $10(t+9)$。最后，被减数的百位数现在是 $100(h-1)$。

---

[①] 本书中看似奇怪的字母选择背后通常是英语，这里的 h、t、u 依次是 hundred、ten、unit 的英文字头。第 5 章决策树中的 "L" 和 "S" 则分别是 long 和 short 的字头，表示长音节和短音节。这类例子书中还有，我们不一一指出。

心中有数

这样，我们的减法算式可以写成：

$$
\begin{array}{r}
100(h-1) \quad +10(t+9) \quad +u+10 \\
-\ 100u \quad\quad\quad -10t \quad\quad\quad -h \\
\hline
100(h-u-1) \quad +10(9) \quad\quad +(u-h+10)
\end{array}
$$

因此，$htu-uth$ 得到的结果是

$$100(h-u-1)+10\times 9+(u-h+10)。$$

将这个数字逆序排列，得到的三位数是

$$100(u-h+10)+10\times 9+(h-u-1)。$$

上述两数相加，则有

$$
\begin{array}{r}
100(h-u-1) \quad +10\times 9 \quad +(u-h+10) \\
+\ 100(u-h+10) \quad +10\times 9 \quad +(h-u-1) \\
\hline
100\times 9 \quad\quad\quad +10\times 18 \quad +9
\end{array}
$$

结果确实是 1 089。上述这样的代数证明使得我们可以察看这个运算过程的一般情形，因而可以保证这个过程对所有情形都是正确的。

## 8.9 若干数字奇观

数字中的奇趣未必只是局限于单个数字的情形，很多时候这些奇景中会是几个数字相伴出现。考虑两个数字的相加，如 192 + 384 = 576。读者可能会问，这个相加有什么奇特的地方？好吧，我们在等式中将三个数外面的数字加粗表示：**1**9**2** + **3**8**4** = **5**7**6**，然后，请看一看它们——它们从左到右是按 1、2、3、4、5、6 的顺序排列，接着我们回过来读剩下的数字，则恰好是 7、8、9！这够奇特吧？此外，我们还发现，这个加法等式中的三个数之间有着特殊的联系，即

# 第 8 章　特殊数字

$$192 = 1 \times 192,$$
$$384 = 2 \times 192,$$
$$576 = 3 \times 192。$$

从 1 到 9 这九个数字同时现身的情形通常是很吸引眼球的，我们再来考察一些这样的情形。

当从 1 到 9 顺序与逆序各排成一个九位数时，它们相减时出人意料地同样出现这种九个数字同时现身的情形：987 654 321 − 123 456 789 = 864 197 532。也就是说，九个数字顺序与逆序排出对称的两个数字，它们的差中九个数字不多不少恰好各出现一次！

人们还发现其他少数出现这种情形的奇特运算式，这回它们涉及的运算是乘法，其等式两边九个数字都恰好各出现一次：

$$291\,548\,736 = 8 \times 92 \times 531 \times 746,$$
$$124\,367\,958 = 627 \times 198\,354 = 9 \times 26 \times 531\,487。$$

在指数不算在内的情况下，有些平方运算式中九个数字恰好各出现一次，这样的例子有：$567^2 = 321\,489$，以及 $854^2 = 729\,316$。不过，我们很容易验证，它们是仅有的两个这种原来数字与其平方中恰好从 1 到 9 都出现一次的数字。

如果我们对 69 进行平方及立方运算，我们得到：$69^2 = 4761$，$69^3 = 328\,509$。所得到的 4 761 和 328 509 这两个数中，从 0 到 9 这十个数字恰好各出现一次[①]。

有一个数字的某些运算中出现一定程度上的"回绕"现象。从 6 667 开始，我们计算它的平方，得到 $6\,667^2 = 44\,448\,889$，再将 44 448 889 乘以 3，我们得到 133 346 667[②]。这个乘法运算结果的后四位恰好是我们开始进行运算的那个数字，即 6 667。以这个例子作为引子，我们来介绍一种更为广泛的数字奇观，它在我们对 625 取任意次方时出现——625 的任何次方的最后三位数字都是 625，如表 8.3 所示。

---

[①] 译者在此指出另一个有趣的数字：18，它的三次方以及四次方中，十个数字也恰好各出现一次：$18^3 = 5\,832$，$18^4 = 104\,976$。

[②] 出现这种有趣现象的原因在于 6 667×3=20 001。事实上，后文关于 625 与 376 的奇特现象也有其内在原因，读者可以自己探索。

**心中有数**

| | | |
|---|---|---|
| $625^1$ | = | **625** |
| $625^2$ | = | 390 **625** |
| $625^3$ | = | 244 140 **625** |
| $625^4$ | = | 152 587 890 **625** |
| $625^5$ | = | 95 367 431 640 **625** |
| $625^6$ | = | 59 604 644 775 390 **625** |
| $625^7$ | = | 37 252 902 984 619 140 **625** |
| $625^8$ | = | 23 283 064 365 386 962 890 **625** |
| $625^9$ | = | 14 551 915 228 366 851 806 640 **625** |
| $625^{10}$ | = | 9 094 947 017 729 282 379 150 390 **625** |
| ... | | |

表 8.3 625 的各个次方

具有这种性质的数只有两个，另外的一个是 376，具体如下表 8.4 所示。

| | | |
|---|---|---|
| $376^1$ | = | **376** |
| $376^2$ | = | 141 **376** |
| $376^3$ | = | 53 157 **376** |
| $376^4$ | = | 19 987 173 **376** |
| $376^5$ | = | 7 515 177 189 **376** |
| $376^6$ | = | 2 825 706 623 205 **376** |
| $376^7$ | = | 1 062 465 690 325 221 **376** |
| $376^8$ | = | 399 487 099 562 283 237 **376** |
| $376^9$ | = | 150 207 149 435 418 497 253 **376** |
| $376^{10}$ | = | 56 477 888 187 717 354 967 269 **376** |
| ... | | |

表 8.4 376 的各个次方

如果您想问，有没有两位的数字拥有这种性质？那么答案当然是"是的"，它们是 25 和 76。

数字奇观构成一个广阔天地。其中有些看起来似乎有点牵强，但从休闲的角度看，它们无论如何都还是挺有意思的。例如，如果我们随便取一个三位数，然后将它乘以一个由相同数字组成的五位数。接着，在得到乘法运算的结果之后，将结果后五位切下，与剩余的部分构成两个数字。那么，这两个数字的和将会是一个各位数字全部相同的数！好玩吧？下面是几个这样的例子：

$$237 \times 33\,333 = 7\,899\,921，得到 78 + 99\,921 = 99\,999；$$
$$357 \times 77\,777 = 27\,766\,389，得到 277 + 66\,389 = 66\,666；$$
$$789 \times 44\,444 = 35\,066\,316，得到 350 + 66\,316 = 66\,666；$$
$$159 \times 88\,888 = 14\,133\,192，得到 141 + 33\,192 = 33\,333。$$

这些迷人的数字奇观，尽管只是娱乐性的，但让我们可以展示数学之美，争取从来没有用这种视角看待数学的那些看客。为进一步吸引读者，我们下面还将介绍更多数字中有趣的事实。

## 8.10 阿姆斯特朗数

我们要继续曝光最为炫目的数字，于是就到了介绍那些通常被称为"阿姆斯特朗数"的数字的时候。这种数字也称为"自恋数"。在1966年时，迈克尔·阿姆斯特朗在讲授FORTRAN语言及通用计算课程中，偶然在学生的作业里发现这种数字，这是这种数字得名的原因。蒂姆·哈特内尔（1951—1991）是《澳大利亚人报》的记者，他在1988年2月23日的《澳大利亚人报》上介绍这种数字，并于同年4月19日在报纸上正式将它命名为"阿姆斯特朗数"，这种数字因此而广泛流传。阿姆斯特朗数的定义是这样的：对一个 $k$ 位数 $n$，如果它的各位数字的 $k$ 次方之和等于它自己，那么 $n$ 这个数就称为一个阿姆斯特朗数。例如，三位数153，它的各位数字的三次方和就恰好等于它自己。也就是说，$1^3 + 5^3 + 3^3 = 1 + 125 + 27 = 153$，即153是一个阿姆斯特朗数。

对九位数472 335 975，计算可知：$472\,335\,975 = 4^9 + 7^9 + 2^9 + 3^9 + 3^9 + 5^9 + 9^9 + 7^9 + 5^9$，因此，它也是一个阿姆斯特朗数。所有的阿姆斯特朗数我们都收录在本书的附录6中。在那里我们可以看到，对 $k = 2$、12、13、15、18、22、26、28、30、36，以及 $k > 39$，不存在 $k$ 位的阿姆斯特朗数。事实上阿姆斯特朗数总共只有89个，最大的一个共有39位数字，它等于其各位数字的39次方之和：

## 心中有数

$$1^{39} + 1^{39} + 5^{39} + 1^{39} + 3^{39} + 2^{39} + 2^{39} + 1^{39}$$
$$+ 9^{39} + 0^{39} + 1^{39} + 8^{39} + 7^{39} + 6^{39} + 3^{39} + 9^{39}$$
$$+ 9^{39} + 2^{39} + 5^{39} + 6^{39} + 5^{39} + 0^{39} + 9^{39} + 5^{39}$$
$$+ 5^{39} + 9^{39} + 7^{39} + 9^{39} + 7^{39} + 3^{39} + 9^{39} + 7^{39}$$
$$+ 1^{39} + 5^{39} + 2^{39} + 2^{39} + 4^{39} + 0^{39} + 1^{39}$$
$$= 115\,132\,219\,018\,763\,992\,565\,095\,597\,973\,971\,522\,401。$$

阿姆斯特朗数中有些是相继的自然数，以下是相继阿姆斯特朗数的列表：

$k=3$： 370，371；

$k=8$： 24 678 050，24 678 051；

$k=11$： 32 164 049 650，32 164 049 651；

$k=16$： 4 338 281 769 391 370， 4 338 281 769 391 371；

$k=25$： 3 706 907 995 955 475 988 644 380， 3 706 907 995 955 475 988 644 381；

$k=29$： 19 008 174 136 254 279 995 012 734 740，
19 008 174 136 254 279 995 012 734 741；

$k=33$： 186 709 961 001 538 790 100 634 132 976 990，
186 709 961 001 538 790 100 634 132 976 991；

$k=39$： 115 132 219 018 763 992 565 095 597 973 971 522 400，
115 132 219 018 763 992 565 095 597 973 971 522 401。

很凑巧，在这里介绍的第一个阿姆斯特朗数还有一个有趣的额外性质，它是一个三角形数，也就是说，

$$1 + 2 + 3 + 4 + \cdots + 15 + 16 + 17 = 153。$$

此外，153 不仅是它的各位数字的立方和，而且还是连续阶乘的和，即

$$1! + 2! + 3! + 4! + 5! = 153。$$

亲爱的读者，您是否还能找出这个无处不在的 153 的其他性质[①]？

---

① 译者提示：读者可以在网上搜索"数字黑洞"。

# 第 9 章

# 数字间的关系

## 9.1 美妙的数字关系

在观赏了不少展现出特殊性质的数字之后，现在我们来考虑数字间引人注意的关系。不少数与数之间存在着相当出人意料的关系。有的数对之间的关系使得人们称它们为"亲和数"或"朋友数"。有些数字关系则是三个数之间的关系，例如（3，4，5）是一组著名的"勾股数"。在本章中，我们将一起考察这些传统的数字间关系，还将进一步赏玩数字间关系之美意料之外的层面。

很难想象，两个数的乘积在这两个数逆序书写时结果会与原来一样，但是这样的数对确实存在。例如 $12 \times 42 = 504$，而将 12 和 42 分别逆序写成 21 和 24 时，两个数的乘积并没有改变：$21 \times 24 = 504$。这样的数对还有不止一个，例如 36 和 84，因为 $36 \times 84 = 3\,024 = 63 \times 48$。

现在，您可能会好奇，什么样的数对会出现这种情形呢？答案是，这样的数对总共只有 14 对，它们的完整列表如下：

$$12 \times 42 = 21 \times 24 = 504$$
$$12 \times 63 = 21 \times 36 = 756$$
$$12 \times 84 = 21 \times 48 = 1\,008$$
$$13 \times 62 = 31 \times 26 = 806$$
$$13 \times 93 = 31 \times 39 = 1\,209$$
$$14 \times 82 = 41 \times 28 = 1\,148$$
$$23 \times 64 = 32 \times 46 = 1\,472$$
$$23 \times 96 = 32 \times 69 = 2\,208$$
$$24 \times 63 = 42 \times 36 = 1\,512$$

## 心中有数

$$24 \times 84 = 42 \times 48 = 2\,016$$
$$26 \times 93 = 62 \times 39 = 2\,418$$
$$34 \times 86 = 43 \times 68 = 2\,924$$
$$36 \times 84 = 63 \times 48 = 3\,024$$
$$46 \times 96 = 64 \times 69 = 4\,416$$

仔细观察这14对数字可以发现，每对数的十位数字乘积都等于其个位数字的乘积，而这个特点可以用代数方法来证明。如果我们把两对数字依次记成 $z_1$、$z_2$、$z_3$ 和 $z_4$，那么，我们有如下等式：

$$z_1 \times z_2 = (10a+b) \times (10c+d) = 100ac + 10(ad+bc) + bd,$$
$$z_3 \times z_4 = (10b+a) \times (10d+c) = 100bd + 10(ad+bc) + ac。$$

这里，$a$、$b$、$c$、$d$ 表示从0到9之间的数字，而且 $a$ 和 $c$ 都不能等于0。如果 $z_1 \times z_2 = z_3 \times z_4$，那么从上面两个式子我们就得到：

$$100ac + 10(ad+bc) + bd = 100bd + 10(ad+bc) + ac,$$

因此，$100ac+bd=100bd+ac$，移项即得 $99ac=99bd$，所以，$a \times c = b \times d$ 确实是成立的。

数字本身表达出来的意思，很多时候比任何文字解说更加直截了当。这里，我们来看一组数字之间很不寻常的关系，眼睛的直接观赏远胜于文字的饶舌，请看——

$$1^1 + 6^1 + 8^1 = 15 = 2^1 + 4^1 + 9^1,$$
$$1^2 + 6^2 + 8^2 = 101 = 2^2 + 4^2 + 9^2;$$
$$1^1 + 5^1 + 8^1 + 12^1 = 26 = 2^1 + 3^1 + 10^1 + 11^1,$$
$$1^2 + 5^2 + 8^2 + 12^2 = 234 = 2^2 + 3^2 + 10^2 + 11^2,$$
$$1^3 + 5^3 + 8^3 + 12^3 = 2\,366 = 2^3 + 3^3 + 10^3 + 11^3;$$
$$1^1 + 5^1 + 8^1 + 12^1 + 18^1 + 19^1 = 63 = 2^1 + 3^1 + 9^1 + 13^1 + 16^1 + 20^1,$$
$$1^2 + 5^2 + 8^2 + 12^2 + 18^2 + 19^2 = 919 = 2^2 + 3^2 + 9^2 + 13^2 + 16^2 + 20^2,$$
$$1^3 + 5^3 + 8^3 + 12^3 + 18^3 + 19^3 = 15\,057 = 2^3 + 3^3 + 9^3 + 13^3 + 16^3 + 20^3,$$
$$1^4 + 5^4 + 8^4 + 12^4 + 18^4 + 19^4 = 206\,755 = 2^4 + 3^4 + 9^4 + 13^4 + 16^4 + 20^4。$$

第 9 章　数字间的关系

## 9.2　亲和数

　　什么会使得两个数字是"亲密的",或者说是"友好的"?是它们相互间的"亲密"关系表明了它们之间的"友情"。这种关系是用它们的"真因数"来定义的。对一个自然数 $n$,它的"真因数"就是除了 $n$ 自己之外,可以整除 $n$ 的自然数。例如,12 有 1、2、3、4 和 6 五个真因数,但 12 自己不算在真因数之列。回顾一下第 8 章 8.5 节,完全数的定义就与真因数紧密相关,完全数等于其所有真因数之和。回到"亲和数"的概念,我们说:两个数 $m$ 和 $n$,如果 $m$ 的所有真因数之和等于 $n$,而 $n$ 的所有真因数之和又等于 $m$,那么,我们就称 $m$ 和 $n$ 是一对亲和数,或友好数。也许,最容易理解这个定义的办法是举一个例子,我们来看看最小的一对亲和数:220 和 284。

- **220** 的所有真因数是:1、2、4、5、10、11、20、22、44、55、100。
- 这些数的和 1 + 2 + 4 + 5 + 10 + 11 + 20 + 22 + 44 + 55 + 110 = **284**,即 **220** 的所有真因数之和等于 **284**。
- **284** 的所有真因数是:1、2、4、71、142。
- 这些数的和 1 + 2 + 4 + 71 + 142 = **220**,即 **284** 的所有真因数之和等于 **220**。

　　这样,220 和 284 就是一对亲和数,早在公元前 500 年时,毕达哥拉斯就已经知道这对亲和数了。

　　第二对被发现的亲和数是 17 296 和 18 416,这个发现通常归功于法国数学家费马(1607—1665),不过有证据表明,摩洛哥数学家伊本·班纳(1256—1321?)早已预料到这个发现。

　　首先,17 296 的所有真因数之和是

$$1 + 2 + 4 + 8 + 16 + 23 + 46 + 47 + 92 + 94 + 184 + 188 + 368 + 376$$
$$+ 752 + 1\,081 + 2\,162 + 4\,324 + 8\,648 = 18\,416,$$

而 18 416 的所有真因数之和是

· 197 ·

**心中有数**

$$1+2+4+8+16+1\,151+2\,302+4\,604+9\,208=17\,296。$$

因此，它们确实也是一对亲和数。

法国数学家笛卡尔（1596—1650）发现了另一对亲和数：9 363 584 和 9 437 056。大约在公元 1747 年，瑞士数学家欧拉（1707—1783）发现了 60 对亲和数，但他似乎忽略了第二小的那对亲和数：1 184 和 1 210。这对亲和数直到 1866 年才被意大利 16 岁青年尼科洛·帕格尼尼所发现。不过，虽然同名，这位帕格尼尼并不是以《二十四首随想曲》著称的那位大音乐家。

回过头来说亲和数，1 184 的所有真因数之和是

$$1+2+4+8+16+32+37+74+148+296+592=1\,210，$$

而 1 210 的所有真因数之和则是

$$1+2+5+10+11+22+55+110+121+242+605=1\,184。$$

到 2016 年 4 月时，人们已经发现了超过 10 亿对亲和数，但至今仍然不知道亲和数是否有无穷多对。在本书的附录 7 收录了前 108 对亲和数，其中发现年份为 1747 年的全部都是欧拉的杰作。

对于想要寻找其他亲和数的读者，下面的方法也许是有帮助的。考虑三个数 $a$、$b$、$c$，它们具有如下形式：

$$a=3\times 2^n-1,\ b=3\times 2^{n-1}-1,\ c=3^2\times 2^{2n-1}-1,$$

其中，$n$ 是大于 1 的自然数。如果 $a$、$b$、$c$ 都是素数，那么，$2^n\times a\times b$ 和 $2^n\times c$ 就是一对亲和数。不过，满足条件的 $a$、$b$、$c$ 并不容易找，在 $n<200$ 的范围内，只有 $n=2$、4 和 7 使得它们同时为素数。

观察附录 7 中的亲和数对，我们发现，它们要么是一对奇数，要么是一对偶数。时至今日，人们仍然没有发现一奇一偶的亲和数对，也不知道这样的亲和数对是否存在。同时，人们也不知道是否存在没有公因数的亲和数对，但这些未解之谜也正是亲和数如此迷人的原因。

## 9.3 其他类型的亲和性

除了上一节的亲和数,数字间还有其他类型的亲和关系。例如,有一种亲和关系称为"有瑕亲和"——如果两个数的真因数之和不是等于双方,而是等于同一个数,那么这两个数就被称作一对"有瑕亲和数"。我们举几个例子,20 和 38 就是一对有瑕亲和数,因为 20 的真因数是 1、2、4、5、10,38 的真因数是 1、2、19,两者真因数之和都等于 22。同样,69 和 133 也是一对有瑕亲和数,它们的真因数和都等于 27。还有,读者可以自己验证,45 和 87 也是一对有瑕亲和数。

人们总是可以不断地寻找各种有趣的数字间关系,甚至是令人难以置信的关系。举个例子,6 205 和 3 869 被称为一对"结构性亲和数",它们之间的关系是这样的:

$$6\,205 = 38^2 + 69^2,\ 62^2 + 05^2 = 3\,869。$$

以上关系中,两个数都被分割成大小的相同的两部分,数对 5 965 和 7 706 之间也有相同的关系:

$$5\,965 = 77^2 + 06^2,\ 59^2 + 65^2 = 7\,706。$$

两个数之间还可以有更为奇特的亲和关系,244 和 136 这对数字就是这样,它们间的关联性是这样的:

$$244 = 1^2 + 3^2 + 6^2,\ 2^2 + 4^2 + 4^2 = 136。$$

只要有足够的想象力,读者们可以自己设想奇特而有趣的关系,然后利用自己的"休闲"时间,找出一些满足这种关系的数字对[①]。

## 9.4 勾股数及其性质

在中学数学中,日后在人们心中留下印象最深的,很可能是勾股定理,即 $a^2 + b^2 = c^2$ 这个公式。

---

[①] 例如 $1459 = 9^3 + 1^3 + 9^3$,$919 = 1^3 + 4^3 + 5^3 + 9^3$,因此 1459 与 919 之间存在一种亲和关系。更有趣的是,这两个数也与"数字黑洞"密切相关。

**心中有数**

有些成年人还会记得这个公式中的 $a$、$b$、$c$ 代表直角三角形的三条边,而中学里常用的三元数组 $(a, b, c)$ 则有 $(3, 4, 5)$、$(5, 12, 13)$ 以及 $(7, 24, 25)$。如果满足勾股定理的三元组中所有三个数字都是自然数,我们就称它是一组"勾股数"。也就是说,勾股数是一个数组 $(a, b, c)$,它满足如下的条件:

- 等式 $a^2 + b^2 = c^2$ 成立,
- 三个数字 $a$、$b$、$c$ 都是自然数。

勾股数在西方称为"毕达哥拉斯三元组",但它们在毕达哥拉斯的年代之前很久就已经为人类所知。图 9.1 的古巴比伦楔形符泥版里就有一大批勾股数,它们比毕达哥拉斯的时代早了千年以上。当然,如果您要独立地读懂它们,那就需要参考本书第 3 章关于楔形数字符号意义的部分。

图 9.1 普林顿 322 号泥版,年代约为公元前 1820—前 1762,现藏于美国哥伦比亚大学

## 第9章  数字间的关系

勾股数表现出相当独特的数字间关系。关于勾股数的性质，人们通常都会提出各种各样的问题，比如，总共存在多少组勾股数？勾股数都有些什么性质？是不是存在产生勾股数的公式，使得人们只要根据公式计算就可以得到勾股数，而不必检查它们是否满足勾股定理？我们下面将会回答这些问题，并且探索经常被提出的关于勾股数其他问题的答案。

如果一组勾股数之间的公因数等于1，我们就称它是一组"本原勾股数"。然而，非本原的勾股数当然是存在的，一组本原勾股数乘以一个倍数，所得到的就是一组非本原勾股数。例如，勾股数 (3，4，5) 各个数都乘以同一个自然数得到的数组也满足勾股定理，比方说，对 (6，8，10) 和 (15，20，25)，我们很容易验证

$$6^2 + 8^2 = 36 + 64 = 100 = 10^2，以及 15^2 + 20^2 = 225 + 400 = 625 = 25^2。$$

我们可以对 (3，4，5) 的倍数来证明"勾股数的倍数也是勾股数"这个性质。对一个正整数 $n$，(3，4，5) 的 $n$ 倍可以表示为 (3$n$，4$n$，5$n$)。我们要证明这组数满足勾股定理的公式 $a^2 + b^2 = c^2$。应用 $3^2 + 4^2 = 5^2$，我们有：

$$(3n)^2 + (4n)^2 = (3^2 + 4^2)n^2 = 5^2 n^2 = (5n)^2。$$

这就证明，(3$n$，4$n$，5$n$) 确实是一组勾股数。而这一事实告诉我们，(3，4，5) 的倍数这种形式的勾股数有无穷多组。

然而，知道了这种勾股数有无穷多组并不能让人满足，因为这些勾股数全部都是 (3，4，5) 的倍数，而我们知道还有不是 (3，4，5) 倍数的勾股数，比如 (5，12，13)、(8，15，17)，以及 (7，24，25)。图9.2画出了一些勾股数对应的直角三角形。很显然，人们更关心的是：本原勾股数总共有多少组？而大概正如您所料，本原勾股数有无穷多组。我们下面将考虑多种不同的方法，来进一步探索这个问题。而如果读者想要了解更多关于勾股定理的内容，可以参考 A. S. 波萨门蒂所著《毕达哥拉斯定理：其美丽与威力的故事》。

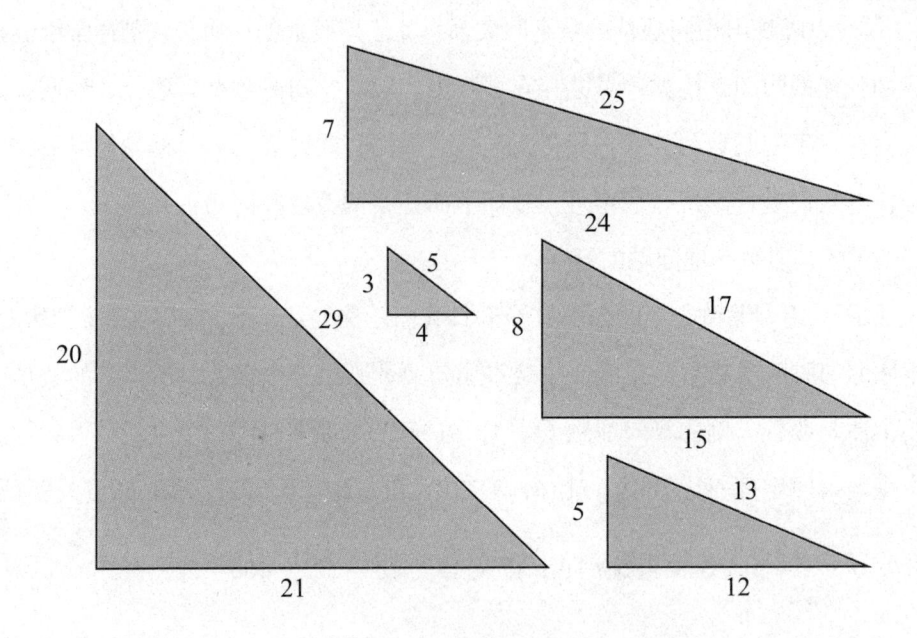

图 9.2 一些表示勾股数的直角三角形

## 9.5 寻找勾股数的菲波纳契法

我们在第 6 章 6.1 节介绍过菲波纳契，他可能是 13 世纪最有影响的数学家。在公元 1225 年，他出版了一本名为《平方之书》的著作，其中他展示了数字间的另一种关系。他写道：

> 我思考了所有完全平方数的来源问题，发现它们来自递增的奇数序列的和。一个单位本身就是一个平方，它是第一个平方，也就是 1。对这个单位加上 3，就构成了第二个平方，也就是 4，它的平方根是 2。接着再加上第三个奇数，即加上 5，那么我们就得到第三个平方，也就是 9，它的平方根是 3。总之，逐次加上后续的奇数，也就按顺序产生出了完全平方数。

实质上，菲波纳契是在叙述我们在第 4 章 4.4 节讨论过的关系，即前 $n$ 个奇数之和等于 $n^2$：

## 第9章 数字间的关系

$$1 + 3 + 5 + \cdots + (2n-1) = n^2。$$

把这个陈述画成图 9.3 的样子,则我们可以看到:从左下角的小方格出发,逐次增加奇数个小方格,所得的结果与上述代数式所描述的是一样的,它是代数表达式的几何呈现。

**25 = 5 × 5**

**1 + 3 + 5 + 7 + 9**

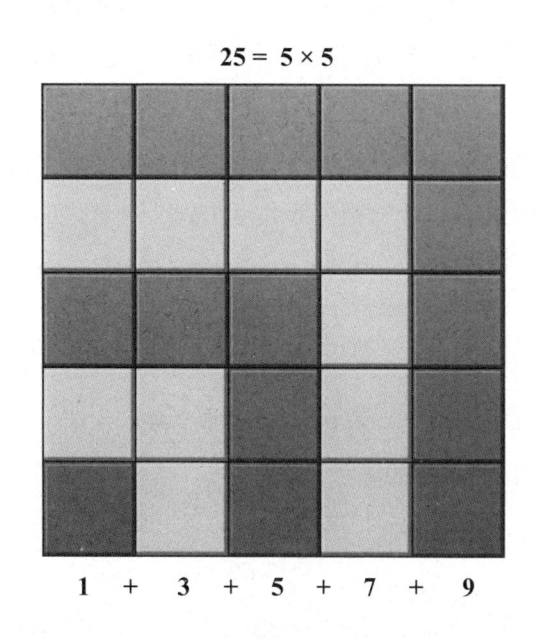

**图 9.3 连续奇数和与完全平方**

菲波纳契的年代比毕达哥拉斯迟了大约 1700 年,他当然了解勾股定理,因而也注意到勾股数。有趣的是,他用如下的方法来产生勾股数:

如图 9.3 所示,考虑前五个奇数的和,即 $1 + 3 + 5 + 7 + 9 = 5^2$。这里,最后一项是 9,它本身是一个完全平方数。因此,$(1 + 3 + 5 + 7) + 9 = 5^2$,而括号中的和等于 16,它是前四个奇数的和,所以也是一个完全平方数。于是,上述等式就可以写成 $16 + 9 = 25$,它出人意料地给出了本原勾股数 (3,4,5)。

为了让我们确信这种方法真的可以产生本原勾股数,我们再考虑一个结束于完全平方数的连续奇数和——我们来看看最后一个奇数是 25 的连续奇数和,这回,25 是第 13 个奇数,它也是完全平方数,是 5 的平方:

## 心中有数

$$(1 + 3 + 5 + 7 + \cdots + 21 + 23) + 25 = 169 = 13^2,$$

我们与前面一样,将括号中的奇数加起来。由于这个和式是前 12 个奇数之和,因此它等于 12 的平方,即 144。这样,我们就得到 144 + 25 = 169 或 $12^2 + 5^2 = 13^2$。这就给出了另一组勾股数,即 (5, 12, 13)。

总体而言,菲波纳契构造勾股数的做法可以这样来描述:选择任意大于 1 的奇数 $a$,由于每个奇数的平方都是奇数,因而 $a^2$ 是一个奇数。因此,存在某个自然数 $n$,使得 $a^2$ 可以写成 $a^2 = 2n + 1$ 的形式。举例来说,$a^2 = 9$ 是第五个奇数,相应的 $n = 4$。而 $a^2 = 25$ 则是第 13 个奇数,而相应的 $n = 12$。显而易见,$2n + 1$ 是第 $n + 1$ 个奇数,而前 $n + 1$ 个奇数之和是从 1 到 $2n + 1$ 之间所有奇数之和,它等于 $(n + 1)^2$:

$$1 + 3 + 5 + \cdots + (a^2 - 2) + a^2 = (n + 1)^2。$$

上式中的 $(a^2 - 2)$ 是第 $n + 1$ 个奇数 $a^2$ 之前的那个奇数,即第 $n$ 个奇数。因此,从 1 到这个数之间所有的奇数之和等于 $n^2$:

$$1 + 3 + 5 + \cdots + (a^2 - 2) = n^2。$$

这样,我们就得到:

$$n^2 + a^2 = (n + 1)^2。$$

总结起来,对任意的奇数 $a > 1$,将 $a^2$ 写成 $a^2 = 2n + 1$,则 $(a, n, n + 1)$ 就是一组勾股数。神奇的是,由于 $n$ 与 $n + 1$ 的公因数是 1,所以 $(a, n, n + 1)$ 是一组本原勾股数。从等式 $a^2 = 2n + 1$ 我们可以得到:$n = \dfrac{a^2 - 1}{2}$,以及 $n+1 = \dfrac{a^2 + 1}{2}$。这就是说,用菲波纳契的方法,对每个 $a = 3, 5, 7, \cdots$ 都可以确定出一组本原勾股数 $(a, b = \dfrac{a^2 - 1}{2}, c = \dfrac{a^2 + 1}{2})$。由于奇数有无穷多个,我们因而得到结论:本原勾股数有无穷多组,这种本原勾股数的前一小部分可以参见表 9.1。

将表 9.1 中的第 $k$ 组勾股数记为 $(a_k, b_k, c_k)$,则 $a_k = 2k + 1$,而

## 第 9 章　数字间的关系

$$b_k = \frac{a_k^2 - 1}{2} = \frac{(2k+1)^2 - 1}{2} = \frac{4k^2 + 4k + 1 - 1}{2} = 2k(k+1)。$$

因此，菲波纳契的结果意味着，对任何自然数 $k$，

$$(a_k, b_k, c_k) = (2k+1, 2k(k+1), 2k(k+1)+1)$$

都是一组勾股数。

在第 4 章 4.5 节中，我们知道第 $k$ 个三角形数 $T_k = \frac{k(k+1)}{2}$，因此我们发现，$b_k = 4T_k$。三角形数序列是 1，3，6，10，15，21，28，36，…表 9.1 中的 $b_k$ 值正好是这些三角形数的四倍。这样，菲波纳契勾股数也可以写成 $(2k+1, 4T_k, 4T_k+1)$。

| $k$ | $a_k$ | $b_k = \dfrac{a_k^2 - 1}{2}$ | $c_k = \dfrac{a_k^2 + 1}{2}$ |
| --- | --- | --- | --- |
| 1 | 3 | 4 | 5 |
| 2 | 5 | 12 | 13 |
| 3 | 7 | 24 | 25 |
| 4 | 9 | 40 | 41 |
| 5 | 11 | 60 | 61 |
| 6 | 13 | 84 | 85 |
| 7 | 15 | 112 | 113 |
| 8 | 17 | 144 | 145 |
| 9 | 19 | 180 | 181 |
| 10 | 21 | 220 | 221 |
| 11 | 23 | 264 | 265 |
| 12 | 25 | 312 | 313 |

表 9.1　菲波纳契本原勾股数

我们在图 9.4 中画出了表 9.1 中前八组菲波纳契勾股数对应的直角三角形。由于斜边与长直角边之间的长度之差仅仅为 1，这些直角三角形的形状显得相当瘦长。

心中有数

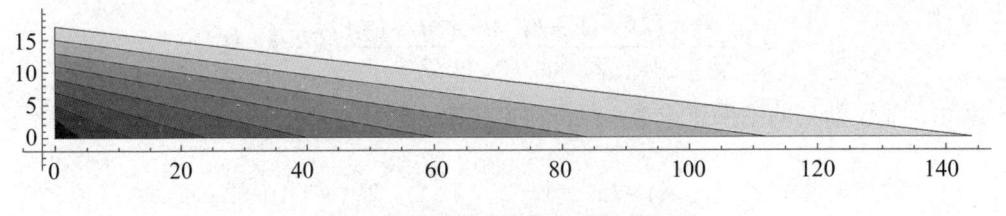

图 9.4　表 9.1 中勾股数对应的三角形

## 9.6 施蒂费尔产生本原勾股数的方法

德国修士迈克尔·施蒂费尔（1487—1567）也是一位数学家，他发现了下述产生勾股数的方法。首先，他创建了如下的带分数序列：

$$1+\frac{1}{3},\ 2+\frac{2}{5},\ 3+\frac{3}{7},\ 4+\frac{4}{9},\ 5+\frac{5}{11},\ 6+\frac{6}{13},\ 7+\frac{7}{15},\ \cdots$$

这个序列很容易记忆，它的整数部分和分数部分的分子是按顺序递增的自然数，而分数部分的分母则是从 3 开始依次递增的奇数。换句话说，序列第 $n$ 项的整数部分以及分数部分的分子都等于 $n$，而分数部分的分母则等于 $2n+1$。

接着，将序列中的每个带分数都改写成假分数，然后分数的分子和分母就是一组勾股数中的前两个。例如，我们取序列中的第六项，$6+\frac{6}{13}=\frac{84}{13}$，那么就存在一组形如 (13，84，$c$) 的勾股数。据勾股定理，$c^2 = 13^2 + 84^2 = 169+7\,056 = 7\,225$，而 7 225 的平方根等于 85。因此，这组勾股数就是 (13，84，85)。

这粗看起来像是魔术，但事实上它很容易解释：施蒂费尔序列的第 $n$ 项可以写成

$$n+\frac{n}{2n+1}=\frac{n(2n+1)+n}{2n+1}=\frac{2n(n+1)}{2n+1},\ n=1,\ 2,\ 3,\ \cdots$$

在上一小节末尾，我们从菲波纳契方法所得的勾股数是 $a_n = 2n+1$，$b_n = 2n(n+1)$，$c_n = b_n + 1$。两相比较，施蒂费尔的假分数无非就是菲波纳契勾股数中前两个数的除式，即

$$n+\frac{n}{2n+1}=\frac{b_n}{a_n}。$$

这说明，施蒂费尔与菲波纳契的做法事实上是殊途同归。

## 9.7 欧几里得寻找勾股数的方法

接下来的问题是：我们怎么样才能更简便地得到勾股数？更重要地，我们怎么样才能得到所有的勾股数？或者说，有没有什么公式可以给出所有的勾股数？古希腊数学家欧几里得给出了一个这样的公式。他指出，对任意正整数 $m$ 和 $n$，假设 $m > n$，则下列公式

$$a = m^2 - n^2, \quad b = 2mn, \quad c = m^2 + n^2,$$

所得到的 $a$、$b$、$c$ 就满足 $a^2 + b^2 = c^2$，即 $(a, b, c)$ 是一组勾股数。这是很容易验证的——将 $a$、$b$、$c$ 各自平方，即有

$$a^2 = (m^2 - n^2)^2 = m^4 - 2m^2n^2 + n^4,$$
$$b^2 = (2mn)^2 = 4m^2n^2,$$
$$c^2 = (m^2 + n^2)^2 = m^4 + 2m^2n^2 + n^4。$$

前两个式子相加，得

$$a^2 + b^2 = m^4 - 2m^2n^2 + n^4 + 4m^2n^2 = m^4 + 2m^2n^2 + n^4,$$

结果恰好等于 $c^2$。

从欧几里得的公式出发去探讨勾股数的性质，我们可以得到更深刻的认识。

当我们将表9.2中 $m$ 和 $n$ 的值代入公式，从而得到勾股数时，我们会注意到什么情况下我们得到的是本原勾股数——即三个数的最大公因数等于1的情形，并且发现一些其他的规律。

观察表9.2，我们会得到这样的猜测：欧几里得公式 $a = m^2 - n^2$，$b = 2mn$，$c = m^2 + n^2$ 仅当 $m$ 和 $n$ 互素并且 $m > n$ 时产生本原勾股数，此时 $m$ 和 $n$ 必定是一奇一偶。这个猜测确实是正确的，而且还不难证明。

我们甚至可以证明，所有的本原勾股数都可以由欧几里得的公式得到，也就是说：

**心中有数**

- 每一组本原勾股数都可以写成

$$(m^2-n^2,\ 2mn,\ m^2+n^2),$$

其中的自然数 $m$ 和 $n$ 由这组勾股数唯一确定,并且 $m$ 和 $n$ 互素,$m>n$,$m-n$ 为奇数。

| $m$ | $n$ | $m^2-n^2$ | $2mn$ | $m^2+n^2$ | 勾股数 | 是否本原 |
|---|---|---|---|---|---|---|
| 2 | 1 | 3 | 4 | 5 | (3, 4, 5) | 是 |
| 3 | 1 | 8 | 6 | 10 | (8, 6, 10) | 否 |
| 3 | 2 | 5 | 12 | 13 | (5, 12, 13) | 是 |
| 4 | 1 | 15 | 8 | 17 | (15, 8, 17) | 是 |
| 4 | 2 | 12 | 16 | 20 | (12, 16, 20) | 否 |
| 4 | 3 | 7 | 24 | 25 | (7, 24, 25) | 是 |
| 5 | 1 | 24 | 10 | 26 | (24, 10, 26) | 否 |
| 5 | 2 | 21 | 20 | 29 | (21, 20, 29) | 是 |
| 5 | 3 | 16 | 30 | 34 | (16, 30, 34) | 否 |
| 5 | 4 | 9 | 40 | 41 | (9, 40, 41) | 是 |
| 6 | 1 | 35 | 12 | 37 | (35, 12, 37) | 是 |
| 6 | 2 | 32 | 24 | 40 | (32, 24, 40) | 否 |
| 6 | 3 | 27 | 36 | 45 | (27, 36, 45) | 否 |
| 6 | 4 | 20 | 48 | 52 | (20, 48, 52) | 否 |
| 6 | 5 | 11 | 60 | 61 | (11, 60, 61) | 是 |
| 7 | 1 | 48 | 14 | 50 | (48, 14, 50) | 否 |
| 7 | 2 | 45 | 28 | 53 | (45, 28, 53) | 是 |
| 7 | 3 | 40 | 42 | 58 | (40, 42, 58) | 否 |
| 7 | 4 | 33 | 56 | 65 | (33, 56, 65) | 是 |
| 7 | 5 | 24 | 70 | 74 | (24, 70, 74) | 否 |
| 7 | 6 | 13 | 84 | 85 | (13, 84, 85) | 是 |
| 8 | 1 | 63 | 16 | 65 | (63, 16, 65) | 是 |
| 8 | 2 | 60 | 32 | 68 | (60, 32, 68) | 否 |
| 8 | 3 | 55 | 48 | 73 | (55, 48, 73) | 是 |
| 8 | 4 | 48 | 64 | 80 | (48, 64, 80) | 否 |
| 8 | 5 | 39 | 80 | 89 | (39, 80, 89) | 是 |
| 8 | 6 | 28 | 96 | 100 | (28, 96, 100) | 否 |
| 8 | 7 | 15 | 112 | 113 | (15, 112, 113) | 是 |

表 9.2 用欧几里得的公式产生勾股数

## 第9章 数字间的关系

欧几里得的公式有一种相当漂亮的几何解释,它给我们提供了公式的一种优美证明的概貌。我们将勾股定理写成 $c^2 = b^2 + a^2$,将它除以 $c^2$,则得到

$$\frac{b^2}{c^2} + \frac{a^2}{c^2} = 1,\text{ 或 } x^2 + y^2 = 1,\text{ 其中 } x = \frac{b}{c},\ y = \frac{a}{c}。$$

因此,$(x, y)$ 可以解读成单位圆上一个点的坐标。由于 $a$、$b$、$c$ 都是自然数,因此 $x$ 和 $y$ 都是有理数。图9.5画出一个三角形,它与 $a$、$b$、$c$ 为边的直角三角形相似,但一个顶点 $P$ 处在半径等于1的圆周上,即它的斜边边长等于1。

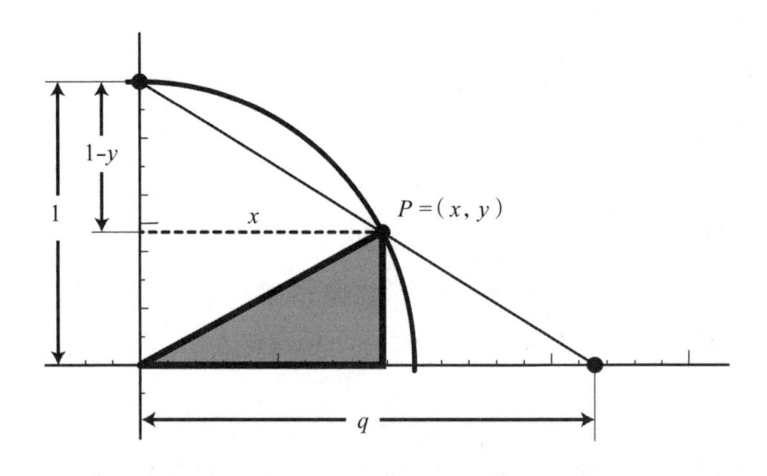

**图9.5 将勾股数三角形按比例缩小**

考察图9.5的结构,单位圆上点 $P$ 的坐标为 $(x, y)$,满足 $x^2 + y^2 = 1$。从 $(0, 1)$ 点过 $P$ 画一条直线,将它与水平坐标轴的交点记为 $(q, 0)$。由于这个交点在圆的外面,因而 $q > 1$。很显然,$P$ 点的位置唯一地确定着 $q$ 的数值。应用简单的几何与代数知识,从图9.5我们可以推出由给定的 $x$ 和 $y$ 确定 $q$ 的公式,以及由给定的 $q$ 计算 $x$ 和 $y$ 的公式。感兴趣的读者可以自行填补推导的细节,我们在这里只给出公式:

$$q = \frac{x}{1-y},\ x = \frac{2q}{q^2+1},\ y = \frac{q^2-1}{q^2+1}。$$

从这些公式我们可以知道,只要 $q$ 是有理数,则 $x$ 和 $y$ 也都是有理数。因此,

**心中有数**

只要 $q$ 是大于 1 的有理数，也就是说，当 $q=\dfrac{m}{n}$，而 $m$ 和 $n$ 都是自然数，并且 $m>n$ 时，$x$ 和 $y$ 就对应着一组勾股数。将 $q$ 的这个分数表达式代入 $x$ 和 $y$ 的公式，我们得到如下结果：

$$x=\frac{2q}{q^2+1}=\frac{2\dfrac{m}{n}}{\left(\dfrac{m}{n}\right)^2+1}=\frac{2mn}{m^2+n^2}, \quad y=\frac{q^2-1}{q^2+1}=\frac{\left(\dfrac{m}{n}\right)^2-1}{\left(\dfrac{m}{n}\right)^2+1}=\frac{m^2-n^2}{m^2+n^2}。$$

于是我们得到：任何一个大于 1 的有理数 $q=\dfrac{m}{n}$ 都唯一地确定一组勾股数（$a=m^2-n^2$，$b=2mn$，$c=m^2+n^2$）。反过来也一样，任何一组勾股数，都由图 9.5 的图形确定唯一的一个有理数。而这最终导出这样的结论：每一组勾股数都可以用欧几里得公式表示。

图 9.6 展示了一些边长为勾股数的直角三角形，它们的三边都是 $a=m^2-n^2$，$b=2mn$，和 $c=m^2+n^2$ 的形式，直角上的顶点则位于 $(m, n)$ 处。表 9.2 所列的勾股数都在其中，但三角形在图中被按比例缩小到斜边等于 1 的大小，其中黑色的是本原三角形。

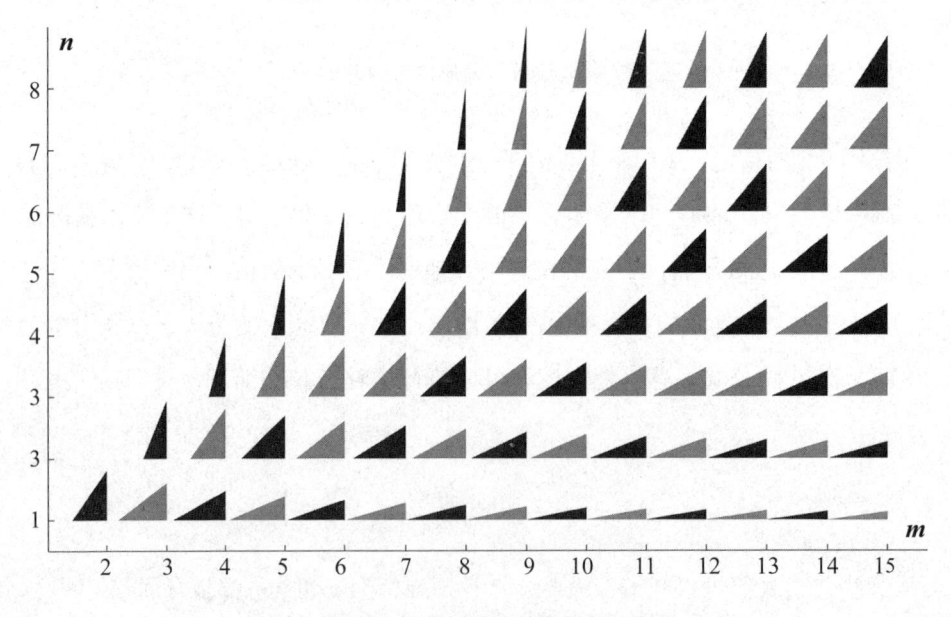

**图 9.6　按比例缩小的勾股数三角形**

## 9.8 勾股数初探

有了欧几里得公式，我们就可以用它来探寻勾股数中存在的很多关系。例如，当我们考察确定本原勾股数的 $m$ 和 $n$ 时，对 $n=1$ 的情形，即对应于图 9.6 中底下的那行三角形的情形，我们注意到，如表 9.3 所示，它们的斜边与某条直角边的差等于 2。

从代数的角度看这倒不难证明。考虑勾股数的表示公式，即 $a=m^2-n^2$，$b=2mn$，以及 $c=m^2+n^2$，显然 $c-a=(m^2+n^2)-(m^2-n^2)=2n^2$，因此当 $n=1$ 的时候，这个差就等于 2，具体的例子可以参见表 9.3。

| $m$ | $n$ | $a=m^2-n^2$ | $b=2mn$ | $c=m^2+n^2$ | 勾股数组 |
| --- | --- | --- | --- | --- | --- |
| 2 | 1 | 3 | 4 | 5 | （3，4，5） |
| 4 | 1 | 15 | 8 | 17 | （8，15，17） |
| 6 | 1 | 35 | 12 | 37 | （12，35，37） |
| 8 | 1 | 63 | 16 | 65 | （16，63，65） |
| 14 | 1 | 195 | 28 | 197 | （28，195，197） |
| 18 | 1 | 323 | 36 | 325 | （36，323，325） |
| 22 | 1 | 483 | 44 | 485 | （44，483，485） |

表 9.3 一些 $n=1$ 时的勾股数

## 9.9 含有相继自然数的勾股数

表 9.1 中的勾股数是用菲波纳契的方法求得的，它们有一个特殊的性质：$c=b+1$。对应于欧几里得公式，相应的 $m$ 和 $n$ 取什么值呢？观察表 9.2 中的勾股数，可以发现只要 $m-n=1$，就有 $c-b=1$。这用代数方法也非常容易证明，事实上

$$c-b=(m^2+n^2)-2mn=(m-n)^2,$$

## 心中有数

因此 $c-b=1$ 恰好对应于 $(m-n)^2=1$。也就是说，$c-b=1$ 等价于 $m-n=1$ 或 $m-n=-1$。但 $m>n$ 是欧几里得公式预设的条件，因此 $m-n=-1$ 是不可能的，这就证明，所有满足 $c-b=1$ 关系的勾股数都有 $m-n=1$。

我们可以提出这样的问题：除了菲波纳契公式产生的勾股数之外，是否还有满足 $c-b=1$ 关系的勾股数？由于我们已经知道欧几里得公式能够表示所有的勾股数，所以我们应用它来解决这个问题。由 $c-b=1$ 这个条件，我们知道 $m$ 和 $n$ 必然满足 $m-n=1$。将 $m=n+1$ 代入欧几里得公式，则有

$$a = m^2 - n^2 = (n+1)^2 - n^2 = 2n+1,$$
$$b = 2mn = 2(n+1)n$$
$$c = m^2 + n^2 = (n+1)^2 + n^2 = 2n^2 + 2n + 1 = b+1。$$

这三个等式恰好与本章第5节中菲波纳契构建勾股数所用的公式完全相同。因此，菲波纳契方法已经给出了所有具有 $c-b=1$ 这种性质的勾股数。

当我们进一步考察表9.1中的勾股数时，我们发现不仅有 $c-b=1$ 成立，而且还有 $a^2=b+c$ 这样确实引人注目的关系。例如，对表9.1中的勾股数 (7, 24, 25)，不仅 $25=24+1$ 成立，而且还有 $7^2=24+25=49$。我们再次发现，代数的方法很容易解决问题！由菲波纳契的公式，$a=2n+1$，$b=2(n+1)n$，$c=b+1$，因此

$$a^2 = (2n+1)^2 = 4n^2 + 4n + 1 = 4n(n+1)+1$$
$$= 2n(n+1)+(2n(n+1)+1) = b+c。$$

表9.1中蕴藏着许多规律，我们考察其中数字间关系的同时，也应该考察它的 $b$ 项，即 4, 12, 24, 40, 60, 84, ⋯ 这个序列——它们恰好出现在下面这系列美妙等式中的特殊位置：

$$3^2+[4^2]=5^2$$
$$10^2+11^2+[12^2]=13^2+14^2$$
$$21^2+22^2+23^2+[24^2]=25^2+26^2+27^2$$
$$36^2+37^2+38^2+39^2+[40^2]=41^2+42^2+43^2+44^2$$
$$55^2+56^2+57^2+58^2+59^2+[60^2]=61^2+62^2+63^2+64^2+65^2$$

## 第9章 数字间的关系

在勾股数中寻找特殊模式是一件很有意思的事。例如，勾股数中有多少是连续三个自然数？因为 (3，4，5) 是众所周知的，所以很多人都会想到这个问题。为寻找这样的勾股数，我们将 $a = b-1$、$b$、$c = b+1$ 代入勾股定理，得到：

$$(b-1)^2 + b^2 = (b+1)^2,$$
$$b^2 - 2b + 1 + b^2 = b^2 + 2b + 1,$$
$$b^2 = 4b,$$

因此，$b = 4$，所以由三个连续自然数构成的勾股数只有一组，即大家所熟知的 (3，4，5)。

然而，有很多勾股数中包含有相继的两个自然数，后两个是相继自然数的我们已经知道，它们由菲波纳契公式给出。而前两个是相继自然数的勾股数也是存在的，表 9.4 中列出了一些这样的勾股数。

| $n$ | $a_n$ | $b_n = a_n + 1$ | $c_n$ |
| --- | --- | --- | --- |
| 1 | 3 | 4 | 5 |
| 2 | 20 | 21 | 29 |
| 3 | 119 | 120 | 169 |
| 4 | 696 | 697 | 985 |
| 5 | 4 059 | 4 060 | 5 741 |
| 6 | 23 660 | 23 661 | 33 461 |
| 7 | 137 903 | 137 904 | 195 025 |
| 8 | 803 760 | 803 761 | 1 113 689 |
| 9 | 4 684 659 | 4 684 660 | 6 625 109 |
| 10 | 27 304 196 | 27 304 197 | 38 613 965 |

表 9.4 勾股为相继自然数的勾股数

有些规律并非一目了然，但如果努力寻找，我们也可以发现它们——这在数学中是经常的事。然而，表 9.4 中勾股数的公式与我们前面讨论的那些相比颇有不同之处。前两个数为相继自然数的勾股数可以这样来构建：首先，令 $a_1 = 3$、

心中有数

$a_2 = 20$，其后，表 9.4 中的第三个 $a$ 可以这样计算出来：$a_3 = 6a_2 - a_1 + 2 = 120 - 3 + 2 = 119$。一般地，从 $n = 3$ 开始，表 9.4 中的 $a$ 值计算公式是：

$$a_n = 6a_{n-1} - a_{n-2} + 2。$$

对所得到的 $a_n$，加上 1 就可以得到 $b_n$。而由勾股定理，$c_n^2 = a_n^2 + b_n^2$，因而 $c_n$ 随之也可以计算出来。

## 9.10 勾股数的其他奇妙性质

我们下面将列举一些勾股数之间的奇妙关系。事实上，勾股数的三个数字之间存在着数不尽的关系，这再一次证明；数字间关系将进一步提升我们对数学美的欣赏。

勾股数奇妙性质之一

我们从本原勾股数开始。假设 $(a，b，c)$ 是一组本原勾股数，将它们代入表 9.5 中的三组公式，则神奇的事情就出现了——三组公式各自给出一组新的本原勾股数 $(x，y，z)$：

|  | $x$ | $y$ | $z$ |
| --- | --- | --- | --- |
| 公式一 | $a - 2b + 2c$ | $2a - b + 2c$ | $2a - 2b + 3c$ |
| 公式二 | $a + 2b + 2c$ | $2a + b + 2c$ | $2a + 2b + 3c$ |
| 公式三 | $-a + 2b + 2c$ | $-2a + b + 2c$ | $-2a + 2b + 3c$ |

表 9.5　产生新本原勾股数的公式

我们举个例子作为说明。比方说，我们取本原勾股数 $(5，12，13)$，将它的 $a$、$b$、$c$ 代入表 9.5 中的三组公式，据表 9.6 所示的计算细节，我们得到 $(7，24，25)$、$(55，48，73)$、$(45，28，53)$ 这三组数字，它们是三组新的本原勾股数。

## 第9章 数字间的关系

|  | $x$ | $y$ | $z$ |
|---|---|---|---|
| 公式一 | 5−2×12+2×13=7 | 2×5−12+2×13=24 | 2×5−2×12+3×13=25 |
| 公式二 | 5+2×12+2×13=55 | 2×5+12+2×13=48 | 2×5+2×12+3×13=73 |
| 公式三 | −5+2×12+2×13=45 | −2×5+12+2×13=28 | −2×5+2×12+3×13=53 |

表 9.6 计算细节

从任意的本原勾股数出发，应用上述三组公式都会得到三组新的本原勾股数。事实上，从 (3，4，5) 出发，反复应用这种公式可以构造出所有的本原勾股数，并且每一组本原勾股数恰好出现一次。例如，从 (3，4，5) 出发，反复应用表 9.5 中的第二个公式，将得到表 9.4 中所有的勾股数。

### 勾股数奇妙性质之二

我们一起来回忆一下第 6 章 6.1 节讲到的菲波纳契数列 $F_n$，它的前几项是：1，1，2，3，5，8，13，⋯从本书附录 1 中的菲波纳契数列表中，随便挑选连续的四个数 $F_{k-1}$、$F_k$、$F_{k+1}$、$F_{k+2}$，前后两个数相乘为 $F_{k-1} \times F_{k+2}$，中间两数相乘的两倍为 $2 \times F_k \times F_{k+1}$，则它们构成一组勾股数的前两个数，而第三个数则是中间两数的平方和 $F_k^2 + F_{k+1}^2$。有意思的是，最后这个数本身也是菲波纳契数，它等于 $F_{2k+1}$。

换句话说，对任何 $k > 1$，三元组

$$(F_{k-1} \times F_{k+2},\ 2 \times F_k \times F_{k+1},\ F_{2k+1})$$

都是一组勾股数。

我们举个例子，对 $k = 2$，我们有

$$F_1 \times F_4 = 1 \times 3 = 3,\ 2 \times F_2 \times F_3 = 2 \times 1 \times 2 = 4,\ F_5 = 5,$$

计算结果正是 (3，4，5) 这组闻名遐迩的勾股数。再如对 $k = 10$，从附录 1 中查得相应的菲波纳契数 $F_9$、$F_{10}$、$F_{11}$、$F_{12}$ 以及 $F_{21}$，我们不难得到

$$F_9 \times F_{12} = 34 \times 144 = 4\,896,\ 2 \times F_{10} \times F_{11} = 2 \times 55 \times 89 = 9\,790,\ F_{21} = 10\,946。$$

心中有数

验算可知，$4896^2 + 9790^2 = 10946^2$，可见它们确实是一组勾股数。

这个奇妙的性质源自菲波纳契数之间的如下关系：

$$F_{k+1}^2 + F_k^2 = F_{2k+1}, \quad F_{k+1}^2 - F_k^2 = F_{k-1} \times F_{k+2}。$$

对欧几里得的勾股数公式，将 $m = F_{k+1}$，$n = F_k$ 代入，则

$$(m^2 - n^2, \ 2mn, \ m^2 + n^2) = (F_{k+1}^2 - F_k^2, \ 2 \times F_k \times F_{k+1}, \ F_{k+1}^2 + F_k^2)$$

据上述菲波纳契数之间的关系，立即可以得出：

$$(F_{k-1} \times F_{k+2}, \ 2 \times F_k \times F_{k+1}, \ F_{2k+1})$$

确实是一组勾股数。

## 勾股数奇妙性质之三

浏览一下勾股数的列表，我们很快就会确信：每一组勾股数前两个数的乘积都是 12 的倍数。这样，我们就有如下结论：

- 勾股数中较小的两个数 $a$、$b$ 的乘积 $a \times b$ 总是 12 的倍数。

此外，我们还会发现，一组勾股数中总会有一个是 5 的倍数，因此，我们又得到结论：

- 一组勾股数的乘积 $a \times b \times c$ 总是 60 的倍数。

还有一个没有得到回答的问题：本原勾股数与非本原勾股数都算在内，有没有两组勾股数的乘积恰好相等？

以 $a$、$b$ 为直角边的直角三角形的面积是 $\dfrac{a \times b}{2}$，如果 $a$ 和 $b$ 是某一组勾股数中的前两个数，那么这个面积就是 6 的倍数。(693, 1924, 2045) 是一组特别的勾股数，它的面积恰巧是 666 666。懂得数字命理学的读者会把它看作是 666 这个数的重复，而 666 在基督教《新约》的《启示录》里是"野兽之数"。当然，勾股数中的有些奇特之处其实没有特殊的涵义，只不过是让人眉头一展的不寻常数字而已。

## 第9章 数字间的关系

**勾股数奇妙性质之四**

法国数学家费马在1643年提出了一个问题,并且后来自己找到了解答。当时,他试图寻找这样的勾股数:其前两个数之和是完全平方数,而第三个数本身就是完全平方数。用代数符号来表达,费马要寻找的勾股数 $(a, b, c)$ 满足 $a+b = p^2$ 和 $c = q^2$ 两个条件,其中的 $p$ 和 $q$ 都是自然数。他找到了一组这样的勾股数:(4 565 486 027 761,1 061 652 293 520,4 687 298 610 289)。这组勾股数的前两个数和等于 5 627 138 321 281,它是 2 372 159 的平方。而第三个数,即 4 687 298 610 289,则是 2 165 017 的平方。除了发现这组勾股数之外,费马还证明:这是满足上述条件的勾股数中最小的一组!我们很难想象:下一组这种勾股数该有多大?

**勾股数奇妙性质之五**

应用菲波纳契的公式

$$a = 2n + 1, \ b = 2n(n+1), \ c = 2n(n+1) + 1,$$

我们可以炮制出一族相当不寻常的勾股数,如表9.7所示:

| $n$ | $a = 2n + 1$ | $b = 2n(n+1)$ | $c = 2n(n+1) + 1$ |
|---|---|---|---|
| 10 | 21 | 220 | 221 |
| $10^2$ | 201 | 20 200 | 20 201 |
| $10^3$ | 2 001 | 2 002 000 | 2 002 001 |
| $10^4$ | 20 001 | 200 020 000 | 200 020 001 |
| $10^5$ | 200 001 | 20 000 200 000 | 20 000 200 001 |
| $10^6$ | 2 000 001 | 2 000 002 000 000 | 2 000 002 000 001 |

表9.7 一族不寻常的勾股数

**心中有数**

还是使用菲波纳契公式，如果在表9.7中，我们改而用20或40等数的次方来构造勾股数，那将会得到相当惊人的结果。比方说对 $n=20$，我们得到 $41^2 + 840^2 = 841^2$，对 $n=200$，则得到 $401^2 + 80\,400^2 = 80\,401^2$。读者们可以自己尝试，看看还能发现些什么有趣的现象。

*勾股数奇妙性质之六*

我们已经知道本原勾股数有无穷多组，而本原勾股数中，第三个数是完全平方数的也有无穷多组。这一事实的证明并不困难：

选择两个互素的自然数 $x$ 和 $y$，要求它们满足 $x > y$，并且是一奇一偶，那么，由

$$m = x^2 - y^2, \quad n = 2xy, \quad h = x^2 + y^2$$

所给出的是一组本原勾股数。从这组勾股数出发，我们可以用欧几里得公式来构造一组新的勾股数，由于 $(m, n, h)$ 是本原勾股数，所以 $m$ 与 $n$ 互素，因而构造出的新勾股数也是本原的。此外，无论 $m$ 与 $n$ 哪个更大，我们总有

$$c = m^2 + n^2 = (x^2 - y^2)^2 + (2xy)^2$$
$$= x^4 - 2x^2 y^2 + y^4 + 4x^2 y^2 = (x^2 + y^2)^2。$$

这证明，如果采用一组勾股数的前两个数，应用欧几里得公式来构造新勾股数的话，新勾股数中的第三个数必定是完全平方数。

例如，$(8, 15, 17)$ 是一组本原勾股数，用上述方法构造新的勾股数，即有

$$a = 15^2 - 8^2 = 161, \quad b = 2 \times 15 \times 8 = 240, \quad c = 15^2 + 8^2 = 289。$$

我们得到的 $(161, 240, 289)$ 是一组本原勾股数，而且289等于17的平方，是完全平方数。

*勾股数奇妙性质之七*

相似地我们还可以证明：存在无穷多组本原勾股数，使得其前两个数中有一个是完全平方数。例如，其中奇数是完全平方的有 $(9, 40, 41)$，偶数是完全平方

第 9 章　数字间的关系

的有 (16，63，65)。这种情形的勾股数有无穷多，然而费马证明，不存在前两个数同时是完全平方的勾股数。表 9.8 列出了一些有趣的勾股数，一列勾股数中最小的数是完全平方数，另一列勾股数中最小的数则是完全立方数。

| $n$ | 最小数为完全平方的勾股数 | 最小数为完全立方的勾股数 |
| --- | --- | --- |
| 3 | （9，40，41） | （27，364，365） |
| 4 | （16，63，65） | （64，1 023，1 025） |
| 5 | （25，312，313） | （125，7 812，7 813） |
| 6 | （36，77，85） | （216，713，745） |
| 6 |  | （216，11 663，11 665） |
| 7 | （49，1 200，1 201） | （343，58 824，58 825） |
| 8 | （64，1 023，1 025） | （512，65 535，65 537） |
| 9 | （81，3 280，3 181） | （729，265 720，265 721） |
| 10 | （100，621，629） | （1 000，15 609，16 641） |
| 10 |  | （1 000，249 999，250 001） |
| 11 | （121，7 320，7 321） | （1 331，885 780，885 781） |

表 9.8　最小数为完全平方与完全立方的勾股数

**勾股数奇妙性质之八**

所有的勾股数 $(a, b, c)$ 都还有这样一个性质：

$$\frac{(c-a)(c-b)}{2}$$

永远都是完全平方数。

以勾股数 $(7, 24, 25)$ 为例：$\frac{(c-a)(c-b)}{2} = \frac{(25-7)(25-24)}{2} = 9$，是一个完全平方数。但反过来则未必正确，例如 $(6, 12, 18)$ 满足 $\frac{(c-a)(c-b)}{2}$ 为完全平

## 心中有数

方的条件，却不是一组勾股数。这条性质也是容易证明的，因为按欧几里得公式，$a = m^2 - n^2$，$b = 2mn$，而 $c = m^2 + n^2$，因此，

$$\frac{(c-a)(c-b)}{2} = \frac{\left[\left(m^2+n^2\right)-\left(m^2-n^2\right)\right]\left[\left(m^2+n^2\right)-2mn\right]}{2}$$
$$= n^2(m-n)^2 = [n(m-n)]^2。$$

### 勾股数奇妙性质之九

勾股数 (5，12，13) 有一个很独特性质，在它的每个数前面添加一个"1"，所得的数组数 (15，112，113) 也是一组勾股数。人们猜测：在一组勾股数各个数前面添加相同的单个数字，而结果也是勾股数的，(5，12，13) 应该是唯一的一组。

### 勾股数奇妙性质之十

有些有趣的勾股数也值得特别介绍，它们的数字之中存在某种对称性。一种情形是前一个数是回文数，而后两个数则是数字顺序相反的一对。例如 (33，56，65)，它是一组勾股数，33 是回文数，而 56 与 65 则数字的顺序恰好相反。同样，(3 333，5 656，6 565) 也是这样的勾股数。

另外一种情形，则是勾股数的前两个数是数字顺序相反的一对数，例如 (88 209，90 288，126 225)，这组勾股数的前两个数是一对数字顺序相反的数，当然，这里的第三个数并不是回文数。这种勾股数还有吗？读者们可以尝试自己寻找这个问题的答案。

(3，4，5) 是一组很特殊的勾股数，将它乘以 11、111、1111 等倍数，或者乘以 101、1001、10001 等倍数，我们得到 (33，44，55)、(333，444，555)、(303，404，505)、(3003，4004，5005) 等勾股数。它们当然不再是本原的，但却都是由回文数组成的勾股数。

此外，有一些勾股数虽然不全部由回文数组成，但其中有两个是回文数，例如 (20，99，101)、(252，275，373) 和 (363，484，605)。前两个是回文数的还有

## 第 9 章　数字间的关系

(3 993，6 776，7 865)、(3 4743，4 2824，55 145) 以及 (48 984，886 688，888 040) 等等。如果读者想更全面地了解这类勾股数，可以参看本书的附录 8。

### 勾股数奇妙性质之十一

有时候我们会考虑两组勾股数的关系问题，是两组勾股数 $(a, b, c)$ 与 $(p, q, r)$ 之间，一个很有意思的性质是：表达式

$$(c+r)^2 - (a+p)^2 - (b+q)^2$$

永远都是完全平方数。例如，(7, 24, 25) 与 (15, 8, 17) 是两组勾股数，代入上式，$(25+17)^2 - (24+8)^2 - (7+15)^2 = 42^2 - 32^2 - 22^2 = 1\,764 - 1\,024 - 484 = 256 = 16^2$。

读者可以自己对其他勾股数对进行验证，不过，例子中勾股数 (15，8，17) 前两个数的写法需要引起我们的注意，掉换它们的顺序后得到的结果未必会是完全平方。顺便指出，应用欧几里得公式可以很容易地证明这一性质。

### 勾股数奇妙性质之十二

对高中时学过复数的读者，我们在这里介绍勾股数与复数的一种出人意料的联系。一个复数 $z$ 可以写成 $a+ib$，$a = \operatorname{Re} z$ 是这个复数的"实部"，而 $b = \operatorname{Im} z$ 是复数的"虚部"。$i = \sqrt{-1}$ 则是"虚单位"，它由 $i^2 = -1$ 这一性质所定义。应用这一性质，我们可以很容易地计算复数 $z = a + ib$ 的平方：

$$z^2 = (a+ib)^2 = (a+ib)(a+ib) = a^2 + 2iab + i^2 b^2 = a^2 + 2iab - b^2 = (a^2 - b^2) + i(2ab)。$$

如果 $a = m$、$b = n$ 都是自然数，而且 $m > n$，则复数 $z = m + in$ 的平方等于 $(m^2 - n^2) + i(2mn)$，它的实部是 $\operatorname{Re} z^2 = m^2 - n^2$，虚部是 $\operatorname{Im} z^2 = 2mn$。这是一个很特别的复数，它的实部和虚部不仅都是自然数，而且竟然是欧几里得公式中勾股之前两个！此外，这组勾股数的第三个数是 $m^2 + n^2 = (\operatorname{Re} z)^2 + (\operatorname{Im} z)^2$，恰好等于 $z$ 的实部与虚部的平方和，也就是复数 $z$ 的"模" $|z|$ 的平方。换句话说，如果复数 $z = m + in$ 的实部 $m$ 和虚部 $n$ 都是自然数，而且 $m > n$，则数组 $(\operatorname{Re} z^2, \operatorname{Im} z^2, |z|^2)$ 是一组勾股数！

## 9.11 自然数整除的性质

整除关系是一种数字间关系,研究这种关系有助于我们快速作出算术方面的判断。在十进制系统中,一个给定的整数是否可以被另外的整数所整除,就往往可以通过观察或简单的算术运算而作出判定。例如,我们知道,如果一个数的末数位是偶数,那么它就可以被 2 整除。也就是说,30、32、34、36,以及 38 都可以被 2 整除。当然,如果末位数不能被 2 整除(或者说末位是奇数),那么整个数也不能被 2 整除。

### 被 2 的次方整除

如前所述,我们察看一个数的末位数字,就可以知道它是不是可以被 2 整除。我们可以把这种判断方式加以推广,来判定一个数是否可以被 4 整除。对于能否被 4 整除的问题,我们需要检查被除数的最后两位数字。一个数可以被 4 整除,当且仅当它的末尾两位数字构成的数可以被 4 整除。例如,1<u>24</u>、1<u>28</u>、3<u>56</u> 以及 7<u>68</u>,它们的末尾两位我们标了下划线,它们都是 4 的倍数,所以这四个数都可以被 4 整除。另一方面,322 的末尾两位是 22,它不能被 4 整除,所以 322 本身也不能。

再进一步,我们还可以判断一个数是否可以被 8 整除。这时,我们要考察的是它的最后三位数字。相似地,一个数可以被 8 整除,当且仅当它的末三位组成的数字可以被 8 整除。如果我们足够聪明,立刻就可以得出是否被 16 整除,以及被 2 的其他次方整除的判断方法,例如,判断一个数是否被 16 整除,我们需要考察它末尾的四位数字。

### 被 5 的次方整除

对是否被 5 整除的问题,判断方法与被 2 整除的问题有些相似。我们知道,只有末位数是 5 或者是 0 的数才可以被 5 整除。接着,一个数只有在末二位可以被 25 整除时,它才可以被 25 整除。换句话说,一个数可以被 25 整除,当且仅当它的最后两位数字是 00、25、50 或 75。因此,325、450、675 以及 800 都是 25 的倍数。对 5 的其他次方,例如 125 和 625 等,我们也可以推出类似的判断方法。

# 第9章 数字间的关系

### 被3整除和被9整除

判断一个数是否可以被3整除,我们所用的方法与前述方法不同,我们考察这个数所有各位数字的和。只有当它的各位数字之和可以被3整除的时候,这个数才能被3整除。例如,要判断345 678这个数是否可以被3整除,我们只要检查它的各位数字之和。由于 $3+4+5+6+7+8=33$,是3的倍数,因此345 678这个数可以被3整除。

相似的方法可以用来判断一个数是否可以被9整除。简单地说,一个数可以被9整除,当且仅当它的各位数字之和可以被9整除。例如25 371这个数,它的各位数字之和 $2+5+3+7+1=18$,是9的倍数,因此25 371本身也是9的倍数,或者说它可以被9整除。

上述判断准则为什么是正确的?了解其中的原理其实颇为有趣。还是以25 371为例,它可以拆开写成如下形式:

$$25\,371 = 2\times(9\,999+1)+5\times(999+1)+3\times(99+1)+7\times(9+1)+1$$

将右边各项重新组合,即有

$$25\,371 = (2\times 9\,999+5\times 999+3\times 99+7\times 9)+(\mathbf{2+5+3+7+1})。$$

很显然,右式的第一部分, $(2\times 9\,999+5\times 999+3\times 99+7\times 9)$ 是9的倍数(当然也是3的倍数)。因此,25 371是否可以被9或3整除的问题,就变成右式后一项,即 $(\mathbf{2+5+3+7+1})$,也就是它的各位数字之和,是不是可以被9或者3整除的问题了。在这个例子中,25 371的各位数字之和是: $(\mathbf{2+5+3+7+1})=18$,恰好是9的倍数,因此25 371本身可以被9整除。

再举一例,我们来看789这个数。它的各位数字之和 $7+8+9=24$,不是9的倍数,因此789不能被9整除。但是24可以被3整除,所以789可以被3整除。

**心中有数**

被合数整除

除了 6 和 7，对其他 10 以内的除数，我们至此已经都确立了整除性的判定方法。在考虑对除数 7 的整除判别法之前，我们先说说一个数是否可以被一个合数整除的问题。为了判断对一个非素数除数的整除性，我们采用分别对除数的"互素因数"进行整除性判定的办法。"互素"这个概念我们以前提起过，两个数之间的关系是所谓"互素"的，意思就是它们的最大公因数等于 1。例如，12 是一个合数，它可以写成 2 与 6 两个因数的乘积，也可以写成 3 与 4 两个因数的乘积。然而，2 与 6 有公因数 2，它们不是互素的，而 3 与 4 则是互素的，因为它们的最大公因数是 1。要判断一个数是否可以被 12 整除，我们可以分别判断这个数是否可以被 3 整除，以及是否可以被 4 整除。相似地，要判断一个数是否可以被 18 整除，我们只要判断这个数是否分别可以被 2 和 9 整除——因为，18 可以写成 2 和 9 这两个互素因数的乘积。但是，3 和 6 不是互素的因数，因此不能用 3 和 6 来作整除性判断。

当除数为合数时，一个数对于除数的整除性，可以通过这个数对于除数各个互素因数的整除性来判定，在表 9.9 中我们列出了前几个合数和它们的互素因数[①]。

| 要被这个数整除 | 6 | 10 | 12 | 14 | 15 | 18 | 20 | 21 | 24 | 26 |
|---|---|---|---|---|---|---|---|---|---|---|
| 必须被这些因数整除 | 2, 3 | 2, 5 | 3, 4 | 2, 7 | 3, 5 | 2, 9 | 4, 5 | 3, 7 | 3, 8 | 2, 13 |

表 9.9 合数与它们的互素因数

这个表中的互素因数除了 7 之外，还包含有 13 这个素数，这促使我们去考虑对更多素数的整除性判定问题。然而，这些判定方法比较繁琐，而计算器又是如此地普及和方便，因此，我们罗列这些判定方法是纯粹为了休闲玩赏，并非出于实用的目的。

---

[①] 合数 22 似乎应该出现在这个表里，原著没有列出，译者也不擅自添加，仅在此指出。

# 第 9 章  数字间的关系

## 被 7 整除的判定法

对一个比较大的数，要判定它是否可以被 7 整除，可以采取如下做法：删去原数的最后一位数字，再将剩下的数字减去被删数字的两倍，得到一个较小的新数。如果这个数可以被 7 整除，那么原来的数也可以。如果还不能判断，那么我们可以重复刚才介绍的步骤，直到可以判断为止。

为了让读者更好地理解这个做法，我们来举一个例子，判断 876 547 是不是可以被 7 整除。

首先，我们从 876 547 开始。删去它的末位数，得到 87 654，减去被删去的 7 的两倍，我们得到 $87654 - 2 \times 7 = 87640$。这个数还是太大，我们一时无法判断它是不是可以被 7 整除，因此我们重复这个步骤。

从 87 640 去掉最后一位数字 0，再减去它的两倍，我们得到 $8764 - 2 \times 0 = 8764$。还是太大，于是我们继续重复：8 764 删去末位数字 4 得到 876，再减去 4 的两倍，得到 $876 - 2 \times 4 = 868$。再继续，868 去掉最后一位 8，得到 86，减去 8 的两倍，得到 $86 - 2 \times 8 = 70$。这个结果是 7 的倍数，所以，原来的 876 547 也是 7 的倍数。

现在，到了我们展示数学美的时候了！我们要来揭示上述做法背后的道理，说明它为什么能够判定一个数是否被 7 整除。而能够相对简单地阐明这个做法的原理，正是借助于数学的威力。

一个上述计算步骤，实质上等同于做一次减法。"去掉末位数，再减去末位数的两倍"这个做法，如果前一步改成"减去末位数"，那么第二步就相应地变成"从十位数那里减去个位数的两倍"。例如，对 8 764，修改后的做法就是从 $8764 - 4 - 2 \times 4 \times 10 = 8680$。这样，减去的总数值是 84，那是 7 的倍数。因此，所得的结果 8 680 与原来的 8 764，对于 7 的整除性是一样的。而 $8680 = 868 \times 10$，由于 10 与 7 是互素的，所以它被 7 整除当且仅当 868 可以被 7 整除。因此，我们可以去掉结尾的"0"，从而这个计算步骤降低了被除数的位数，整个做法同样也是"去掉末位数，然后再减去末位数的两倍"。这样，这个计算步骤从原来的数字中去掉"一堆"的 7，从而将整除性判定归结到另一个小得多的数字上。

· 225 ·

## 心中有数

| 末位数字 | 从原数中减去的数值 |
|---|---|
| 0 | $0 = 0 \times 7$ |
| 1 | $20 + 1 = 21 = 3 \times 7$ |
| 2 | $40 + 2 = 42 = 6 \times 7$ |
| 3 | $60 + 3 = 63 = 9 \times 7$ |
| 4 | $80 + 4 = 84 = 12 \times 7$ |
| 5 | $100 + 5 = 105 = 15 \times 7$ |
| 6 | $120 + 6 = 126 = 18 \times 7$ |
| 7 | $140 + 7 = 147 = 21 \times 7$ |
| 8 | $160 + 8 = 168 = 24 \times 7$ |
| 9 | $180 + 9 = 189 = 27 \times 7$ |

表 9.10 实际减去的数值都是 7 的倍数

为了证明上述步骤总是正确的，我们来考虑一个数字被"去掉"时，原来的数实际上被减去了多少。在上表 9.10 中我们可以看到，对每一种可能的末位数字，原来数字被减去的数值全部都是 7 的倍数。并且，这个减法导致结果的最后一位数字是"0"，从而可以真的"去掉"。因此，如果得到的数字能够被 7 整除，那么原来的数字也能够被 7 整除。

### 被 11 整除的判定法

判定一个数是否可以被 11 整除，我们可以应用与上一段相似的办法。然而，因为 11 比十进制的基（即 10）恰好大 1，我们可以得到更加简单的判定法：

- 将原数中相隔一位的数字相加，得到两个和，将这两个和相减，得到的结果能够被 11 整除，当且仅当原数也能够被 11 整除。

上面的叙述其实还说得不够清楚，为了让读者更好地掌握这个判定方法，我们举一个例子，判定 246 863 727 是否可以被 11 整除。首先，我们做"隔一位的数字相加"：$2 + 6 + 6 + 7 + 7 = 28$，$4 + 8 + 3 + 2 = 17$。两个和相减：$28 - 17 = 11$，结果显然是 11 的倍数。因此，原数 246 863 727 可以被 11 整除。

## 第 9 章　数字间的关系

这个判定规则以下简单的事实为基础——以下各数都是 11 的倍数：

$$11 = 10^1+1,\ 1\,001 = 10^3+1,\ 100\,001 = 10^5+1,\cdots$$
$$99 = 10^2-1,\ 9\,999 = 10^4-1,\ 999\,999 = 10^6-1,\cdots$$

为说明这个规则的原理，我们下面将 25 817 做如下拆解：

$$\begin{aligned}
25\,817 &= 2\times10^4+5\times10^3+8\times10^2+1\times10^1+7\times10^0\\
&= 2\times(10^4-1+1)+5\times(10^3+1-1)+8\times(10^2-1+1)+1\times(10^1+1-1)+7\times10^0\\
&= 2\times(10^4-1)+2\times1+5\times(10^3+1)-5\times1+8\times(10^2-1)\\
&\quad+8\times1+1\times(10^1+1)-1\times1+7\\
&= \underline{2\times(10^4-1)+5\times(10^3+1)+8\times(10^2-1)+1\times(10^1+1)}+2-5+8-1+7
\end{aligned}$$

上式最后一行有下划线的部分中，每一个项都是 11 的倍数。因此，原数是否可以被 11 整除，就归结到最后面无下划线的部分是否可以被 11 整除。而后者即 2 - 5 + 8 - 1 + 7，也即 (2 + 8 + 7) - (5 + 1)，正好就是原数 25 817 两种隔位数字之和的差。这个差等于 11，显然可以被 11 整除，因而原数也可以被 11 整除。

## 被 13 整除的判定法

对一个给定的数，删去它的末位数字，再从余下的数中减去被删去数字的九倍。如果得到的结果是 13 的倍数，则原数也可以被 13 整除。如果得到的数值太大，我们就对结果数重复这个步骤，直到可以判断为止。这，就是我们判定一个数是否可以被 13 整除的法则。

这个办法与判定对除数 7 的整除性法则是相似的，所不同的是，现在要减去的不是被删去数字的两倍，而是它的九倍。我们来看看 5 616 这个数是否可以被 13 整除。首先，我们从 5 616 开始，去掉它的末位数字 6，得到 561，再从 561 中减去 6 的九倍，561 - 6 × 9 = 507。我们还不能判断 507 是否可以被 13 整除，因此，我们去掉 507 的末位数字 7，得到 50。再从 50 中减去 7 的九倍，50 - 7 × 9 = -13。结果虽然是一个负数，但它显然可以被 13 整除，因而原数 5 616 也可以被 13 整除。

## 心中有数

为什么判定规则会是这样？我们来做一个解释：首先，为了"去掉"原数的末位数字，我们需要减去一个尾数等于原数末位的 13 的倍数，这样会使得减法结果的末位等于"0"，因而我们可以将它丢弃。为了做到这一点，最简单的办法是找一个 13 的倍数，使得它的尾数等于 1。$13 \times 7 = 91$，因此，我们找到 91 这个数。这样，我们的判定规则可以分解成三部分：（1）从原数减去末位数字，（2）从原数减去末位数字的 90 倍，（3）去掉计算结果末尾的"0"。前两步其实是减去末位数字的 91 倍，因此不改变数字对 13 的整除性。由于 10 与 13 没有公因数，所以最后一步同样没有改变对 13 的整除性。总之，以上三步运算的结果，与原数关于 13 的整除性是一样的。而这，正是我们的判定规则正确无误的原因。

为展示这种判定规则的细节，我们将所有可能的末位数字以及减去的相应数值列为表 9.11。

| 末位数字 | 从原数中减去的数值 |
| --- | --- |
| 1 | $90 + 1 = 91 = 7 \times 13$ |
| 2 | $180 + 2 = 182 = 14 \times 13$ |
| 3 | $270 + 3 = 273 = 21 \times 13$ |
| 4 | $360 + 4 = 364 = 28 \times 13$ |
| 5 | $450 + 5 = 455 = 35 \times 13$ |
| 6 | $540 + 6 = 546 = 42 \times 13$ |
| 7 | $630 + 7 = 637 = 49 \times 13$ |
| 8 | $720 + 8 = 728 = 56 \times 13$ |
| 9 | $810 + 9 = 819 = 63 \times 13$ |

表 9.11 减去的数值都是 13 的倍数

上表 9.11 清楚地告诉我们：在每个判定过程中，13 的倍数都被减去一次或多次，因此只有当剩余的数值是 13 的倍数时，原始数字才可以被 13 整除。

## 第 9 章 数字间的关系

下面我们将给出对于除数 17 的整除性判定规则，它的原理与这个是一样的。但是，这次我们找到的尾数等于 1 的 17 的倍数是 51，它决定了下面判定法的"乘数"。

### 被 17 整除的判定法

判定一个给定数能否被 17 整除的方法是：删去给定数的末位数字，再将所剩的数减去被删去数字的五倍。对所得的结果重复上述运算步骤，直到可以判断最终结果是否为 17 的倍数为止。最终结果能否被 17 整除，决定着原给定数能否被 17 整除。

这个判定法则的原理与被 13 整除的判定法则一样，每一步都是从原数中减去"一堆"的 17，直至可以判定的情形为止。

上述对除数 7，13，17 的整除性判定法则的思想，可以推广到更大的素数的情形，下表 9.12 对一些素数列举了需要减去的末位数字的"乘数"。

| 要判断整除整除的除数 | 7 | 11 | 13 | 17 | 19 | 23 | 29 | 31 | 37 | 41 | 43 | 47 |
|---|---|---|---|---|---|---|---|---|---|---|---|---|
| "乘数" | 2 | 1 | 9 | 5 | 17 | 16 | 26 | 3 | 11 | 4 | 30 | 14 |

表 9.12　除数与相应的"乘数"

读者也许愿意自己对这张表格进行扩展，这可能有趣，但也具有挑战性。此外，读者也可以自己拓展关于除数为合数时整除性判定的知识。需要记住的是，考虑对合数除数的整除性时，需要考虑的是合数的互素因数。我们认为，了解和掌握整除性判定法则，将会提升读者对数字间关系的欣赏。

到此为止，我们已经对数字之间可能存在的关系进行了相当详尽的介绍。其中许多出乎我们意料之外，因而也更值得我们欣赏。我们希望，这些内容已经足以激发读者进一步探索数字间关系的兴趣。

# 第 10 章
# 数字与比例

## 10.1 数量的比较

当古希腊数学家说到"数"或"数字"时,他们指的是"自然数"。尽管他们从古巴比伦和古埃及学到了关于分数的知识,并且能够将它们应用于实际,他们仍然不把分数当成数来对待。对古希腊的数学家而言,分数不是数,而是两个数量间的特定关系。他们不将它们称为"数",而是称之为"比例"。

现在,"比例"这个术语更多地出现在几何学里,我们会谈论几何图形之间的比例和相似性。确实,矩形两边的比例在我们日常生活中相当常见,它被称为矩形的"长宽比"。例如,图 10.1 中现代电视机屏幕的长宽比为 16∶9,而数码相机相片通常的长宽比是 3∶2 或 4∶3。

图 10.1 长宽比为 16∶9 的电视机

## 心中有数

长 16 英寸宽 9 英寸的矩形是 16∶9 的一个例子，长 32 英寸而宽 18 英寸的矩形也有相同的长宽比。就矩形的形状而言，长、宽的具体尺寸并不重要，它们的比例才是关键，比例决定矩形的形状。即便尺寸大不相同，长宽比相同的矩形就具有相同的形状。

今天我们将比例 $a∶b$ 看作分数，然而就像我们前面说到的，古希腊人不将它当作数来对待，他们心中的"数"只有数数用的数字，也就是自然数。结果，比例不能用一个数值来表示，只能被看作是数值之间的关系。关于比例的一般理论是由尼多斯的欧多克索斯（前395？—前340）创立的，他是古希腊最伟大的数学家之一。我们只是通过他人的转述才对这位数学家有所了解，而他的比例理论则保存在欧几里得的《几何原本》之中。

像 16∶9 一样，有些比例可以用两个自然数来表示。在毕达哥拉斯时代，关于比例的理论只讨论自然数之间的比例，而毕达哥拉斯用它来解释整个宇宙，关于音阶的理论就是一个例子。阿基米德曾说："他们假设整个天堂就是音阶和自然数。"毕达哥拉斯采用一些简单的比例来确定音阶，它们可以用一种独弦琴来演示，这种独弦琴的结构如图 10.2 所示，它就是共鸣箱上面张着一根弦。这根弦以特定的频率振动，产生这件乐器的基本音，或称为它的"基础音"。弦振动部分的长度可以通过移动琴码来调节，因而可以发出不同的声音。毕达哥拉斯发现，当整弦长度与振动部分弦长的比值可以表示成小整数的比例时，得到的就会是悦耳的音程。当振动部分弦长只有全弦长度的一半时，也就是琴码移动到图 10.2 中"6"的位置时，弹拨琴弦得到的是比基础音高八度的乐音。也就是说，弦长比例为 2∶1 时，独弦琴发出的声音之频率是全弦音频率的两倍。如果我们将琴码移动到图 10.2 中"8"的位置，我们得到的弦长比例是 3∶2，这时得到的是比基础音高五度的乐音。而如果将琴码移到"9"的位置，也就是全弦长度与振动部分弦长之比等于 4∶3 时，得到的乐音则比基础音高四度。整个毕达哥拉斯的音阶系统，就是在这样简单的弦长比例的基础之上建立起来的[①]。

---

[①] 毕达哥拉斯构建音阶系统的方法称为"五度相生法"，它本质上与中国古代的"三分损益法"一样。

第 10 章 数字与比例

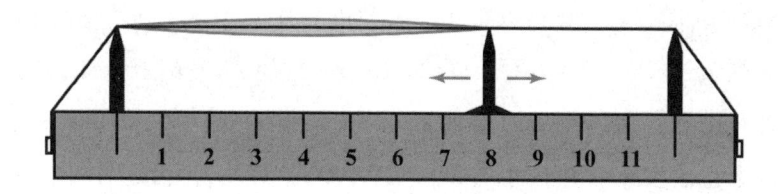

图 10.2 独弦琴

比例具有强大的解释事物的能力，毕达哥拉斯对此印象深刻，他因此相信，任何两个数量的比例都可以用两个自然数（的比例）来表示，而小自然数的比例则是特别地令人愉快的。

## 10.2 长度的比例

以几何的方式，我们可以用两个长度 $a$ 和 $b$ 来表示两个数量。例如，我们可以考虑两个线段，如图 10.3 上部所示的那样。那么，我们怎么才能了解这两个线段之间的比例关系呢？如果可能的话，我们希望找到相应的自然数 $n$ 和 $m$，使得比例 $a : b$ 可以用 $n : m$ 来表示。

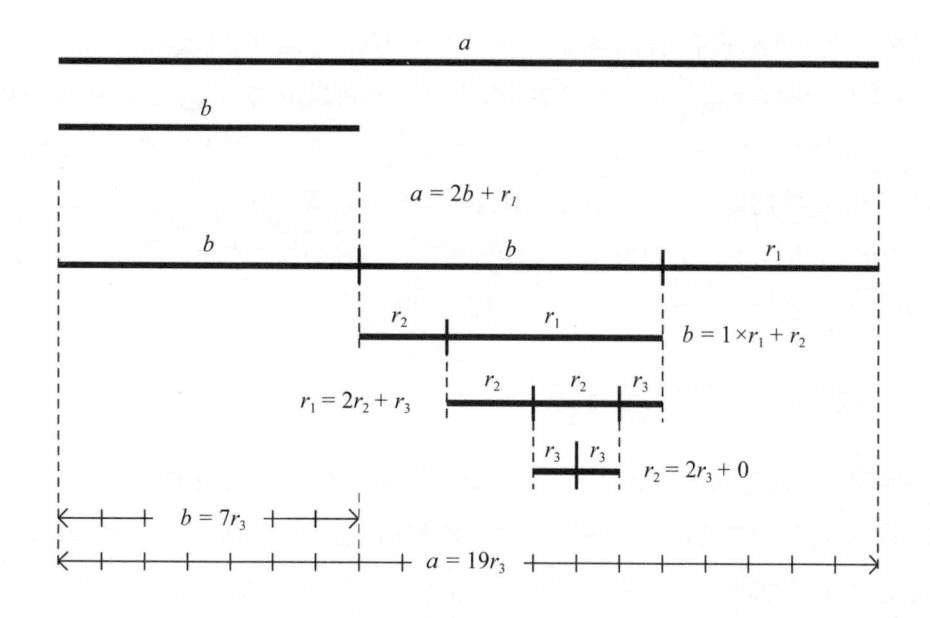

图 10.3 确定两条线段的比例

心中有数

一开始，我们查看究竟可以将几个 $b$ 放进 $a$ 中。本例中显然是两个 $b$，但是有一段小的剩余 $r_1$。因此，我们写下 $a=2\times b+r_1$，这里，$r_1<b$。接下来的问题就是：$b$ 中可以放进几个 $r_1$ 呢？图 10.3 显示，$b=1\times r_1+r_2$，其中 $r_2<r_1$。下一步，我们发现 $r_1$ 比两个 $r_2$ 还多一个更小的 $r_3$，即 $r_1=2\times r_2+r_3$。最后，$r_2$ 恰好与两个 $r_3$ 一样长，所以我们得到 $r_2=2\times r_3$。这时，没有剩余的 $r_4$ 了，或者我们可以说：$r_4=0$。

那么，我们得到了什么结果呢？显然，我们得到了一个长度 $r_3$，它适当的整数倍可以恰好放进此前包括 $r_2$，$r_1$，$b$，$a$ 的所有长度里。事实上，将 $r_2=2\times r_3$ 代入 $r_1=2\times r_2+r_3$，我们得到 $r_1=2\times(2\times r_3)+r_3=5r_3$。逐步应用此前得到的等式，我们不难得到：$a=19r_3$，以及 $b=7r_3$。这就是说，两条线段都可以用小线段 $r_3$ 的整数倍来表示。这样，$r_3$ 就是一个可以用来同时度量 $a$ 和 $b$ 的长度"单位"，它被称为 $a$ 和 $b$ 的"最大公度"。如果将 $r_3$ 作为单位长度，那么就有 $a=19$，和 $b=7$。因此，我们说比例 $a:b$ 等于 $19:7$。今天，这个比例被看作一个分数，它的值等于 19 除以 7。用十进制小数表示，则是

$$\frac{19}{7}=2.\overline{714\,285},$$

其中，六位小数上面的横线表示它们不断重复。

公元前 5 世纪的希腊数学家似乎怀有这样的信念：这样寻找整数比的过程经过有限个步骤就会停止，因而这种做法实际上总是可以成功。哲学家留基伯与德谟克里特都声称，任何连续延伸的数量（例如线段的长度）都不能被无限分割，这就是原子论的出处——也就是说，对任何数量的分割最终将停止于不可再分割的"原子"。相应地，如图 10.3 的"辗转相除"过程必然会停止，最坏的情况就是停止于不可再分的原子。

## 10.3 辗转相除法与连分数

在数论中，图 10.3 所示的方法被用于寻找两个自然数 $a$ 和 $b$ 的最大公约数。这个方法被称为"欧几里得算法"。由于中国古代也有这种算法，并且出现的年代与欧几里得大致相当[①]，因此我们的译文采用中国传统的叫法，称这种算法为"辗

---
① 此算法出现于公元前 195 年之前写定的张家山汉简《算数书》，间接证据链显示，此法应发端于早期墨家。

转相除法"。辗转相除法使得我们可以将两数的比例用最简单的方式表示。为阐明这个算法，我们下面举一个寻找两个自然数 $a$ 和 $b$ 最大公约数的例子，我们以 $a=1\,215$，$b=360$ 为例：

$$1\,215 = 3 \times 360 + 135，一般地，a = k_1 \times b + r_1，$$
$$360 = 2 \times 135 + 90，b = k_2 \times r_1 + r_2，$$
$$135 = 1 \times 90 + 45，r_1 = k_3 \times r_2 + r_3，$$
$$90 = 2 \times 45 + 0，r_2 = k_4 \times r_3 + r_4。$$

最后一个（非零的）余数是 45，它就是 $a=1\,215$ 和 $b=360$ 的最大公约数。显然，$1\,215 = 27 \times 45$，$360 = 8 \times 45$，因此，

$$\frac{1\,215}{360} = \frac{27 \times 45}{8 \times 45} = \frac{27}{8}。$$

此外，辗转相除法还引入了 $a$ 与 $b$ 之商的一种漂亮的表示式。由 $a = k_1 \times b + r_1$ 我们可得到

$$\frac{a}{b} = k_1 + \frac{r_1}{b}。$$

接着，我们将 $b = k_2 \times r_1 + r_2$ 代入上式，就可以得到

$$\frac{a}{b} = k_1 + \frac{r_1}{k_2 r_1 + r_2} = k_1 + \frac{1}{k_2 + \frac{r_2}{r_1}}。$$

这里，最后一个式子是将分子与分母同时除以 $r_1$ 而得到的。接下来，我们将 $r_1 = k_3 \times r_2 + r_3$ 代入上式，然后是 $r_2 = k_4 \times r_3 + r_4$ 等等，这样我们将会得到

$$\frac{a}{b} = k_1 + \frac{r_1}{k_2 r_1 + r_2} = k_1 + \frac{1}{k_2 + \frac{r_2}{r_1}} = k_1 + \frac{1}{k_2 + \frac{1}{k_3 + \frac{r_3}{r_2}}} = k_1 + \frac{1}{k_2 + \frac{1}{k_3 + \frac{1}{k_4 + \frac{r_4}{r_3}}}} \cdots$$

这个过程会在余数等于 0 的时候结束。对我们 $a=1\,215$ 和 $b=360$ 的例子，余数 $r_4$ 等于 0，因此我们有

心中有数

$$\frac{1\,215}{360} = \frac{27}{8} = 3 + \cfrac{1}{2 + \cfrac{1}{1 + \cfrac{1}{2}}}。$$

这种分数表达式称为"连分数",上面最右边的表达式称为分数 $\frac{27}{8}$ 的"连分数展开式"。这个展开式精确地描述了图 10.3 的每一步中放入长线段之短线段的数目。在图 10.3 的例子中,连分数展开式的系数为 $k_1 = 2$、$k_2 = 1$、$k_3 = 2$ 以及 $k_4 = 2$,因此,我们得到

$$\frac{a}{b} = \frac{19}{7} = 2 + \cfrac{1}{1 + \cfrac{1}{2 + \cfrac{1}{2}}}。$$

这种做法还有另一种几何解释。假设我们有一个长、宽分别为 $a$ 和 $b$ 的矩形,我们尝试将它分割成若干个正方形。这里,如图 10.4,我们以 $a = 19$ 和 $b = 7$ 为例。此时,辗转相除法得到的系数描述的是矩形分割出的各种正方形的个数。换句话说,矩形里有 $k_1$ 个边长为 $b$ 的大正方形,$k_2$ 个小一级的正方形,如此等等。

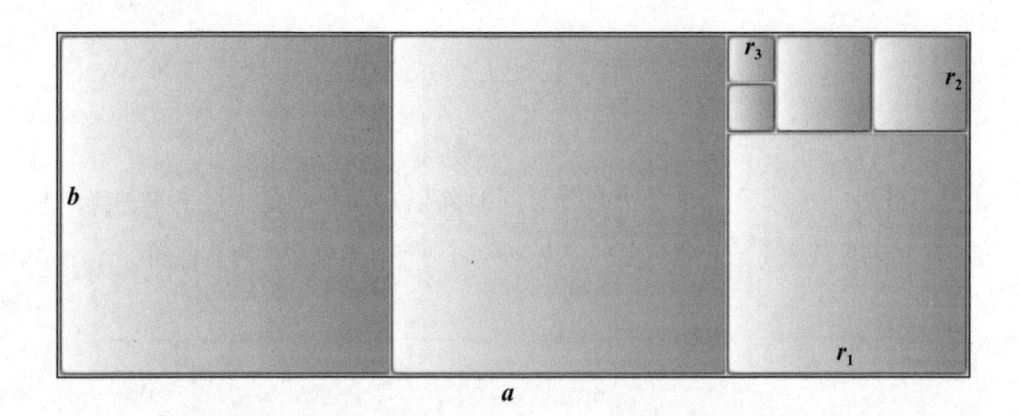

图 10.4 用正方形铺满矩形

## 10.4 由方形构造矩形

图 10.5 所显示的，是用边长为某个公共单位长度整数倍的若干不同正方形铺满一个矩形区域的过程。首先，我们从一个单位正方形开始，添加一个相同的正方形，构成一个长为 2 而宽为 1 的矩形。接下来，我们紧贴着上述矩形的长边放置一个边长为 2 的正方形，得到一个大一些的，长和宽分别等于 3 和 2 的矩形。然后，我们沿着所得矩形的长边添加一个边长等于 3 的正方形，图 10.5 描绘了这个过程的思路。我们接着以沿着当前矩形的长边添加正方形的办法，一步步构造更大的矩形。

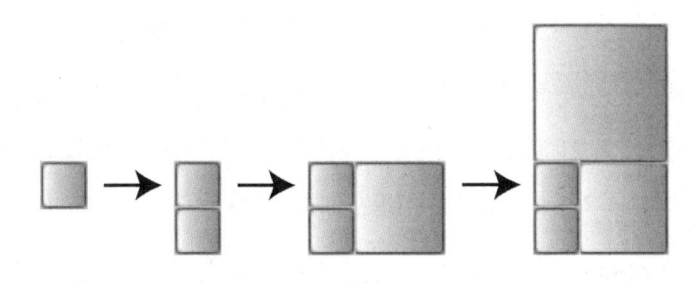

图 10.5　由方形构造矩形

几个步骤之后，我们得到图 10.6 中的矩形，它的长宽比为 55∶34。

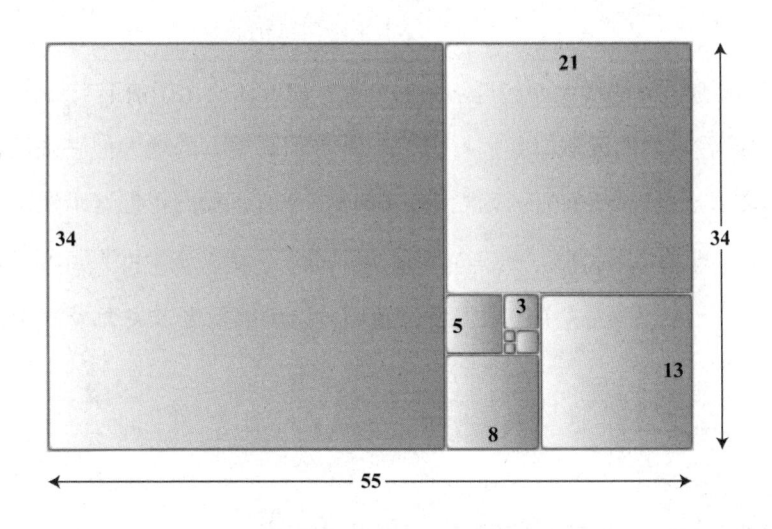

图 10.6　菲波纳契数构成黄金矩形

## 心中有数

上述过程产生一个边长序列：1，1，2，3，5，8，13，21，34，55。仔细观察的话，读者也许会发现：我们此前在第5和第6章遇见过这些数字。是的，它们就是菲波纳契数 $F_n$，这列数的每一个数都是它前面两个数之和。

顺便说一句，我们很容易得到图 10.6 中矩形的面积：

$$1^2+1^2+2^2+3^2+5^2+8^2+13^2+21^2+34^2 = 34 \times 55。$$

根据上述矩形的构造规则，这种等式对构造过程的任何一步都成立，也就是说，对任何大于 2 的自然数 $n$，菲波纳契数 $F_n$ 之间成立着如下等式：

$$F_1^2 + F_2^2 + F_3^2 + \cdots + F_{n-1}^2 + F_n^2 = F_n \times F_{n+1}。$$

图 10.6 构造的矩形越来越大，但它们的比例看起来却似乎非常相似。仔细观察，我们发现边长为 21 和 13 的矩形与边长为 55 和 34 的矩形形状很相似，也就是说，21∶13 与 55∶34 的比值很相近。如果我们计算两个比例的近似数值的话，我们得到 $\frac{21}{13} \approx 1.6154$，$\frac{55}{34} \approx 1.6177$，数值上确实相当接近。因此，我们提出这样一个问题：如果我们继续以菲波纳契数为边长，构造越来越大的矩形，矩形的长宽比会不会越来越相近？如果我们计算相继两个菲波纳契数的比值

$$a_n = \frac{F_{n+1}}{F_n}，$$

它的数值会不会随着 $n$ 的增大而趋近于某一个数？表 10.1 给出了前 15 个 $a_n$ 的数值。

从表中最后一列的近似值我们看出，$a_n$ 的数值随着 $n$ 的增大似乎确实在逼近某个特定的数值，而这个数值应该很接近 1.618。今后，我们将把这个极限值记成"$\phi$"。这个记号是一个希腊字母，英文名为"phi"，读音为"fai"。按照定义，我们有 $F_{n+1} = F_n + F_{n-1}$，从这个等式出发，我们可以了解到更多关于 $\phi$ 的知识：

$$a_n = \frac{F_{n+1}}{F_n} = \frac{F_n + F_{n-1}}{F_n} = 1 + \frac{F_{n-1}}{F_n}，$$

上式的后一项为 $\frac{F_{n-1}}{F_n}$，根据 $a_n$ 的定义，它可以表示成

| | 比例 | 近似值 |
|---|---|---|
| $a_1$ | 1 : 1 | 1.000 000 |
| $a_2$ | 2 : 1 | 2.000 000 |
| $a_3$ | 3 : 2 | 1.500 000 |
| $a_4$ | 5 : 3 | 1.666 667 |
| $a_5$ | 8 : 5 | 1.600 000 |
| $a_6$ | 13 : 9 | 1.625 000 |
| $a_7$ | 21 : 13 | 1.615 385 |
| $a_8$ | 34 : 21 | 1.619 048 |
| $a_9$ | 55 : 34 | 1.617 647 |
| $a_{10}$ | 89 : 55 | 1.618 182 |
| $a_{11}$ | 144 : 89 | 1.617 978 |
| $a_{12}$ | 233 : 144 | 1.618 056 |
| $a_{13}$ | 377 : 233 | 1.618 026 |
| $a_{14}$ | 610 : 377 | 1.618 037 |
| $a_{15}$ | 987 : 610 | 1.618 033 |

表 10.1 相继菲波纳契数的比值

$$\frac{F_{n-1}}{F_n} = \frac{1}{\frac{F_n}{F_{n-1}}} = \frac{1}{a_{n-1}}。$$

将这个式子代入 $a_n$ 的表达式中，我们得到

$$a_n = 1 + \frac{1}{a_{n-1}}。$$

当 $n$ 非常大的时候，$a_n$ 与 $a_{n-1}$ 几乎都等于它们的极限 $\phi$。因此，我们可以推出，$\phi$ 必然满足如下等式：

$$\phi = 1 + \frac{1}{\phi}，\text{或 } \phi^2 = \phi + 1。$$

心中有数

对于这个关于 $\phi$ 的方程，读者应该记得一元二次方程的求根公式：

$$ax^2 + bx + c = 0, \quad x = \frac{-b \pm \sqrt{b^2 - 4ac}}{2a},$$

据此取正根，即得到：

$$\phi = \frac{1+\sqrt{5}}{2} = 1.618\ 033\ 988\ 749\ 894\ 848\ 204\ 586\cdots$$

上式中小数点后面的小数永远不会结束，因此我们取它的大约数值，通常取为

$$\phi \approx 1.618。$$

$\phi$ 这个数是数学中最为著名的数值之一，它被称为"黄金比例"。

## 10.5 黄金比例

尽管古希腊人早就知道这个比例，但直到 19 世纪才由德国数学家马丁·欧姆（1792—1872）提出"黄金比例"这个名称。在文艺复兴时期，意大利数学家和方济会修士卢卡·帕乔利（1445—1517）称这个比例为"神圣比例"，他著有《神圣比例》一书，书中的插图是他的朋友达·芬奇（1452—1519）所画。此外，帕乔利考察了自然、艺术、建筑中的比例，发现了字母设计背后的原则，纽约大都会博物馆的馆徽就是以他的一个设计为基础而创作出来的（参见图 10.7）。

图 10.7　字母 M 的研究，帕乔利，1509 年

# 第 10 章 数字与比例

一般认为，达·芬奇曾将黄金比例融进他的一些绘画作品之中，例如他的素描名作《维特鲁威人》。这幅作品是根据古罗马建筑师维特鲁威的见解所作的对人体比例的研究（参见图 10.8），素描中正方形边长与圆半径的比值非常接近于黄金比例 $\phi$。

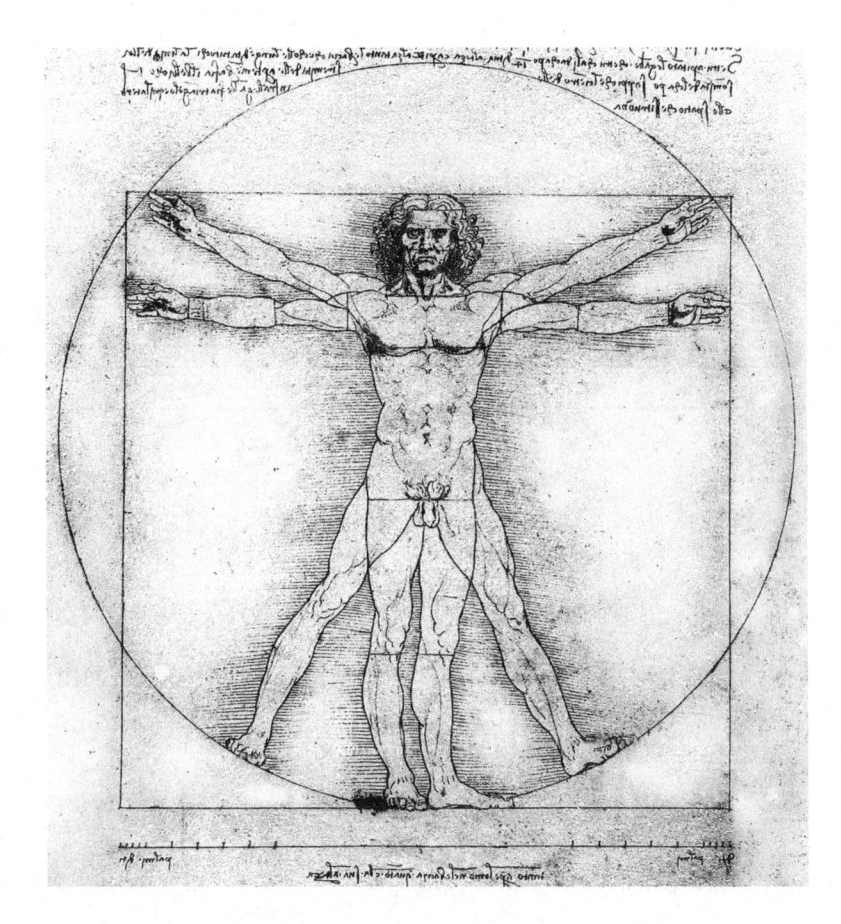

图 10.8 达·芬奇的《维特鲁威人》，约创作于 1490 年

一个长、宽分别为 $a$ 和 $b$ 的矩形，如果它的长宽比等于黄金比例，即 $a:b = \phi:1$，那么它就被称为"黄金矩形"，图 10.9 就是一个这样的矩形。当 $n$ 是大的自然数时，$\phi:1$ 近似于 $F_{n+1}:F_n$，因此黄金矩形可以用图 10.6 中的"菲波纳契矩形"来逼近。

## 心中有数

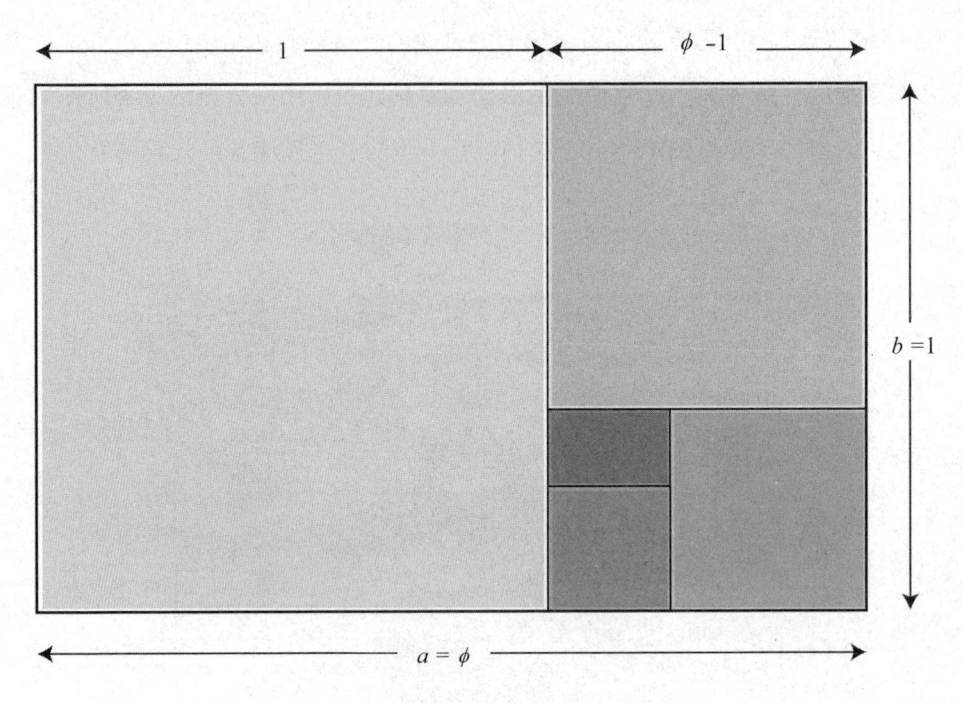

**图 10.9 黄金矩形**

黄金矩形有一个非常特别的性质：如果我们从这个矩形割下一个以宽为边长的正方形的话，那么所剩下的矩形仍然是一个黄金矩形。这一事实不难证明——如图 10.9 所示，割去正方形所剩下的矩形之长宽比是 $1:(\phi-1)$。而由 $\phi$ 的定义，$\phi^2 = \phi + 1$，因此 $\phi^2 - \phi = 1$，从而有

$$\frac{1}{\phi-1} = \frac{\phi}{\phi^2-\phi} = \frac{\phi}{1}。$$

这就表明，所得较小矩形的长宽比恰好也是 $\phi:1$，因而它也是一个黄金矩形。

$\phi^2 = \phi + 1$ 是黄金比例的定义式，将它两边同时除以 $\phi$，则可以得到

$$\frac{\phi+1}{\phi} = \frac{\phi}{1}。$$

将一条线段分成 $a$ 和 $b$ 两部分，使得它们的比例为 $a:b = \phi:1$，也就是说，将线段按照黄金比例分割，如图 10.10 所示。因为这种分割所拥有的性质，黄金比例也被称作"黄金分割"。据前文的推导，我们有

$$1 : (\phi-1) = \phi : 1 = (\phi+1) : \phi,$$

三个比例相同。如果两个线段的长度不恰好等于 $\phi$ 和 1，而是满足 $a : b = \phi : 1$ 的 $a$ 和 $b$，那么上述等式就等价于

$$b : (a-b) = a : b = (a+b) : a。$$

图 10.10 所示的线段比例表达了上述比例关系，这些关系表明如下事实：如果我们将线段按黄金比例分割成长度分别为 $a$ 和 $b$ 的两段，那么

（1）以短线段 $b$ 作除数来除长线段 $a$，所得的比例是黄金比例，即 $a : b = \phi$；

（2）以长线段 $a$ 作除数来除 $a$ 与 $b$ 的和 $a+b$，所得的比例也是黄金比例，即 $(a+b) : a = \phi$；

（c）以两线段差 $a-b$ 作除数来除短线段 $b$，所得的比例同样也是黄金比例，即 $b : (a-b) = \phi$。

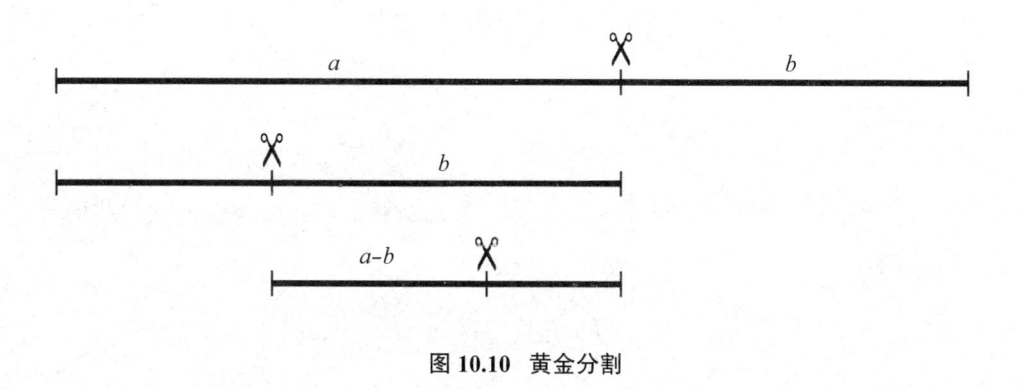

**图 10.10 黄金分割**

## 10.6 不可公度性

毕达哥拉斯相信所有的比例都可以用自然数的比例来表示，但对图 10.10 的简单考察，似乎就摧垮了这种信念。

在 10.2 节，我们描述了用较短线段与较长线段"辗转相割"，从而将 $a$ 与 $b$ 两个长度的比例用自然数比例表示的做法。现在，我们来考虑任意两条满足

**心中有数**

$a：b=\phi：1$ 的线段。也就是说，我们对 $a$ 与 $b$ 的唯一要求是它们的长度比是黄金比例。图10.10清楚地表明，短线段 $b$ 只能整个放入长线段 $a$ 中一次，因而得到的剩余线段长度为 $a-b$。然而我们刚刚得到的结果表明，由 $a：b=\phi：1$，可以推得 $b：(a-b)=\phi：1$。这就是说，剩余线段与短线段的比同样也是黄金比例。因此很不幸，第一次"以短割长"没有给我们带来任何接近于 $a$ 与 $b$ 的公度的进展，我们的处境——面对的两条线段的比例——与前一步骤完全相同。很明显，由于每次得到的剩余线段与相应短线段的比例都没有改变，这样辗转相割的过程将永无休止地继续下去。

寻找 $a$ 与 $b$ 之最大公度的算法永远不会停止，因此 $a$ 与 $b$ 之间不存在任何公度。这就是说，对 $a：b=\phi：1$，我们不可能找到公共的长度单位 $r$，以及自然数 $n$ 和 $m$，使得 $a=nr$，而且 $b=mr$。而如果我们根据这个辗转相割的过程将 $a：b$ 表示成连分数的话，则有

$$\frac{a}{b}=\phi=1+\cfrac{1}{1+\cfrac{1}{1+\cfrac{1}{1+\cfrac{1}{1+\cfrac{1}{\phi}}}}},$$

显然，这个连分数可以一直写下去，它是一个无限连分数。事实上，我们此前得到了关于 $\phi$ 的等式

$$\phi=\frac{\phi}{1}=\frac{\phi+1}{\phi}=1+\frac{1}{\phi}$$

从这个等式出发，我们也可以得到上述连分数——整个右式的值等于 $\phi$，用它代替右式分数部分的分母 $\phi$，我们得到

$$\phi=1+\frac{1}{\phi}=1+\cfrac{1}{1+\cfrac{1}{\phi}},$$

不断反复进行上述替代，就可以得到以上的连分数：

## 第 10 章 数字与比例

$$\phi = 1 + \frac{1}{\phi} = 1 + \cfrac{1}{1+\cfrac{1}{\phi}} = 1 + \cfrac{1}{1+\cfrac{1}{1+\cfrac{1}{\phi}}} = \cdots = 1 + \cfrac{1}{1+\cfrac{1}{1+\cfrac{1}{1+\cfrac{1}{1+\cfrac{1}{\phi}}}}} = \cdots。$$

任何不能表示成自然数比例的数都称为"无理数"。从几何的角度看,两个不能表示成自然数比例的长度 $a$ 和 $b$ 称为"不可公度"的长度。这意味着,对这两个长度 $a$ 和 $b$,不存在公共单位 $r$,以及自然数 $n$ 和 $m$,使得 $a = nr$,而且 $b = mr$。在第 1 章中我们提到这种情形的存在性,现在我们证明了它的确出现,如果我们想测量 $\phi$ 的长度,那么我们不可能得到 1 加上一个分数。

以一条给定的有限线段的长度为单位长度,则任何线段的长度与它的比值就可以被看成一个数,这样的数就称为"实数"。"可公度"的实数称为"有理数",而它们事实上在实数中只是极少数。如果你随意地挑出一个实数,那么它几乎可以肯定就是无理数,相应地,随意选择两条线段,它们也几乎肯定是不可公度的。

一个特别著名的例子是 2 的平方根,它是正方形对角线与边长的比值。在欧几里得的《几何原本》中,我们可以找到其不可公度性的理论证明。这个结果可能早在公元前 5 世纪就为人所知,它通常归功于毕达哥拉斯学派的希帕索斯。希帕索斯是麦达庞顿人,而如第 4 章所说,这个城市是毕达哥拉斯学派位于意大利南部的一个活动中心。五角星形是毕达哥拉斯学派的象征符号之一,麦达庞顿的毕达哥拉斯学派对这个图形进行了研究。正五角星是由正五边形的五条对角线构成的,然而,如图 10.11 所示,正五边形对角线与边的长度比是黄金比例。图中,用粗线标记的线段之间的长度比都是黄金比例,即 $a : b = a' : b' = a'' : b'' = \phi : 1$。在毕达哥拉斯派学者的眼中,万事万物都可以用自然数的比例来表示的信条永远都是正确的,然而他们的象征符号却明显违反了这个信条,这不能不说是很有讽刺意味的事。

· 245 ·

心中有数

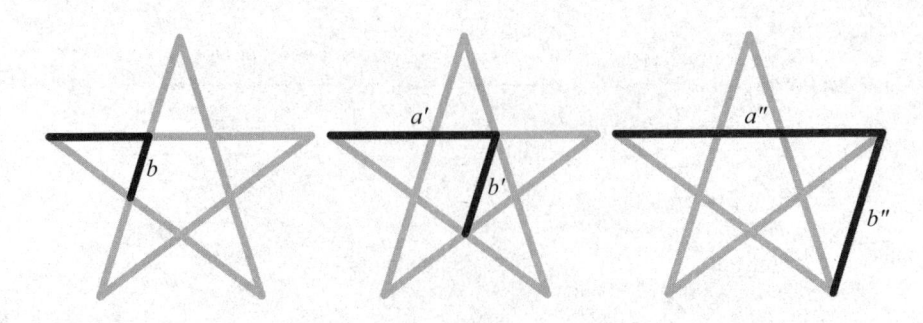

图 10.11 五角星中的黄金比例

黄金比例在艺术、建筑乃至自然界中都随处可见，读者们如果想要更多地了解黄金比例在几何中的呈现、它与其他著名数值的关系，以及它在物理世界中的表达，可以参考 A. S. 波萨门蒂和英格玛·雷曼所著的《辉煌的黄金比例》。

## 10.7　圆周率 π

有些数字在数学中拥有独特的地位，这有两种可能的原因：或者是它们在数学、自然界等各种场合频繁出现的结果，或者是它们的特殊性质吸引了众多的研究者。我们马上要考察的数，可能就是学校里所教的数学在我们记忆中最常出现的东西。没错，我们所指的就是用希腊字母 π 表示的那个数。在数学中，这个数通常与两个关于圆周的公式联系在一起，一个是圆周长的公式 $C = 2\pi r$，另一个是圆面积公式 $A = \pi r^2$，通常，我们把 π 的值取为 3.14。对有些人来说，π 不过是计算器上按一下按键的事，一动手指，屏幕上就会出现一个特别的数值。但对另外一些人来说，这个数字具有难以想象的魅力。依计算器显示能力和设置的不同，这个数值可能显示为 3.141 592 7，或者是

$$3.141\ 592\ 653\ 589\ 7932\ 384\ 626\ 433\ 832\ 795,$$

甚至更长。

按键上的这一按其实还是没有告诉我们 π 到底是什么，我们只是有了一个快捷地得到 π 的（近似）数值的办法。事实上，π 表示的是一个比例：它是圆的周长与其直径长度的比值（参见图 10.12）。作为一个比例，它与圆的直径大小没有关系。

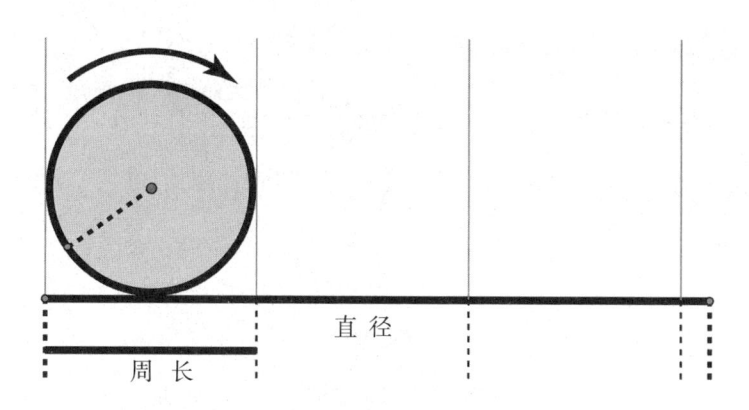

图 10.12 圆周与直径的长度比称为 π

π 还是另外一个比例,如图 10.13 所示,它等于圆面积和以圆半径为边长的正方形面积的比值。

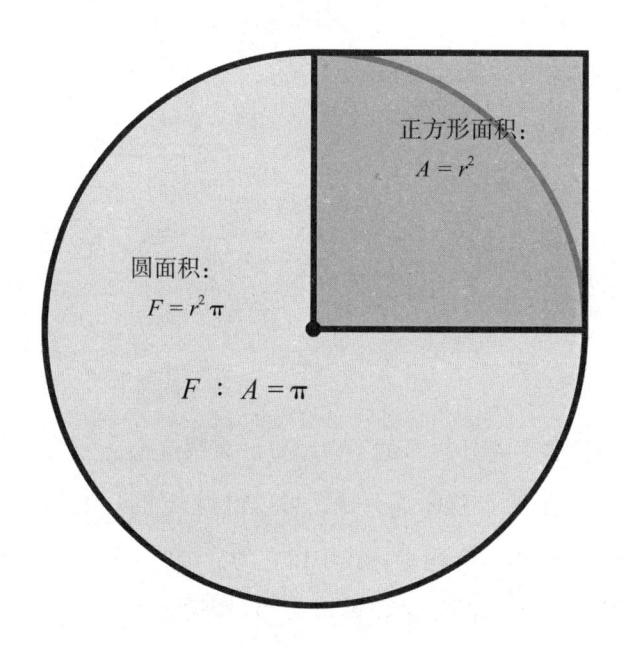

图 10.13 圆与正方形的面积比

德国数学家约翰·海因里希·朗伯(1728—1777)是第一个严格证明 π 是无理数的人。这就是说,π 不可能精确地表示成两个自然数相除形式的分数。朗伯

**心中有数**

的证明方法借助于正切函数 tan(x)。他将 tan(x) 展开成连分数，证明当 tan(x) 是有理数时，x 就不可能是有理数。而由于 $\tan(\frac{\pi}{4})=1$ 是一个有理数，因此 $\frac{\pi}{4}$ 不可能是有理数，从而 π 也就只能是无理数。在公元 1770 年，朗伯得到了如下关于 π 的连分数：

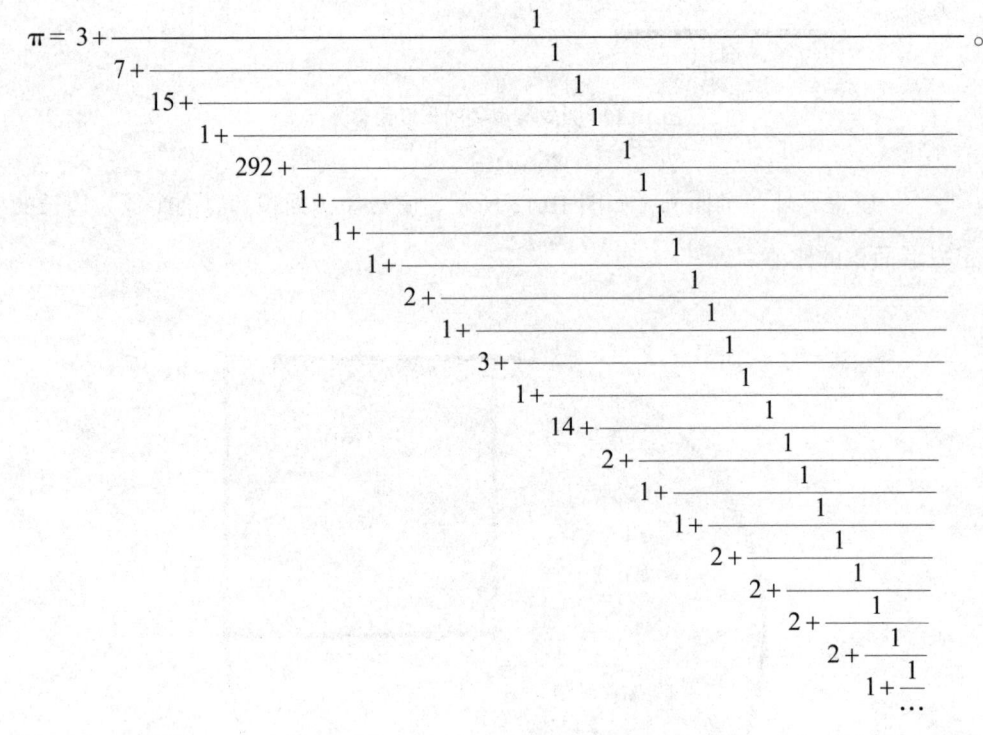

$$\pi = 3 + \cfrac{1}{7 + \cfrac{1}{15 + \cfrac{1}{1 + \cfrac{1}{292 + \cfrac{1}{1 + \cfrac{1}{1 + \cfrac{1}{2 + \cfrac{1}{1 + \cfrac{1}{3 + \cfrac{1}{1 + \cfrac{1}{14 + \cfrac{1}{2 + \cfrac{1}{1 + \cfrac{1}{1 + \cfrac{1}{2 + \cfrac{1}{2 + \cfrac{1}{2 + \cfrac{1}{2 + \cfrac{1}{1 + \cfrac{1}{\cdots}}}}}}}}}}}}}}}}}}}}$$

由于 π 是无理数，这个连分数永远不会结束。观察这个连分数形式，我们发现在某个分母大的地方"截断"这个连分数，可以得到 π 的一个相当好的近似值。例如，292 是一个大的分母，上述表达式中以它为分母的分数部分接近于 0，因而用 0 替代这部分连分数，所得的结果就将与 π 相当接近：

$$\pi = 3 + \cfrac{1}{7 + \cfrac{1}{15 + \cfrac{1}{1 + 0}}} = \frac{355}{113} \approx 3.141\,5929 。$$

## 第 10 章 数字与比例

这里得到的数值，直到小数点之后第七位才与 π 不一样。不仅与 π 相当接近，这个数字还有一个特点，就是它很好记，它的分母和分子合在一起是 113 355，一个相当容易记忆的数字。

在日常应用中我们并不需要很高精度的 π，因此我们可以更早截断 π 的连分数，使用这样的近似值：

$$\pi = 3 + \frac{1}{7+0} = \frac{22}{7} \approx 3.142\,9。$$

如果我们计算直径为 1 米的圆的周长，使用 π≈3.1429 来作计算的话，结果与准确值的误差大约是 1 毫米。

很有意思的是，对 π 的连分数表达式中的分母序列，人们至今还没有发现它有任何规律性。可以证明，这些分母不会按周期循环出现，这一点与 π 是"超越数"有关。在实数中，等于某个整系数多项式方程之解的数被称为"代数数"，不可能成为这种多项式方程之解的数则被称为"超越数"。黄金比例 $\phi$ 虽然是无理数，但是它是整系数一元二次方程 $\phi^2 = \phi + 1$ 的解，所以它是一个代数数。而 π 则不同，它是一个超越数。尽管如此，π 还可以写成其他不同的连分数形式，其中有些会呈现出惊人的规则性。英国数学家威廉·布龙克尔（1620—1684）曾得到如下 π 的连分数式：

$$\pi = \cfrac{4}{1 + \cfrac{1^2}{2 + \cfrac{3^2}{2 + \cfrac{5^2}{2 + \cfrac{7^2}{2 + \cfrac{9^2}{2 + \cdots}}}}}}。$$

詹姆斯·西尔维斯特（1814—1897）是美国数学家，他以创办《美国数学杂志》而闻名。在公元 1869 年，他发现了如下 π 的连分数形式：

心中有数

$$\pi = 2 + \cfrac{2}{1+\cfrac{1\times 2}{1+\cfrac{2\times 3}{1+\cfrac{3\times 4}{1+\cfrac{4\times 5}{1+\cfrac{5\times 6}{1+\cdots}}}}}}$$

如果用十进制小数表示的话，π 的数值可以写到无穷无尽的小数位，数学家们一直在寻找其中的规律性，但至今都没能成功。事实上，π 的十进制小数部分各位数字的序列似乎是毫无规律的数列。因此，给定一个有限的数字序列，如果在 π 的小数部分里寻找到足够远的地方，我们就能够找到这个序列。然而，奇怪的巧合有时也会出现。英国数学家约翰•康威（1937—）指出，如果我们把 π 的小数部分每十个分成一组的话，从 0 到 9 各个数字全部出现在同一组中的概率大约是四万分之一。他证明这样的一组确实会出现，如下所示，从 0 到 9 这十个数字全部出现在第七组中：

π = 3.1415926535 8979323846 2643383279 5028841971 6939937510
　　 5820974944 **5923078164** 0628620899 8628034825 3421170679
　　 8214808651 3282306647 0938446095 5058223172 5359408128⋯

## 10.8　π 的神奇历史

读者可能会有这样一个问题，为什么这个著名的比例会用希腊字母 π 来表示？在公元 1706 年，英国数学家威廉•琼斯（1675—1749）写了一本名为《新数学引论》的著作，其中第一次使用 π 这个符号来表示圆的周长与直径的比值。然而直到 1748 年，由于数学最伟大的贡献者之一、瑞士数学家欧拉，在他的著作《无穷小分析引论》中也使用 π 来表示圆的周长与直径的比值，π 作为圆周率的记号才真正得到普及。欧拉是聪明绝顶的数学家，拥有超人的记忆力和进行复杂心算的能力。他发现了很多很多计算 π 的方法，其中一些比前人的方法能够更快地

逼近 π 的真实数值——也就是说，用更少的步骤就能得到更高精度的近似值。欧拉曾准确地计算出 π 的前 126 位数字，而下面给出的级数（即无穷和式）中包含有所有自然数平方的倒数，因而显然特别的有趣：

$$\frac{\pi^2}{6}=1+\frac{1}{2^2}+\frac{1}{3^2}+\frac{1}{4^2}+\frac{1}{5^2}+\cdots,$$

将这个等式两边同时乘以 6，然后再开平方，就可以得到 π 的数值。

很多奇闻异事都因 π 而产生，其中，算出 π 值尽可能多的小数位，近数百年以来都是一种很有吸引力的挑战。读者可能会问：我们为什么需要 π 值那么高的精确度？事实上，我们不需要。整个可以观测到的宇宙直径大约是 $10^{27}$ 米，而可以观测的最小尺度是普朗克长度，等于 $10^{-35}$ 米。如果我们想计算以最大观测尺度为直径的圆周长度，那么我们需要 π 值的精度大约达到 62 位，就可以使误差小于最小的观测尺度，即普朗克长度。所以说，获取更多 π 的位数并没有实际用途，计算的方法只是被用来检验计算机的精度与速度，以及计算程序或算法的复杂度。换句话说，是用来确定计算机以及软件的效率和精确度。

截至 2014 年，计算出 π 值最多小数位的记录保持者是日本工程师近藤贸以及华裔学生余智恒。应用余智恒设计的算法，近藤贸在 2014 年计算出 π 值的 13.3 万亿位小数，当然，这种记录必然被不断打破[①]。

13.3 万亿这个数有多大？这是值得我们考察一下的问题。如果一个人活了 13.3 万亿秒，那么他的年纪是多少？这个问题看似讨厌，因为它让我们不得不考虑一个很小单位的很大倍数。然而，我们知道一秒钟有多长，而一年大约 365 天，每天是 24 小时，每小时是 60 分钟，每分钟是 60 秒。因此，一年大约有 365×24×60×60 秒，13.3 万亿秒换算成年，就是

$$13.3 \times \frac{1\,000\,000\,000\,000}{365 \times 24 \times 60 \times 60} \approx 421\,740 \text{ 年}。$$

一个人的寿命要达到 421 000 多年才能活到 13.3 万亿秒！

---

① 至本书翻译结束时的最新记录是 22.4 万亿位。

**心中有数**

关于 π 的高精度近似我们已经说得多了，现在我们回过头去看看古时候对 π 值的了解。在古远的年代，中外都曾有过"径一周三"说法，即在实际中把 π 值取为 3 来进行计算。但有些人总是觉得文献中隐藏着可能揭示久已失传的秘密之密码，通常将《圣经》里 π 的数值解读为 3 的那个段落就属于这种情形。这里，我们来看看对古代知识一种更为迷人的现代解读——《圣经》里有一个句子在两个地方重复出现，除了一个拼写有差别的单词之外，其他全部都相同。在《列王纪》第 7 章第 23 节和《编年纪》第 4 章第 2 节中，都有同一段对所罗门王神庙里的水池或喷泉的描述，它是这样的：

> 他又铸一个铜海，样式是圆的，高五肘，径十肘，围三十肘。

这里描述的圆形物（"铜海"）直径十肘而周长 30 肘，因此人们通常认定《圣经》以 3 为圆周率。这当然是一个很粗糙的近似值。18 世纪后期有一位名叫"维尔纳的以利亚"（1720—1797）的犹太教拉比，他是伟大的《圣经》学者，获得"维尔纳之荣耀"的称号。尽管通常认为这段话里的圆周率是 3，但以利亚提出一个引人注目的解读，将《圣经》里的圆周率解读得比 3 要精确得多。以利亚注意到，那"围"的长度在两个段落里的希伯来文拼写法不一样。

在《列王纪》中，这个长度被写成 קוה，而在《编年纪》中则写成 קו。"字母代码法"是一种犹太法典学者至今仍在使用的希伯来文字分析技术，这种分析法认为，希伯来字母在字母表中的位置对应着特定的数值。以利亚应用这种方法对《圣经》的这两处文句进行了分析。根据字母代码法，字母都可以解读为数值，其中 ק = 100，ו = 6，而 ה = 5。因此，在《列王纪》中，这个长度为 קוה = 5 + 6+ 100 = 111，而《编年纪》中的长度则是 קו = 6 + 100 = 106。应用字母代码分析法，以利亚将这两个数值相除，取四位小数，得到 $\frac{111}{106}$ = 1.0472，并将它作为必要的"校正因子"。用这个校正因子乘以原来认为《圣经》所用的圆周率 3，得到的结果是 3.1416，精确到小数点后第四位！人们通常的反应是"哇噻，了不得！"因为这样的精确度在那么古远的年代是极为惊人的。如果十个人拿着绳子去测量某个

## 第 10 章 数字与比例

圆形物体的周长和直径，计算它们的比值，然后我们取这十个数的平均值，那么精确至小数点后两位的结果，即 3.14，都是极为难得的。现在，我们再来想象精确到小数点之后四位——这用绳子测量的方法几乎绝对地不可能做到！请读者自己做几次试验，那样才有说服力。

另一方面，《圣经》中"校正因子"的出现可能纯粹是一个巧合。两段文字中"围"长度写法之不同在《圣经》的其他地方也曾出现，而在这些地方，所谓"校正因子"却没有什么意义。因此，从字母代码法推导出来的这个结论不能算是科学的。而且，对这种结论是否相信也依赖于人们对《圣经》用词严格性的判断。事实上，《旧约》成书于大约公元前 300 年，那个年代 $\pi$ 的数值非常不可能达到如此精确的程度。作为古希腊最伟大的学者，阿基米德（前 267？—212）所求得的，当时最为精确的 $\pi$ 的近似值为

$$3.140\,845 \approx 3+\frac{10}{71} < \pi < 3+\frac{10}{70} \approx \overline{3.142\,857}。$$

如图 10.14 所示，阿基米德通过比较圆的内接多边形与外切多边形的面积，才得以获得这个估计式。为了达到这样的精度，他需要计算圆的内接与外切九十六边形的面积。

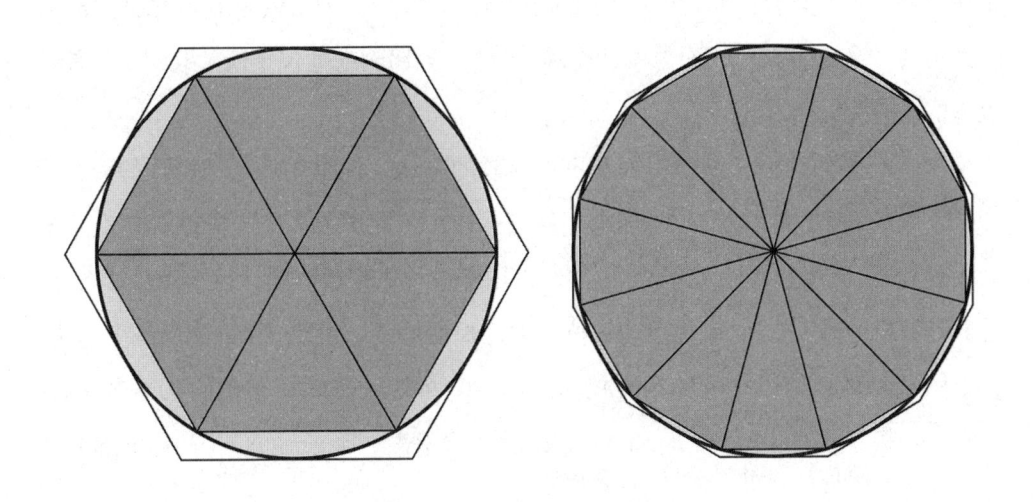

**图 10.14　用多边形逼近圆形**

## 心中有数

阿基米德所用的算法是整个古代最好的确定 π 值的算法，因此 π 有时也被称作"阿基米德常数"。古代中国的数学家也使用基于多边形的算法，例如南北朝时的祖冲之（428—500），他通过计算 24576 边形[①]，得到 π 小数点后的七位精确值。这个纪录保持了 900 多年之久，直到公元 1424 年才被波斯天文学家和数学家阿尔·卡西（1380？—1429）打破。卡西计算了超过八亿边的正多边形，得到了十六进制下 π 小数点后的九位精确数值，这相当于十进制下的十六位小数精确值。

几乎在同一时间，印度天文学家和数学家玛德瓦（1340？—1425）发明了一个新方法，他使用的是如下无穷和式

$$\pi = 4\left(1 - \frac{1}{3} + \frac{1}{5} - \frac{1}{7} + \frac{1}{9} - \frac{1}{11} \pm \cdots\right).$$

这个美妙的等式后来在欧洲由莱布尼兹（1646—1716）重新发现，因此现在它称为"玛德瓦-莱布尼兹公式"。玛德瓦甚至还发现了对实际计算 π 值更加有用的表达式，并把 π 值计算到小数点后十一位。

下一个纪录在大约公元 1600 年由鲁道夫·科伊伦（1540—1610）创造。他采用阿基米德的方法，将所计算多边形的边数增加到 $2^{62}$ 条。科伊伦几乎耗尽整个生命来进行这个计算，将 π 值计算到小数点后 35 位。为了表彰他的贡献，π 有时也称为"鲁道夫数"，而他所计算的 π 值，也铭刻在他位于荷兰莱顿市圣彼得教堂的墓碑上。

对 π 值的计算，欧拉引入了更加高效的办法，他采用反正切函数的无穷展开式。20 世纪初，印度的拉马努金（1887—1920）发现了多个非常特别的关于 π 的无穷和式。这些和式收敛非常快，它们被用来设计效率极高的计算 π 值的算法[②]。随着计算机的发明，对 π 更多小数位的追逐长期持续，并且纪录的刷新越来越快。丹尼尔·山克斯（1917—1996）和他的团队在 1962 年首次公布了 π 值的 10 万位小数，

---

[①] 这只是一些数学史专家的判断，并没有足够的证据。译者认为，祖冲之使用的是一种独特的圆周率计算法，它很可能随着其著作《缀术》的亡佚而失传。

[②] 近些年，南京大学的孙智伟教授公布了数百个极为让人震撼的"π 级数"，它们的计算效率远高于拉马努金的公式。

254

而丘德诺夫斯基兄弟则首先将 π 计算到十亿位。在 2000 年前后，日本的金田康正突破了一万亿位的关口，而如前所述，至本书截稿时的纪录属于近藤贸和余智恒。

关于 π 这个极具魅力的数字，读者如果想要了解更多的知识，可以参考 A. S. 波萨门蒂和英格玛·雷曼合著的《π，世界最神奇数字的传记》。

## 10.9 大金字塔里的著名数字

古埃及第四王朝的第二代法老名叫胡夫，他是公元前 2600 年前后埃及古王国的统治者。胡夫的坟墓是众所周知的"胡夫金字塔"，它矗立在开罗附近的吉萨高地，是最古老和最大的金字塔，所以也通称"大金字塔"。刚刚走出石器时代的人类，是如何建造起如此硕大无比，而又造型完美的几何体的？金字塔的底部是一个几乎完美的正方形，它的平均边长是 $s = 230.36$ 米，而边长间的最大差距只有 3.2 厘米。这样的精确度实在是相当不平凡，因为当时埃及人所能拥有的工具相当原始，但他们却能够将其制造得相当精确，而且使用非常得当。由于自然风化以及石材被盗，现在测量这个金字塔的尺寸并不容易。不过，我们还是可以准确地测量出它底部的边长，因为一些地基中的石块一直以来都没有变动位置，尤其是四角上石块的位置可以精准地确定。

人们相信，金字塔底部正方形的边长正好是 440 肘。"肘"是古埃及的长度单位，它等于 7 个"掌尺"，也是 28 个"指寸"。以 230.36 米为边长，则可以算得一肘等于 52.35 厘米，这与其他史料相当吻合。

比起测量胡夫金字塔的底边，测算它的高度则更加困难。现在，这个金字塔已经失去了顶端，它目前仍然有 138.75 米高，而它原来比现在大约要高出 8 米。一种比较可信的估计是，金字塔本来的高度为 146.5 米。从这个估计出发，我们可以算出它四面的倾角是 51°49'30"，这与一些实测值也相当一致。

人们总是猜测金字塔的尺寸中隐含着不为人知的信息，这种猜测贯穿着整个金字塔研究的历史。伪科学家、金字塔学家、数字研究专家都在金字塔的尺寸中寻找神奇的数量关系。在 19 世纪，为了测量胡夫金字塔的所有尺寸，苏格兰天文学家查尔斯·史密斯（1819—1900）进行了多次实地考察。他对测量到的数据穷

**心中有数**

尽各种组合，计算所有比例，以期从金字塔提供的数据中发现隐秘的宝藏。下面，我们将考察史密斯的发现，对胡夫金字塔的几个典型比例进行计算。

首先，我们来计算金字塔斜面上的三角形。我们记斜面上的高为 $d$，如图 10.15 所示。通过已知的底边边长 $s$ 和金字塔高 $h$，我们可以计算出 $d$ 的数值。据图 10.15，应用勾股定理，易得

$$d^2 = h^2 + (\frac{s}{2})^2, \text{ 或 } d = \sqrt{h^2 + (\frac{s}{2})^2} \text{ 。}$$

代入 $h = 146.5$ 米，以及 $s = 230.36$ 米，得到 $d = 186.356$ 米。$d$ 与 $\frac{s}{2}$ 的比值是图 10.15 中粗线间的长度比，它是

$$d : \frac{s}{2} = \frac{186.356}{115.18} = 1.61795$$

相当让人惊讶的是，这个比值竟然非常非常地接近黄金比例！那么，金字塔的建筑师有没有可能故意将黄金比例暗藏在金字塔的比例中呢？

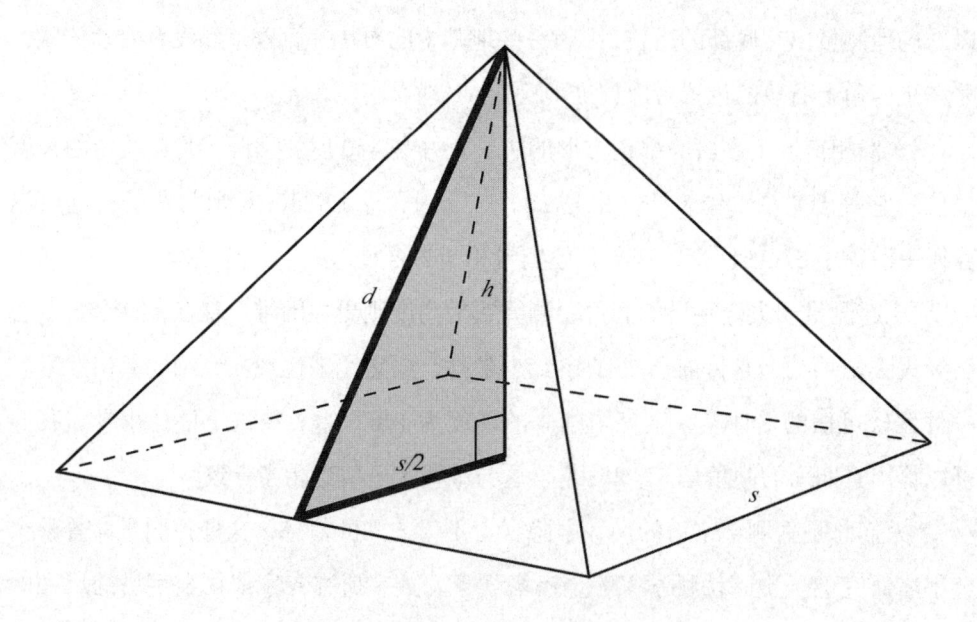

图 10.15 斜高与半底边长构成黄金比例

## 第 10 章　数字与比例

按照比例准确等于黄金比例的要求，我们可以确定金字塔高度 $h$ 的数值，这种计算所得的 $h$ 为 146.511 米，这仅比原始估计的 146.5 米多出 11 毫米。显然，如此微小的差距在如此巨大的建筑中是微不足道的，根据现存金字塔估算高度所导致的不精确程度要比这个差距大许多。因此，测量所得的金字塔尺寸支持如下的假设：

**假设 1**　胡夫大金字塔被设计成其斜高与底部半边长的比值等于黄金比例，即

$$d : \frac{s}{2} = \phi。$$

现在，一个重大的问题是，这是有明确意图的设计，还是一切只是巧合？可靠的假设是：当时的埃及人并不知道黄金比例，这个比例对他们而言并不具有 2000 年后希腊人所赋予的数学上的重要意义。据此，古埃及人凭什么会把黄金比例安排在他们的建筑中呢？

一种经常被引述的解释源自美国金字塔学家约翰·泰勒（1781—1864）的著作，在其著作中，他引古希腊历史学家希罗多德（前 484？—前 425）的话作为依据。他说，古埃及人并非有意地将黄金比例引入他们的建筑，而是他们遵循了这样的想法：

**假设 2**　胡夫大金字塔按这样的方式设计：它每个斜面与以高为边长的正方形的面积都相同（参见图 10.16）。

根据这个假设，只需要基本的代数知识就可以推导出上述比例会涉及黄金比例，上述两种假设在数学上是等价的。但是，泰勒的解释是不是正确的？事实上，他所引述的希罗多德唯一牵涉到金字塔的那段话，其原文是这样的："金字塔的建造耗时达 20 年之久，其底部是正方形，各边长度都是 8 引，它的高度也是一样。整座金字塔都用打磨过的石块砌成，每块至少有 30 尺大小，而且绝大多数都嵌合

心中有数

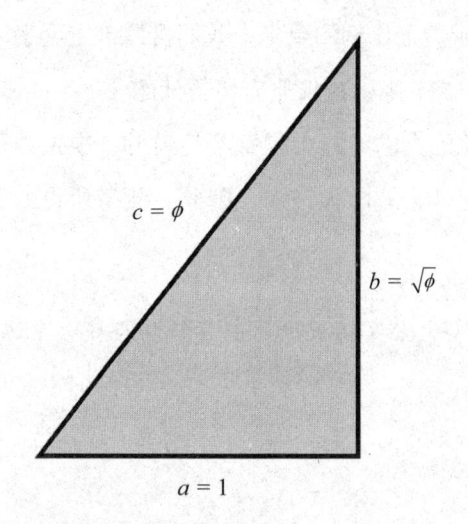

图 10.16 假设 2 导致 $d : \frac{s}{2} : h = \phi : 1 : \sqrt{\phi}$

得很完美。"这个引述中的"引"和"尺"都是古希腊的长度单位，一引等于 100 尺，但我们不知道它具体是多长。在《大金字塔的形状》一书中，加拿大数学家罗杰·赫兹费希勒指出，这条引文不足以证明泰勒的结论。引文中的高度看起来只是粗略的估计而不是精确的数值，但泰勒对原文进行武断的重新解读，他声称"它的高度也是一样"不应该解释为长度间的相等，而应该是面积的等式。他据此认定，金字塔斜面与以高为边的正方形具有相等的面积。在现代人眼里，泰勒的解读显然更加不足采信，不过这个问题我们搁置不谈，下面我们来看看其他的解读。

## 10.10 圆周率与金字塔

如前所述，胡夫大金字塔的底部边长为 $s = 230.36$ 米，高度为 $h = 146.5$ 米。据此我们计算底部的半周长与高度的比值，即有

$$2s : h = 2 \times 230.36 : 146.5 \approx 3.144\,85。$$

这个数值与圆周率相当接近，接近到了让人怀疑的地步。如果原来估算的高度再高出 15 厘米，那么这个比例将很准确地成为 3.141 59。与上一小节所得比值与黄

## 第 10 章　数字与比例

金比例的差距相比,这里的偏差要大一点点。但 15 厘米很显然仍然远远小于估算风化的金字塔高度时所可能产生的误差。因此,我们毫不迟疑地相信,以下关于胡夫大金字塔尺寸的假设,与此前的两个假设完全可以相提并论:

**假设 3**　胡夫大金字塔按这样的方式设计,它使得

$$2s : h = \pi \text{ 或者说 } 4s = 2h\pi,$$

这就是说,金字塔底部的周长等于以其高为半径的圆的周长。

同样,这个假设也有问题:古埃及人并不知道 $\pi$ 的数值。根据莱因德纸草书等文献(参见本书第 3 章 3.3 节),我们了解到古埃及人的数学知识。莱因德纸草书写于大约公元前 1650 年,是一本关于当时的重要数学问题的习题集。在其涉及圆面积的算题中,圆的面积是用将圆分成多个方形区域的办法来进行近似计算的,这种方法实际上相当于将 3.16 当作圆周率的值,而假设中金字塔的圆周率却精确许多。此外,对圆面积与以其半径为边长的正方形面积之比,古埃及人明显也没有概念。也就是说,圆周率的概念显然并不为古埃及人所知晓。那么,精度如此"不可思议"的圆周率又怎么可能出现在他们金字塔的尺寸中呢?

还有,同一个金字塔,怎么能同时既体现出黄金比例,又体现出圆周率?这除了神奇的巧合,没有别的解释。为了欣赏这一个巧合,我们再回去考察图 10.15 中的直角三角形。这个三角形由金字塔底部的半边长、高以及斜高构成。它与图 10.17 中的所谓"开普勒三角形"非常接近。开普勒三角形是直角三角形,其斜边 $c = \phi$,直角边 $a = 1$,而 $b = \sqrt{\phi}$。对这种情形,勾股定理 $a^2 + b^2 = c^2$ 恰好等价于黄金比例的定义式 $1 + \phi = \phi^2$。根据假设 1,图 10.15 中的三角形恰好就是这种形状,而它的比例中确实也隐藏着圆周率(的近似值)。这其中的原因虽然纯属巧合,却是相当神奇——原因就在于以下两个数值之间相当接近:

$$\frac{1}{\sqrt{\phi}} \approx 0.786\,165\cdots, \text{ 而 } \frac{\pi}{4} \approx 0.785\,398\cdots。$$

心中有数

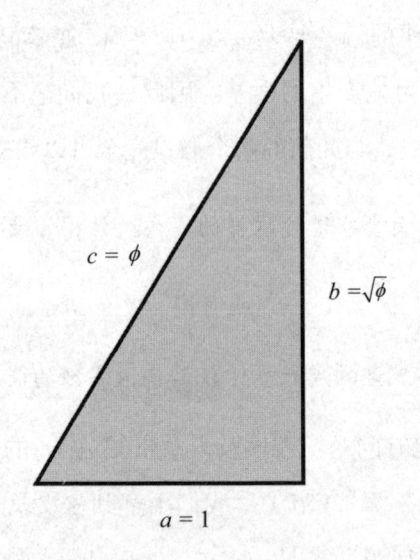

图 10.17 开普勒三角形

正由于这种巧合，开普勒三角形的边长比例与圆周率就以如下的方式相互联系在一起：

$$1 : \sqrt{\phi} \approx \pi : 4,$$

这个比例与胡夫大金字塔中的比例 $\frac{s}{2} : h$ 数值相近。因此，一个比例中有 $\phi$ 的金字塔，其比例中也会出现相当高精度的 $\pi$，而反过来说也一样。因此，如果一种解释，解释了假设 3 中 $\pi$ 出现的原因，那么它同时也解释了 $\phi$ 的出现。

在《金字塔之谜》一书中，英国物理学家柯特·门德尔松（1906—1980）提出了一种看起来很有道理的解释。他假设，测量师用圆轮滚动的圈数来测量平面上的距离，而垂直方向的距离则以圆轮的直径为长度单位。据此，我们可以画出图 10.18。其中，金字塔的底边长度是测量师所用圆轮周长的某个倍数，而高度则是圆轮直径的倍数。由于圆周长与直径的比值就是圆周率，$\pi$ 也就包含在了金字塔尺寸的比例之中，虽然古埃及人对此一无所知。

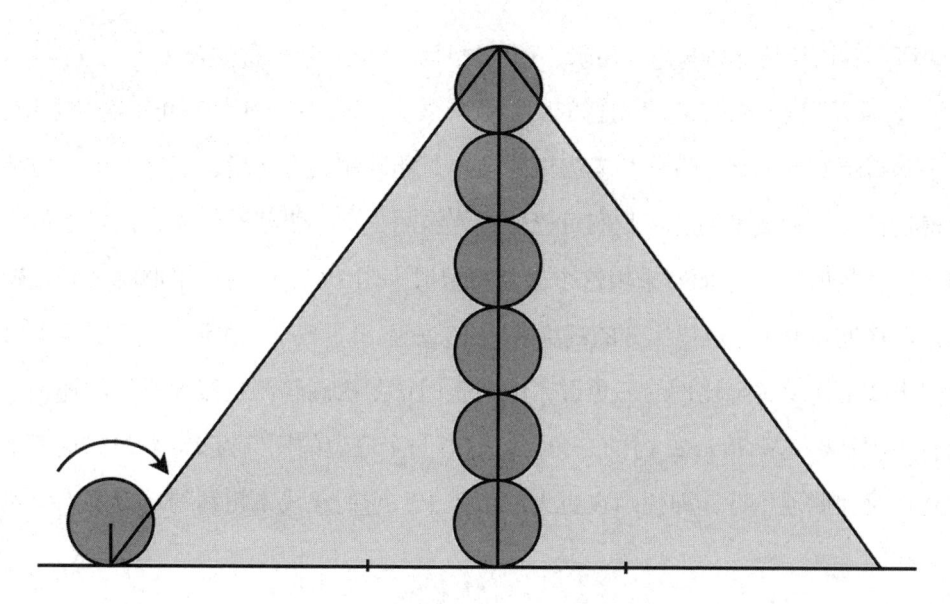

图 10.18 测量师用圆轮丈量长度和高度

很不幸，门德尔松的这种解释没能得到历史事实的支撑。古代的图画中出现过古埃及人使用工具的画面，其中没有他们可能使用圆轮来测量长度的任何迹象。因此，除了能够给出胡夫金字塔出现 π 的解释之外，门德尔松的假设并没有其他根据。如果有人能够提出更加简单的解释，那必然比古人拥有失传的高级几何知识的任何假设更容易被接受。而事实上，这样的解释是存在的。

## 10.11 历史学的解释

我们此前提到的莱因德纸草书中包含有关于金字塔坡度的问题，我们因此了解到"塞克特（seked）"这个概念。塞克特是金字塔斜面坡度的一种度量，它是高度提升一肘所需增加的水平距离。我们前面提到过，一肘等于 28 指寸，而塞克特的水平距离就以指寸为单位。因此，金字塔越陡峭，它的塞克特就越小。胡夫金字塔似乎是以塞克特值等于 22 指寸来设计的，其图形如图 10.19。

假定金字塔的底边长度为 440 肘，而它的塞克特为 22，那么我们就可以据之计算出金字塔的高度，而这正是莱因德纸草书的习题之一。通过很简单的比例计算，我们得到金字塔的高度为 280 肘，也就是 146.59 米。这个高度仅仅比假设 1 和假

**心中有数**

设 3 所用的原始估计值高出 9 厘米，因而同样与实际测量非常吻合。

　　古埃及很多金字塔都采用特定的塞克特数值，而 22 与 21 都不止一次被采用。为了获得更好的形状，古埃及人尝试建造尽可能陡峭的金字塔，但这产生了与结构稳定性相关的技术问题。我们可以假设，在胡夫金字塔建造时期，技术上最优的塞克特数值是 22。而当采用这个塞克特值时，图 10.15 中的三角形就与开普勒三角形接近到事实上难以区分的程度。图 10.20 画出了三个三角形，左边是假设 1 和假设 2 中体现黄金比例的三角形，中间是门德尔松圆轮测量假设所得的那种，而右边则是塞克特等于 22 时的三角形，其高与半底边的比例为 28 : 22。这三个三角形是如此地接近，即便画在更大的纸张上，它们在线条粗细的尺度之下仍然完全相同。

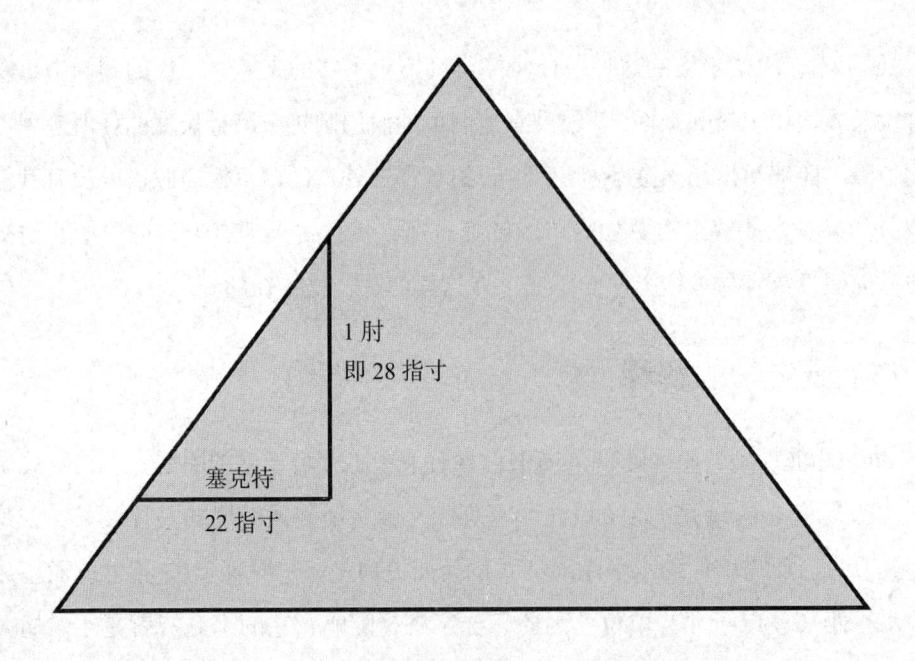

**图 10.19　塞克特等于 22 的金字塔**

## 第 10 章 数字与比例

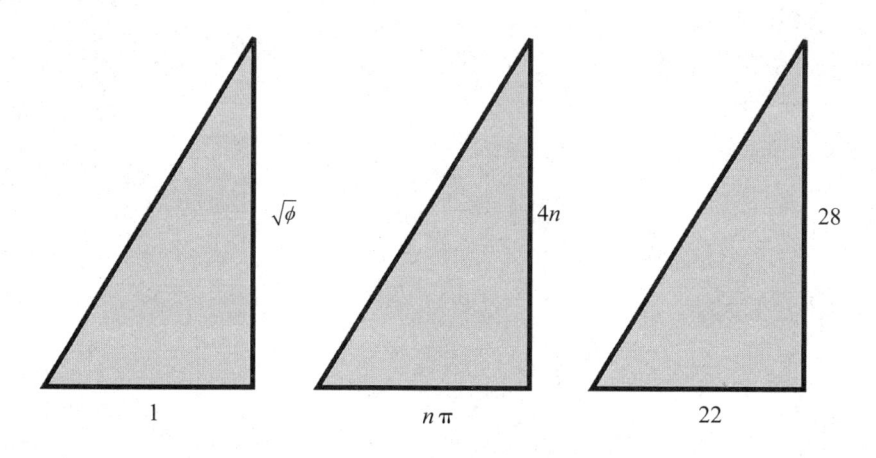

图 10.20 三个比例极相近的三角形

这里的解释非常简单,只要记得 $\frac{22}{7}$ 是圆周率一个很好的近似就可以了。据此,我们得到

$$\frac{22}{28} = \frac{1}{4} \times \frac{22}{7} \approx \frac{\pi}{4} \approx \frac{1}{\sqrt{\phi}},$$

三个比例之间几乎没有差别。塞克特等于 22 时,自然而然地,金字塔的尺寸中碰巧就同时体现了黄金比例和圆周率。由此可见,大金字塔中其实没有任何神秘的东西,所有的只不过是数值上的巧合。我们顺便指出,如果塞克特值采用的是 21,那么图 10.20 右边直角三角形的直角边比例就是 4∶3,这时金字塔中就出现 (3,4,5) 这组最著名的勾股数。具有如此简单整数比例的金字塔,肯定是毕达哥拉斯学派更为喜欢的。

从以上讨论中我们了解到,无论是在建筑、艺术,或者是在自然界中,每次出现黄金比例或者出现圆周率时,并非都必然具有隐藏的意义或主观故意。很经常地,看似有意义的数字关系可能出人意料地出现,似乎暗示着某种深层的原因。特定数字的出现引发人们推测其中的奥秘,这是一种悠久的传统,但我们必须对根据不足的理论多加小心。必须承认,科学的解释虽然通常不会像神秘论那么罗曼蒂克,但它揭示了事情的真相——那些神秘推测其实空口无凭。

# 第 11 章
# 数字与哲学

## 11.1 数，是发现还是发明？

数千年以来，许许多多的研究都牵涉到数，而数字本身也是人们研究的焦点。数学家们发展并细化了人类对数的认识，积累了关于数字及其应用的巨量知识，很多领域里产生了针对各种目的的运用数字的精致方法。除了自然数之外，数学家们引入了多种新的数字类型，例如负数、有理数、实数和复数。并且，他们自然也一直思考着数的本质问题，也就是"数到底是什么"，以及"为什么数字在宇宙中扮演着如此重要的角色"等问题。

我们在本书的第 1 章已经看到，数的概念反映了世界的一些基本性质，特别的一点，是将对象组织成可以相互区别的元素集合的可能性。进化给人类和其他物种带来了原始的数字感，使人类对小的数目有准确的感知，并对大的数目有近似的感受。对任意集合的计数需要这些方面的综合，因此需要只有智人才具备的智慧。而当人群开始定居之后，数字在人类社会的早期被发明出来，因而成为人类最早文化成就的一部分。因此，数字看起来似乎是人类的发明，是人类智力的工具，人类用它建立起对世界诸方面恰当而实用的、智慧的表达方式。简单化与信息减约的过程导致了数字概念的抽象化，这似乎更是一种智力结构，一种有助于经济地组织思维过程的人脑功能。

然而，对数字以及其他数学对象，数学家往往有他们自己的看法。当数学家们研究得非常深入的时候，他们觉得，数字和数学对象等实体不只是人类的创造，而是更为客观的存在。他们相信，数是被发现而不是被发明出来的。对其中定律和性质的探寻，与物理学家对基本粒子性质的探索并没有两样。唯一的区别似乎不过是：基本粒子存在于物质世界之中，而数字以非物质，然而也非心理的方式存在。但是，与基本粒子一样，数的存在似乎与人类的精神世界无关。物理学家们使用实验和测量设备，数学家则运用他们的直觉、逻辑思维和抽象推理，以发现未知领域中的美和真理。数学家们从事研究的世界，是一个充满数学对象和观念的抽象世界。当他们发现此前未知的关系、模式和结构时，人类就认识了一个新的数学知识领域，也等于是抵达了抽象世界里一片新的区域。数学家们感觉，这与过去发现地球上人类未曾涉足的区域是一样的。

这种观点无法轻易否定。例如，当我们在第 4 章玩赏完全平方数时，我们"发现"了"前 $n$ 个奇数之和等于 $n$ 的平方"这个结果。根据从给定平方数构建下一个平方数的方式，我们发现这个结果以显豁的几何直觉看肯定是正确的。这种对事实的感觉被代数方法所进一步证实，而后者完全不需要借助于几何的形象化呈现，数学家们因而普遍同意，这个结果对所有自然数 $n$ 都是成立的。一旦确认其为事实，人们就会感觉到它所表达的不仅仅是精神上的信服或社会的共识。确实，这个结果是逻辑推理的必然结论，与人类之相信与否或态度如何并没有关系。

这给予我们这样一种印象：这种结果表达的是客观真理，它们在被写成公式并被证明之前就已是存在而且正确的。因此，人们产生一种观点，认为"形而上的"[①]数字"王国"是客观存在的，它与物理的宇宙之间毫不相关。换句话说，即便整个宇宙在明天消失，数字的世界仍然永恒地存在。

以上我们描述了对于数字两种对立的哲学观点：一种认为数字独立于精神，存在于外在的、形而上的世界；另一种则认为数字因为人类的创造而产生，就像对对象集合的分类和排序那样，是人类用来应对各种事务的设计，存在于人类思想之内。

## 11.2 柏拉图的观点

数字、三角形、方程等数学对象独立存在于"数学的王国"，在物理客体世界之外，同时也在人类的思维之外。这种哲学观点被称为"柏拉图主义"，因古希腊哲学家柏拉图（前 428/427—前 348/347）而得名。在他的"理型论"中，柏

---

① 原文为"metaphysical"，意思是"超越于物质之外的"，由于我国传统将亚里士多德的《Metaphysics》翻译成《形而上学》，所以我们这里也采用"形而上的"这一译法。

拉图声称思想观念比物质客体具有更为本质的真实性。思想观念，或者"理型"，是非物质的和抽象的，存在于形而上的观念世界。通过我们的感觉所理解的物质客体，只不过是其理型的投影或实例，理型才是真正的本质。人类就像是穴居人，背靠着洞穴的门口，只能观察到外部现实世界在其眼前墙面上的投影。因此，真实的内涵只能通过对理念的研究才能够得到。人类的感觉无法直接认识到理型，但通过推理则可以。

直到 20 世纪以前，这确实是人们关于数字本质的共识。数学家们认为数字是抽象思维的非物质"王国"中的"真实"对象，独立于人类而存在。现代数学家通常不会那么极端地宣称物质世界是不真实的，但很多仍然支持柏拉图数学对象真实性的观点。例如，法国数学家夏尔·埃尔米特（1822—1901）说："我相信数字和解析方程不是我们思想的随意性结果，我认为它们存在于我们之外，具有与客观真实事物同样的必然性。我们遇到它们、发现它们、研究它们，这与物理学家、化学家以及动物学家并没有两样。"

还有一次，埃尔米特写道："如果我没有搞错，那么存在着一整个世界，它由所有的数学真理构成，但我们只能通过思想来接触到它们。就如物理世界是真实存在的，两者相似，都独立于我们之外，都由道而生。"

著名英国数学家哈代（1877—1947）写过一本名为《一个数学家的道歉》的书，他在书中夫子自道："我相信数学真实存在于我们之外，我们的功能是发现和观察它。我们大言不惭地把我们证明的定理称为我们的'创造'，其实那只不过是我们对观察思考的记录。"

## 11.3　进行中的讨论

在 2007 年，英国数学家布赖恩·戴维斯 (1944—) 发表了一篇名为《终结柏拉图主义》的文章，再次引发了关于数学本质的讨论。戴维斯指出，抽象数学世界独立存在的信念暗中对人脑功能制定了假设。柏拉图主义者似乎认为，人类大脑能够产生与柏拉图王国的联系，因而超越空间和时间的限制，延伸入抽象的宇宙。对戴维斯来说，这种观点"相比之下更接近于神秘宗教，而不是符合于现代科学"。

他指出，对人脑产生数学的机理之科学研究显示，数学的思想过程具有纯粹的生理基础，而这些研究"与柏拉图主义毫无关系。柏拉图主义的主要功能是给相信者以安全的感觉，另一功能则是为数以百计的哲学家提供工作机会，使他们徒劳地尝试调和它与我们对世界的所有认知。现在我们应该认识到，数学与人类所有其他同样重要的智力技能并无类型上的不同，从而抛弃柏拉图主义这一古代宗教的最后残余"。

到 2008 年，美国数学家鲁本·赫尔斯（1927—）和巴里·马祖尔（1937—）发表了两篇回应文章，进一步推动了这个讨论。在他们看来，数学是人类的、依赖于文化的追求，但这一事实与数学对象的真实性问题无关。因此，即便进化为人类提供了对数字的原始理解，甚至数字在我们脑海里的映像确实依赖于社会学的因素，数字依然可以具有独立存在性。马祖尔博士给出了以下的例子：如果我们对数字不感兴趣，但在"写作关于大峡谷的描述时，如果一个纳瓦霍人、一个爱尔兰人和一个袄教徒被安排各自写下他们的描述，那么，这些描述肯定深受他们各自文化背景的影响，甚至还依赖于这三个人的情绪、教育以及语言"。但是，这并不会"损害我们对大峡谷存在性的坚定信念"。

根据鲁本·赫尔斯的观点，柏拉图主义"表达了关于数学的正确认识，数学事实与数学实体是存在的，它们不服从于数学家个人的意志和奇想，却将客观事实与实体强加到数学家的脑子里"。但是，依他的看法，"柏拉图主义的谬误之处在于它对这种客观真实的错误解释，将它放置于人类文化与知觉之外。正如其他许多文化真实，从任何个体的观察角度看，它们是外在的和客观的；但从社会或文化的整体角度看，又是内在的、历史的、受到社会制约的"。

## 11.4　数学的哲学

20 世纪初，哲学家、逻辑学家和数学家曾经尝试给数学的大厦建立合适的基础，这导致了所谓的"数学基础危机"。由此，涌现出若干学术团体，相互激烈攻讦，相互间对正确途径的观点差异极大。在 20 世纪的上半叶，最有影响的三个派别被称为逻辑主义学派、形式主义学派以及直觉主义学派。由于数字是数学的基本要素，

## 第 11 章 数字与哲学

不同的哲学派别关于数字的观念也各执己见。

例如，逻辑主义学派最著名的成员是德国数学家戈特洛布·弗雷格(1848—1925) 和英国数学家伯特兰·罗素（1872—1970），他们试图将所有数学都建立在逻辑的基础之上。特别地，他们相信，应该以集合论的基本实体来确定数字，而算术则应该由第一逻辑原理推导而来。这是一个重要的目标，因为所有传统的纯数学，事实上都可以从自然数的性质以及纯粹的逻辑命题推导出来。这种思想早在德国数学家里查德·戴德金（1831—1916）的著作中就已出现，他在1889年写道，"我觉得，数的概念完全独立于关于时间和空间的直觉和观念……我宁愿认为它是纯粹的思想法则的直接产物。"罗素在1903年写道：逻辑主义的目标是"证明所有纯数学仅仅处理由极少数基本逻辑概念定义的概念，它的所有命题都可以由极少数的基本逻辑原理导出"。逻辑主义的计划是将数字观念还原为基于纯逻辑的基本概念，以"建立整个序数理论，将其作为逻辑学的特殊分支"。以这种方式，罗素希望能够赋予数字概念以明确的意义。

另一方面，形式主义学派并不试图给数学对象赋予任何意义。这个学派最主要的提倡者是德国数学家大卫·希尔伯特[①]（1862—1943），在这个学派的解决途径中，被直接认定为正确的命题称为"公理"，其目标是使用少数公理来定义数学理论，从这些公理出发，由逻辑推理规则推导出数学定理。形式主义学派对数字的本质，或数字是否有意义的问题毫无兴趣；他们只是关心数字的形式化性质，即支配它们关系的规则，任何遵循这些规则的对象之集合都可以被当作数来看待。最能表达形式主义学派观点的是归于希尔伯特名下的一段著名言论："数学是一种符号游戏，其游戏规则简单，而符号毫无意义。"

直觉主义学派发端于布劳威尔（1881—1966），这个学派是非柏拉图主义的，因为其哲学以"数学是人类大脑的创造"这一观念为基础。由于数学陈述是思维建构，陈述的正确性归根到底是由数学家的直觉所认定的主观断言，数学的形式化只不过是人们交流的工具。"排中律"是传统逻辑的一条基本规律，它规定：一个命题要么是正确的，要么是不正确的。直觉主义否认排中律的正确性，因而

---

[①] 不少数学史研究者认为，希尔伯特不是真正的形式主义者，本段所引的言论出自美国形式主义数学家科恩，而非希尔伯特所说。

大大地偏离了经典数学和其他哲学流派。对于什么样的证明可以被接受的问题，直觉主义显得尤其特别。对直觉主义者而言，一个数学对象，比如一个方程的解，只有在可以被明确地构造出来时，其存在性才会被认可。这是与经典数学相抵触的，在经典数学中，如果数学对象不存在的假设可以推导出矛盾，则该对象的存在性就得到证明。换句话说，经典数学可以用反证法来作存在性证明，而直觉主义则要求使用明确的构造性证明。然而，最主要的区别更在于直觉主义者对待"无穷"的态度，但是这个话题超出了本书的范围。对于直觉主义学派，关于有限数的算术通常仍然是正确的，在这方面它与经典数学有很多共同之处。

逻辑主义、形式主义以及直觉主义，都对数学的基础做出了有益的贡献，但它们也都遭遇意料之外的技术性困难，这些困难最终使得它们全都无法完全达到其预设的目标。

## 11.5 基数的逻辑主义定义

在《数学哲学导论》中，罗素应用集合概念及双射原理（参见第 1 章）来定义基数的抽象概念。这个抽象定义清楚地指出，一个数字表示的并不是任何特定对象的集合，而是所有元素数目相同的集合的全体。据此，很重要的一点是，为了确定两个集合拥有相同数目的元素，人们只需要找出两个集合元素之间的某个一一对应（即双射），而不必对它们分别进行计数。

当两个集合之间存在一一对应时，它们（在计数意义下）的关系就被定义为"等价的"。因此，当两个集合等价时，一个集合的元素可以与另一个集合的元素完全配对，两个集合都不出现任何剩余元素。右手手指的集合与左手手指的集合是等价的，因为当我们将对应手指头顶在一起时，我们就建立了两个集合间的一种一一对应。等价的集合依靠计数是无法相互区分的，因此"数字"的定义必须指向所有等价集合的全体。

由于这个原因，罗素将"集合 A 的基数"简单地定义为所有与 A 等价的集合之全体：

- 所有（在计数意义下）相互等价的集合的类称为一个基数。

## 第 11 章 数字与哲学

我们本来可以说"所有相互等价的集合的集合",这里使用"类"这个词,原因是集合论用它来描述一种特殊类型的(无穷)集体,以避免随意使用"集合的集合"带来的特定逻辑问题,这种逻辑问题在 1901 年由罗素发现,后来以"悖论"之名著称。

数字因此变而成为集合的"等价类",这只意味着所有元素数目相同的集合共同定义了那个数字。从概念上说,是等价集合的全体恰好定义了它们的共同性质,这个共同性质就是它们所定义的数字。按照罗素的观点,这和日常生活中发生的抽象过程完全相同,举个例子来说,对"桌子"这个抽象概念的最佳描述,就是所有我们称之为"桌子"的物品。只有用这样的方式,作为抽象概念的"桌子"才能概括所有可以被称为"桌子"的东西。

在讲述其将数的概念简化成集合论的思想时,罗素说:"我们自然地会认为二元集合的类是与数字 2 不同的东西,但是,我们对于二元集合类没有任何疑问,它无可怀疑而且不难领会。而在其他任何理解之下,2 都是形而上的实体,我们无法踏实地感觉它的存在或追寻它的踪迹。相比于追逐永远难以捉摸的、充满疑问的数字 2,我们有把握理解二元集合类,因而用它来满足我们自己是更为明智的做法。"

于是,按罗素的说法,数字 2 是所有对偶的集体,它包含所有元素数目为 2 的集合,所有这些集合用计数的办法都无法相互区分,因而被认为是相互等价的。所以,我们考虑所有等价于一双鞋子的集合的全体,并将它称为"数字 2"。而任何具有两个元素的具体集合都只是数字 2 的一个实例或一个代表,这与任何一张餐桌都是"桌子"这个抽象概念的一个代表,在感觉上是非常相似的。

第一眼看去,这样的定义方式似乎是循环定义——因为,除非我们已经知道"二"到底是什么,我们又怎么能够定义所有二元集合的集体呢?然而,事实上我们可以在不提及数字 2 的条件下定义二元集合,具体做法是这样的:如果下述关于集合 $A$ 的两个条件都成立,那么我们就说 $A$ 恰好包含两个元素。

(1)$A$ 包含元素 $x$ 和元素 $y$,而且 $x$ 与 $y$ 不相同。

## 心中有数

（2）对任何一个集合 A 的元素 z，等式 z = x 与 z = y 中必须有一个成立。

上述条件纯粹运用逻辑术语来表述，它表达了我们所谓二元集合的含义。用类似的办法，我们可以定义三元集合，四元集合，如此等等。因此，我们似乎达成了用纯逻辑的方式定义有限自然数的目标。

匈牙利裔美国数学家冯诺伊曼（1903—1957）提出了一种构建自然数的纯集合论方法。在数学的集合论公理系统中，有唯一的一个不包含任何元素的集合，它被称为"空集"，它的专用的记号是 Ø，但有时也用 { } 表示。冯诺伊曼使用空集 Ø 来表示数字 0。然后，我们可以构造集合 {Ø}，它以 Ø 作为其唯一的元素。而由于这个集合显然只有一个元素，我们可以用它来表示数字 1。接下来，我们可以构造一个集合，它包含 Ø 以及 {Ø} 为其元素，这个集合就是 {Ø, {Ø}}。这样，所有与这个集合等价的集合的全体就是数字 2。对数字 3，我们囊括此前已有的所有对象，即 Ø、{Ø} 以及 {Ø, {Ø}}，来构造一个新的集合。不断重复这个过程，我们就构造了一系列特定的原型集合，而所使用的仅仅是集合论中最最基本的概念。这样，有限自然数就是所有与这些原型集合等价的集合类。

0……代表…… Ø
1……代表…… {Ø}
2……代表…… {Ø, {Ø}}
3……代表…… {Ø, {Ø}, {Ø, {Ø}}}
4……代表…… {Ø, {Ø}, {Ø, {Ø}}, {Ø, {Ø}, {Ø, {Ø}}}}
…… …… …… ……

如果 x 是一个这样定义的集合，x 的后继（即"下一个"）总是定义成 x 与 {x} 的并集。在第 n 个步骤，x 是一个包含有 n 个元素的集合，而集合 {x} 则只有 x 这一个元素，因此，它们的并集恰好包含有 n + 1 个元素。这个集合就是代表 n + 1 这个数字的原型集，而它与所有与它等价的集合一起就是"数字 n + 1"。以这种方式，我们"无中生有"，从空集 Ø 出发，逐一构造出了自然数。而且，我们还注意到，以这种方式构造出来的基数自然地按它们的大小顺序排列。

第 11 章　数字与哲学

　　这距离构造出所有数学意义上的数以及关于它们的算术还有很长的路程，甚至距离所有自然数的集合的定义都还很遥远。这种途径事实上需要很多抽象逻辑推理的经验，因而我们将不再作更多的介绍。我们应该注意，在大多数情形，甚至连数学家也不把数字 4 看作是 "与集合 {∅, {∅}, {∅, {∅}}, {∅, {∅}, {∅, {∅}}}} 等价的所有集合的类"。但无论如何，这种构建方式向我们演示了以严格的逻辑为基础，只使用非常基本的集合论公理，来定义抽象概念 "数" 的方法。这样的数学定义暗示着对相对模糊的陈述的形式化："数字 4 描述的是四个苹果与四个人的共性。"

　　对关于无穷的高等数学思想，这里描述的概念已经铺设好通向对之进行严密逻辑分析的道路，并且导出无穷基数的定义，而无穷基数则为 20 世纪的数学家们打开了广阔的研究领域。

## 11.6　数的形式主义定义

　　与逻辑主义学派不同，形式主义者并不关心数的意义或本质，他们接受任何类型的对象。无论是真实存在的或者是凭空想象的对象，只要具备足以成为合格角色的特定性质，它们就可以扮演数的角色。

　　意大利数学家皮亚诺（1858—1932）第一个描述了自然数所需要具备的性质，它的公理系统通常由五条公理组成，这我们马上将予以介绍。这些公理完备地界定了一个集合的属性，而这个集合的元素就称为 "自然数"。这种描述方法的基石是一个直观的想法，即每个自然数 $n$ 都有唯一的 "下一个数"，也就是记为 $S(n)$ 的 "后继"。在我们的脑海里， $n$ 的后继所指的当然就是 $n+1$，但在这个阶段我们还没有定义 "加法"。皮亚诺的第一条公理从这个集合中挑出一个元素作为第一个自然数，并将其命名为 "0"，而他的整个公理系统是这样的：

1. 0 是自然数。
2. 每个自然数 $n$ 都有唯一的 "后继" $S(n)$，它也是自然数。
3. 不存在以 0 为后继的自然数。
4. 自然数不同，则其后继也不同。

5. 任何一种性质
   （a）如果它对 0 成立，
   （b）如果它对某个自然数 $n$ 成立，则对其后继 $S(n)$ 也成立，
   那么这种性质实际上对所有自然数都成立。

最后一条公理是最难理解的，它称为"归纳原理"（数学归纳法），是证明关于自然数的性质时的一种基本工具。

作为例子，我们可以将图 11.1 中墨点的集合作为满足这些公理的一个集合：

**图 11.1 墨点序列作为皮亚诺公理的模型**

在图 11.1 中，我们假设墨点的序列可以向右无限延续。在这个墨点的集合中，每个点的外观都相同，它们的区别仅在于位置的不同。如图中的箭头所指示的，每个墨点的后继就是它右边紧邻的墨点。我们将第一个，也就是最左边的墨点称为"0"，它不是任何墨点的后继，这满足第三条公理。而如图所示，其他任何一点都是其左边紧邻点的唯一后继，这就满足了第二条公理。这个集合是无穷的，因为不可能有哪一个墨点没有后继，否则将违反第二条公理。其他的皮亚诺公理排除了自然数集合不应具有的性质，例如环路、分叉，或平行墨点系列的出现，同时也确保了 0 为唯一没有"前驱"的元素。因此，事实上只有图中这条从一点开始向右无限延续的简单墨点链，才有可能满足皮亚诺公理系统。如果读者愿意做些逻辑推理练习，那么可以去考察图 11.2 各个墨点集合中的后继关系。图中有 A、B、C、D 四个集合，每一个都违反皮亚诺公理中的某一条。那么，到底哪一个集合违反了哪一条公理？答案将在本节的最后揭晓。

第 11 章　数字与哲学

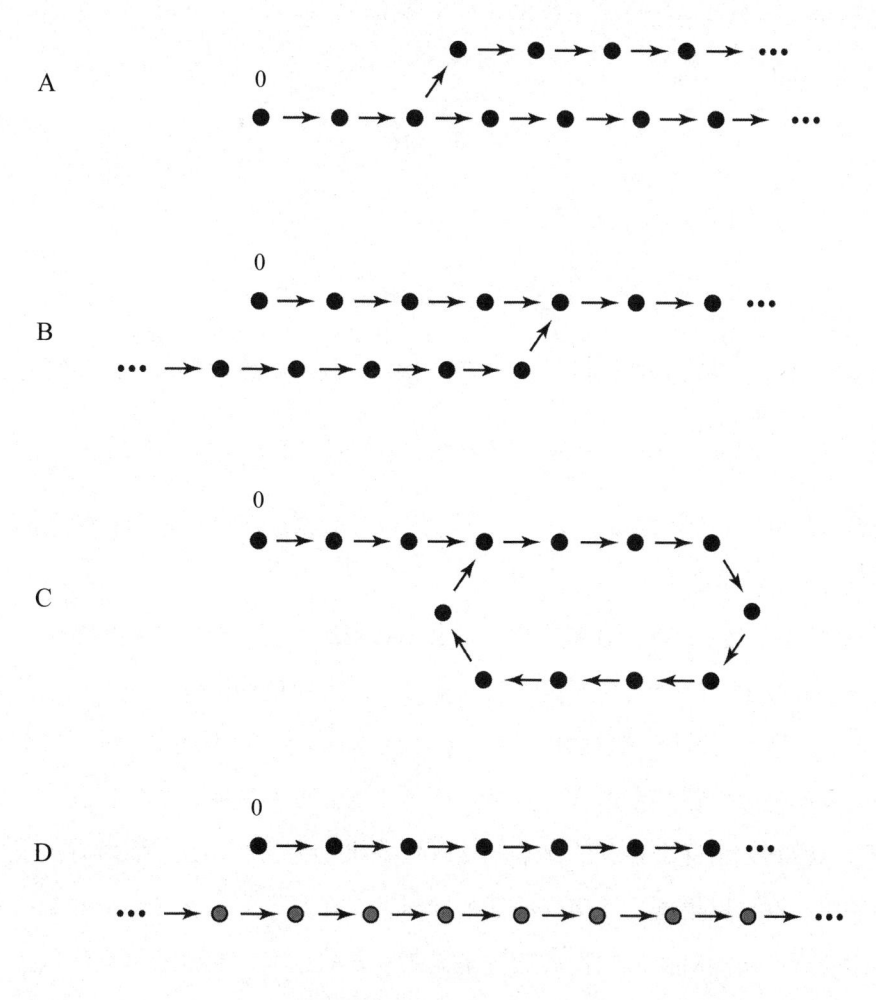

图 11.2　皮亚诺公理的反例

从"0"这个元素出发,我们逐步考虑元素的后继,从而得到所有的自然数——"0"的后继称为"1","1"的后继称为"2",以此类推:

$1 = S(0)$,

$2 = S(1) = S(S(0))$,

$3 = S(2) = S(S(1)) = S(S(S(0)))$,

如此继续下去,序列永远都不会结束。

**心中有数**

现在，我们可以在这个基础上定义（两个自然数的）"加法"。首先，我们规定

$$m + 0 = m;$$

接着，给出 $m + S(n)$ 的定义：

$$m + S(n) = S(m+n)。$$

根据这样的定义，我们可以得到很多推论，例如，$m$ 的后继就是 $m+1$，这是因为

$$m + 1 = m + S(0) = S(m+0) = S(m)。$$

以此为出发点，对训练有素的数学工作者来说，完整地演绎出整套自然数的算术并不是很困难的事情。

非常有趣地是，在上述整个思维过程中，我们不需要对自然数集合中元素的性质作任何假定。这个集合所包含的元素可以是计数单词，可以是墨点，甚至是上一小节所描述的形如 {∅, {∅}, {∅, {∅}}}} 的集合。对形式主义的定义而言，唯一的关键是可以在这个集合上定义符合皮亚诺公理系统的"后继函数"。如果这条可以做到，则这个集合的元素就可以被单纯地看成自然数，而所有关于自然数的性质则都可以根据皮亚诺公理而推导出来。在数学形式主义学派看来，满足皮亚诺公理系统的对象们的性质确实是无关紧要的，唯一要紧的是支配这些对象行为的数学结构。如果这些对象在每个方面的行为都与自然数相同，形式主义者就会毫不犹豫地将它们当成自然数，然后继续从事更为重要的工作。

不出意料地，作为逻辑主义学派的旗手，罗素对形式主义学派的观点持反对态度，他抱怨说：

> 任何序列可能被用作纯数学的基础：我们可以将它的第一项命名为"0"，将整个集合的各项都称为"数"，将序列中的后项称为"后继"。序列不必由数字组成；它可以是广袤空间中的点、时间长河里的片刻，或者任何其他源源不断的事物……这假定我们理解"0"的意义，知道这

个符号不表示 100，也不代表埃及方尖碑或任何它可能意味着的其他事物……我们想要的是，我们的数字不仅可以用来证实数学公式，并且也以正确的方式应用于普通对象。我们想有十个手指和一对眼睛以及一个鼻子。

现在，为践行前面的诺言，我们在这里提供图 11.2 练习的答案：

A：违反第 2 条公理，因为它存在一个拥有两个后继的点，不满足后继的唯一性。

B：违反第 4 条公理，它的两个点具有相同的后继。

C：同样违反第 4 条公理，同样是出现两个拥有同一后继的点。

D：违反了第 5 条公理。这个集合包含有两个序列的点，而且它们之间没有任何后继关系。为了让我们的表述更加清楚，我们用颜色来标记这些点："0" 使用黑色来标记，每个黑色点的后继也使用黑色。如此，根据第五条公理，所有的点都应该是黑色的，而事实并非如此——可见，这条公理确实被违反了。

## 11.7　结构主义的观点

在 20 世纪下半叶，哲学流派中演化出一种结构主义的数学哲学，它坚定地认为，数字等数学对象只有在更宏大的结构中才是有意义的。为了理解这种观点，我们需要回顾本书的第 1 章，在那里我们把数字放置于计数的语境中展开探讨：我们了解到计数过程遵循特定的原理，看到这些原理施加在数词集合之上的特定结构。根据结构主义的观点，数词并不代表"抽象数字"，它们本身没有独立的含义，只有在整个数词集合的结构中它们才获得其意义。

"一" "二" "三" 等数词因为它们严格而不变的顺序而相互区分，序列的这种严格结构表明，任何特定的数词，比如说 "八"，以唯一的方式定义了数词序列的一部分，也就是从 "一" 到 "八" 所有数词的序列：

"八" ⇒ ( "一"，"二"，"三"，"四"，"五"，"六"，"七"，"八" )。

**心中有数**

当我们数一个集合，发现它包含有八个元素时，这个简单的陈述事实上意味着：这个集合与"八"所界定的数词序列包含有相同数目的元素。也就是说，如图 11.3 所示，这个集合与从"一"到"八"这些数词所组成的集合之间存在着一一对应。

↕
一一对应

("一","二","三","四","五","六","七","八")

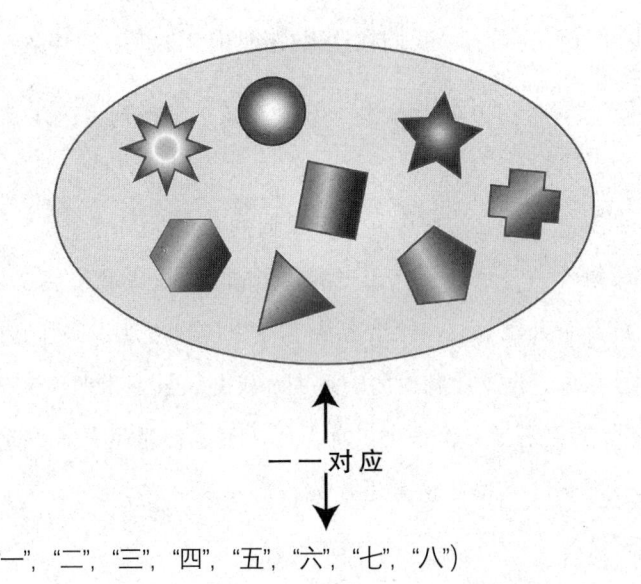

**图 11.3 "这个集合有八个元素"**

正如在第 1 章所解释的，"这个集合有八个元素"这一陈述事实上是一个省略句,完整的陈述是"在这个集合与数词序列中从开始到'八'所有数词的集合之间，存在着一个一一对应。"只有后来这个句子才准确地描述出在计数时我们的所作所为。我们用手指头依次指点着集合中的物品，给每个物品按数词的严格顺序配上一个数词。以这样的方式，我们将每一个物品与一个数词配对，建立起物品集合与数词序列起始处某个片段之间的一一对应,而这个序列片段的最后一个数词,就被称为这个集合的基数。

整个过程被写成一个省略句——"有八个元素"，这种省略没有提及数词序列的起始片段，以及这个片段与物品集合的关系。因此，它给人一种印象："八"是物体集合的一个属性。然而，"有八个元素"这一陈述事实上告诉我们物品集

## 第 11 章　数字与哲学

合与数词序列片段之间关系的某些信息。

在以上的讨论中我们使用中文数词，它们实际上只是计数标签的一种实例，英文数词同样也可以用作计数标签，（"one""two""three""four"）与（"一""二""三""四"）的功用完全一样。任何单词或符号的集合，只要它们可以被排成线性序列，我们就可以将它们用作计数标签的序列。我们也可以使用符号序列（1，2，3，4，5，6，7，8，9，10，11，12，13，…），这是更为通用的计数标签序列。这样，"这个集合有 8 个元素"这个句子，就是"这个集合与符号序列的起始段（1，2，3，4，5，6，7，8）之间存在一一对应"这一陈述的省略形式。

按照这种理解，符号"8"，或者"八""eight"或其他可以用于计数的符号或单词，完全没有表示任何特定的数学对象。使得其成员适合于计数的，是整个序列的有序结构，而不是序列中成员个体的性质。数字个体是没有意义的，它的意义依赖于数字序列的结构。德国数学家赫尔曼·外尔（1885—1955）表达了这个观点，他在《数学与自然的法则》一文中说："但是数字既没有实质，没有意义，也没有内在属性，它们除了是记号之外什么都不是，它们所含有的全都是我们通过直接后继的简单规则所赋予的。"美国数学家保罗·贝纳塞拉夫（1931—）是数学哲学中结构主义的主要倡导者，他在其文章《数字不能是什么》中写道："重要的不是每个元素个体，而是它们共同呈现的结构。"他主张，探讨任何特定集合论对象是否可以替代数字的问题，比如集合 {∅, {∅}} 是否可以代替数字 2，根本就没有意义，因为"'对象'并不独自扮演数字，整个系统一起才能承担它们的任务"。

此外，这类以数学对象来界定数字的方式绝对是多种多样的，因此贝纳塞拉夫总结说，"数字完全不可能是对象，因为没有任何理由去将单个的数字界定为任何特定的一个或另一个对象"。就算术目的而言，唯一重要的是数字集合具有线性渐进结构，此外数字的任何性质都完全没有用处，对于算术没有任何影响。他继续道，"但只有这些性质才会将一个数字当作这个或那个对象"。因此，数字是否是某种特定抽象对象的问题是完全没有意义的，这种问题完全偏离了算术的目的。关于自然数的算术是描述线性渐进结构的科学，正如上一节的皮亚诺公

· 279 ·

理所描述的那样，正是这种完全排序的序列结构，才使得我们有第一个元素，而每个元素才有一个后继。算术并不是要解答数字表示哪一种对象的问题，"任何对象的集合都不是数字，数字理论研究的是关于具有数字顺序模式的所有结构的性质，数词本身并不表示任何东西"。

数学结构主义强调说，对结构性性质的描述是数学的真正目的，因此，它与形式主义学派具有很多共同点。然而，按照纯粹形式主义者的观点，数学只是对无意义的符号根据特定规则进行的游戏，这在结构主义者看来就过于离谱了。"这个集合有8个元素"这一陈述事实上具有确定的含义，但只有在我们知道"8"在其所属的整个序列结构中的位置时，它的意义才可以得到解读。给一个数词或符号赋予意义的，不是序列中成员个体的性质，而是它与序列中其他成员的关系。

结构主义的观点认为"8"并不指向某个抽象对象，这与现代语言学家的观点相一致。在《数字、语言与人类思维》这部著作中，德国学者海克·威斯（1966— ）通过语言学分析，同样得出"数词是无所指的"这一结论——数词并不指示任何具体的或抽象的对象，它仅仅是数词序列的元素。数词是特别的，因为"与其他词汇不一样，它们没有任何意义，它们不指向外在世界的任何事物，这是因为它们不是数的名字，它们是数。计数词是我们用来指派数字的工具，为此它们不需要任何指示性"。

## 11.8 数学之不合逻辑的有效性

关于抽象对象的真实性，伟大的德国哲学家康德（1724—1804）给出了一些陈述和命题，但他其实并不如这些言论所表现出来的那么关心这个问题，我们可以看看以下关于物理世界中数学角色的陈述：

A：数学根植于对物理世界的观察和了解，它的结果告诉我们关于经验现实的东西。

B：数学是一个命题系统，每个命题有其自己的正确性，不需要经验的证实或肯定。

# 第 11 章 数字与哲学

康德将知识区分成"先验知识"和"后验知识"。知识如果与任何关于物理世界的经验无关,那么它就是"先验"的,例如,"所有三角形都有三条边"是先验知识。而如果知识依赖于经验证据,那么它就是"后验"的,"那个盒子里有六样东西"就是后验知识的例子。

一个陈述被称为"分析的",如果它本身就是正确的。例如,"所有丈夫都是已婚的。"这个陈述本身是正确的,因为"丈夫"这个词本身就指向已婚的男人,理解这个单词的意思就足以判断这个语句的正确性。而如果一个陈述不能仅由其词语的意义判断其正确与否,那么它就称为是"综合的"。"所有丈夫都是幸福的"这个陈述无论正确与否,它都是综合的,因为仅凭"丈夫"一词并不能推断出幸福。看起来分析的陈述并不怎么让人感兴趣,因为它们可以事先得到,是先验的,不需要在陈述中词语的定义之外寻求任何帮助。综合的陈述则不然,它所声称的并非不证自明,不由陈述中词语的含义所确定。综合的陈述不能仅由对其词语的分析而判断其正确性。从这点我们看到,综合的陈述往往是后验的,人们通常需要借助经验和观察来决定综合语句的对错。现在,康德的大问题是:是否存在先验的综合陈述?像 5 + 3 = 8 这样的数学陈述是不是综合的和先验的?

作为关于数字的数学结论,5 + 3 = 8 是一个从数字序列结构(1, 2, 3, 4, …)逻辑地推导出来的陈述。从数学家由公理推求结论的方式,以及他们运用逻辑规则确定陈述正确性的方式看来,这个陈述是正确的。假如数字序列结构(1, 2, 3, 4, …)具备皮亚诺公理系统所要求的性质,则从基本的逻辑规则就必然可以判定算术陈述的正确性。因此,这是一个分析的陈述,它表示先验知识,它只是表达了规范 3、5、8 这些符号所属序列的性质。

作为关于基数的陈述,"5 + 3 = 8"的意思是:如果我们把基数分别为 5 和 3 的两个集合并在一起,那么我们会得到一个基数为 8 的集合。将 5 个物体和 3 个物体放在一起,我们就会数出 8 个物体,因此这个陈述的正确性也可以在现实中得到验证。这样一来,这个陈述可以看作是关于经验现实的陈述,因此它似乎是综合的陈述。

因此,"5 + 3 = 8"这个陈述是先验的,仅由公理系统所定义的数字序列的性质就可以判断。但它似乎也是综合的,它告诉我们的是关于物理世界的东西。

## 心中有数

鉴于我们在数字心理学方面的思考，我们确实可以怀疑究竟这个陈述有没有先验的成分。很显然，数字的概念源自于关于宇宙性质的基础知识，这些知识有一部分通过进化和遗传而获得，其他部分经由文化而习得。逻辑规则也是这样，它们绝不是不证自明的，直觉主义者就不承认经典的排中律。但逻辑规则可能也部分地根源于核心知识系统（参见本书第2章），通过进化过程而深嵌于人脑，因而反映了我们周围世界中（因果）机制的某些基本性质。

数学不是先验的，它的所有对象都有经验知识的根源，数学的这种哲学定位称为"经验主义"。根据这种观点，数学与其他自然科学归根到底没有太大的不同。经验主义的重要支持者、美国哲学家威拉德·范奎因（1908—2000）说，数字等数学实体作为经验的最佳解释而存在。因此，像 5 + 3 = 8 这样的数学结论并非是完全肯定的，它们所指的是我们的观察，因而至少原则上有可能是错误的。幸运的是，数学处在所有科学的核心，一个可信知识的巨大网络以它为依靠，因此对数学作任何修改都是几乎不可能的。这给我们的感觉是：数学是完全确定的，它不会被修正。

远比算术高深的数学知识总是不断成功地被用于预测物理世界中的现象，因此人们经常会思考抽象数学能够如此成功地描述现实的原因。

在1921年的一次于柏林普鲁士科学院的演讲中，爱因斯坦（1879—1955）以这样的形式提出这个问题："数学归根到底是人类思想的产物，它与经验无关，但它却如此让人拜服地与现实对象相适应，这究竟是怎么做到的？"

在1960年，匈牙利物理学家尤金·维格纳（1902—1995）将这个现实表达为"数学在自然科学中不合逻辑的有效性"，而它显然将会是数学家、自然科学家和哲学家们持续讨论下去的话题。在《牛津数学哲学与逻辑学手册》2007年版的前言中，美国哲学家斯图尔特·夏皮罗（1951—）说："数学似乎是必然的和先验的，但它与物理世界有关，这是怎么成为可能的？我们是怎么能够凭借我们在舒服沙发上的先验反映，来学习关于物理世界的重要知识的？"

在1921年的演讲中，爱因斯坦试图回答这个问题："只要数学定律所指的是现实，那么它们就不是肯定的；而只要它们是肯定的，那么它们所指的就不是现实。"这表达了经验主义者的观点，但应用数学家们并不愿意承认数学与物理世界有任何先验的关联性。对应用数学家们来说，数学在现实中的任何应用都可以被理解为建立数学模型的过程。

## 11.9 数学模型

数学模型是现实世界中典型情形的数学语言表达形式，它们通常被建立来解决问题或解答疑问。依模型范围的不同，数学表达形式可以仅仅是一个方程，也可以是整个数学领域，例如欧几里得几何的公理、定义和定理，共同构成了现实空间的一个数学模型。将现实世界的情形转化成数学模型的过程称为"数学化"（参考图 11.4）。

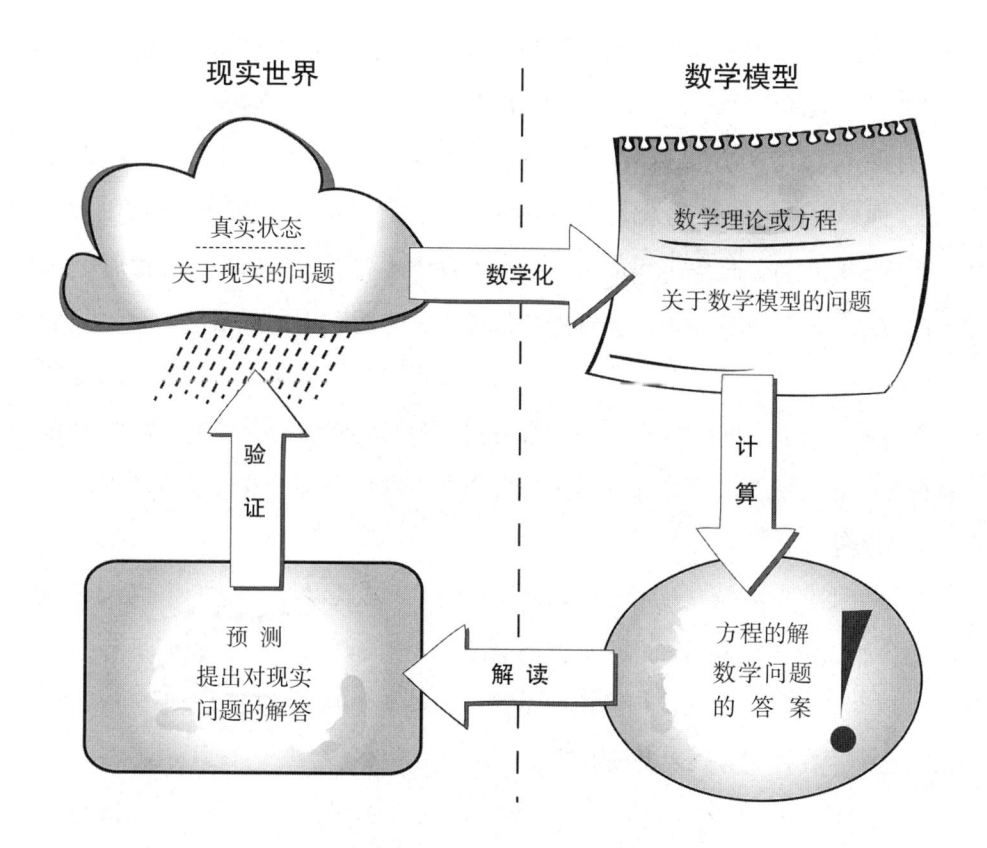

**图 11.4 数学的应用：建模的过程**

## 心中有数

作为现实世界的具体情形,我们来考虑某个地区的天气。我们会提出问题,例如,"明天天气会是怎么样"等等,但将这种问题转化成数学语言绝对不是简单的事情。天气预报的数学模型可以由物理定律推导出来,这需要考虑关于时间以及与天气相关的物理变量,这些物理变量包括风速、大气压力、温度和湿度等等,它们相互影响而且随时间变化。因此,这些物理定律推导出数学上非常复杂的微分方程组,而关于明天天气的问题则转化成这些方程的求解问题。于是,我们就尝试用数值计算方法来解出这些方程,我们输入一堆描述今天现实情况的初始数据,比如本地区多个地点的温度和风速等等;再考虑描述本地地理状况的边界条件,比如山峰、海岸等的数值化描述。

从模型得到数学解答后,我们怎么才能知道这个数学结果是正确的呢?回答是:我们永远不能确定。在一个复杂的模型里,会有很多可能产生错误的地方。为了将天气预报模型的运算时间控制到合理的范围内,使之具有实用价值,模型通常会包含简化和近似,此外,确定起始点的初始状态也只有有限的精确度。

因此,我们必须测试模型,通过对计算结果与现实观测的比较,来检验它的正确性。为了做到这一点,我们首先必须将数学计算的结果解读成现实世界的情形。数学表达式,也就是模型方程的解,必须被解读成与天气现象有关的物理变量在明天的数值,然后气象学家根据这些数值得出关于明天天气的结论。因此,解读的结果就是关于物理现实的预言。预言与实际情况的比较称为"验证",其结果要么肯定模型,要么揭示缺陷。当预言与实际观察不吻合时,我们就需要调整和改善模型,这可能涉及多个方面,例如在模型中考虑更多的物理细节,或纠正模型中出现的错误。

相似地,自然数及其算术也可以被理解成关于现实世界某些方面的数学模型,只不过自然数及其算术是如此重要并且被理所当然地应用,因而我们不习惯以这种方式来看待它们。然而,用自然数及其算术对某种现象建模的过程,与对天气预报的建模,在构建方式上并没有什么不同。

在图 11.5 中,它所描绘的现实世界情形是离散对象集合的合并。如果我们把五个苹果和三个苹果先后放入篮子,那么篮子里将会有多少个苹果?答案太过于

第 11 章　数字与哲学

简单，以至于我们没有注意到事实上我们使用了数学模型——自然数及其加法。这种情形的数学表示只涉及 5 和 3 这两个自然数，而现实世界情形的问题可以被转换成这样一个数学问题："5 + 3 的结果是什么？"

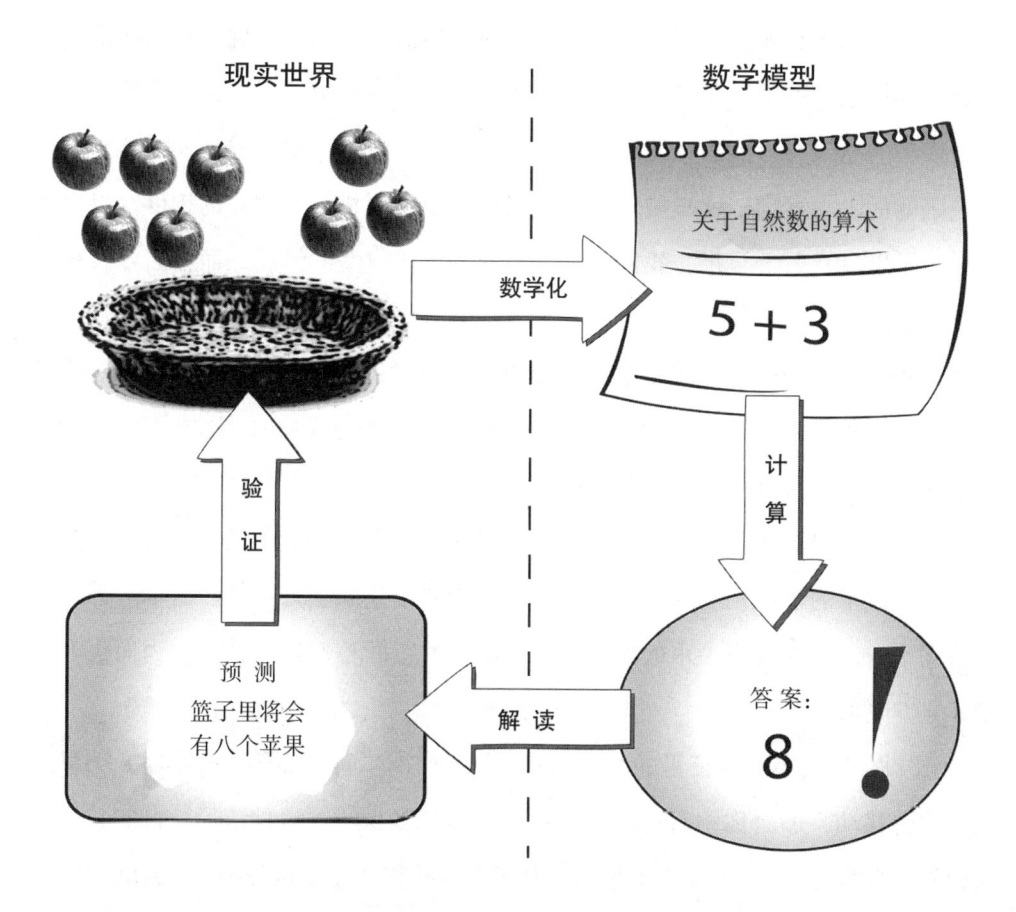

图 11.5　用自然数算术建立模型

　　数学模型通常都会缺少一些关于现实情形的细节，在这个例子中，模型完全不顾及所考虑对象的具体性质，只是描述它们的数目。事实上，除了满足回答问题的需要，模型中没有必要加入任何其他细节。所以，数学问题只与数字有关，与地理形态或苹果的放置方式没有关系。下一步是计算。与涉及天气预报的计算不同，这里我们不需要用计算机来得出 8 这个结果。接下来，我们必须用现实情形来解读所得到的结果。我们记得我们想要知道的是篮子里苹果的数目，而得到

## 心中有数

的预言是它将会是八个。因此，我们到了最后一步——验证，即检验计算结果与现实情形是否吻合。这里，我们需要做的只是数一数篮子里的苹果。

如果一个模型对很多具体个例都作出了正确的预言，如果它已经在许多情形下被成功地应用和测试，那么，我们就有理由相信这个模型。现在我们相信"自然数及其算术"模型，相信它的结果，对结果并不每次都进行验证。我们不认为这个模型的结果有可能出错，因此不再需要验证模型的步骤，因为如果这个模型有缺陷的话，它肯定早就被抛弃了。我们对这个模型相信到如此的程度，以至于如果篮子里只有七个苹果，我们都不会试图去寻找模型的错误，而会去寻找顺走苹果的小偷。

然而，我们必须认识到，每个模型都有它自己的极限。对确定两组可以明确区分的物体合并后的数目，自然数及其加法的模型是极为成功的，但作为数学模型，算术并非总是正确的，对某些特定情形只有验证而获得肯定之后才正确。

对某些情形，算术并不会给出合适的答案。例如，当我们将 5 立方厘米的水和 3 立方厘米的盐放到一起时，得到的混合物并不是 8 立方厘米。由于大部分盐会溶于水，产生密度高于水的溶液，因此所占的空间相对较少，体积因而也就小于 8 立方厘米。

假设你以每小时 3 英里的速度在一条船上向前步行，而船以每小时 5 英里的速度向前移动，那么你相对于海岸的移动速度是多少？对这种情形，自然数加法模型是个合适的模型，因而答案是你相对于海岸的移动速度是每小时 8 英里。然而，这个答案只是近似正确！对于速度的相加，更准确的算法是相对论的速度和。用这种方法计算，从海岸上观测时，你的速度略小于每小时 8 英里，它会是每小时 7.999 999 999 999 999 73…英里。

这个错误极为微小，它在 1905 年爱因斯坦建立相对论之前完全不为人所知，根据这个理论，速度不能按平常的方式相加，不像将苹果个数相加那么简单。如果你步行的速度是 $u$，而船相对于海岸的行进速度是 $v$，那么相对于海岸，你的移动速度并不会是 $u+v$，而是

$$\frac{u+v}{1+\dfrac{uv}{c^2}}。$$

上式中，$c$ 是光速，它的数值是每小时 670 616 629 英里（精确的公制数字是每秒 299 792 458 米）。由于光速的数值非常大，上式中 $\dfrac{uv}{c^2}$ 的数值极其微小，对日常生活中遇到的情形，分母 $1+\dfrac{uv}{c^2}$ 的值非常非常接近于 1，因此可以忽略不计。但这个分母使得速度不可能超过光速，例如当我们将速度 $\dfrac{c}{2}$ 与 $\dfrac{c}{2}$ 相加时，按上式计算得到的速度只是 $\dfrac{4c}{5}$ 而不是光速本身。

## 11.10 自然数模型的极限

在应用于自然现象时，数字并不总是具有清晰和唯一的意义。在量子力学中，具有离散能谱的物理系统的状态通常由几个"量子数"来描述。例如，量子谐振子是最简单的量子系统之一，它是挂有重物的弹簧在量子世界的类比——一个粒子被拉力束缚，拉力随着与中心位置距离的增加而增大。在量子力学中，谐振子的能量是量子化的，也就是说，它的能量只可能是基本能量单位"能量子"的整数倍。当谐振子处于能量子数为 5 的状态时，它的能量是 5 个能量子。因此，测量它的能量等于是数出特定状态下谐振子的能量子数目。然而，具有确定能量子数的状态只是例外的情形，事实上还有无穷多种可能，它们是不同能量子数的叠加态。例如，能量子数为 3 的状态与能量子数为 4 的状态，可以结合而成为一种新的状态，它的能量子数在测量之前是不确定的，而测量的结果则可能是 3 也可能是 4。在量子力学的数学表达中，能量与经典物理中不一样，它不再可以用一个数字来表示，它用更为复杂的数学对象来表示，这个数学对象同时包含所有可能的能量子数。（用数学的术语来说，这个物理量是用"线性算子"及其所有可能值来表示，而能量子数由线性算子的特征值表示。因此在量子力学中，一个物理量未必具有一个确定数值，而是可以同时具有很多数值。）一般性地，能量子数处于不确定状态，而据量子力学的标准解释，准确的能量值不单单是不为人所知，而且是不以准确值的形式存在，它只是可能值的概率分布。

奇特的是，在多粒子系统的量子力学中，"粒子数"这个性质也是由线性算子以及它的许多可能值来表示的。因此，这样的量子系统具有粒子数不确定的状态，它可能以相同的概率拥有2个、3个或4个粒子。产生和湮灭以一定的概率发生，很快将具有$n$个粒子的状态变成另一种新态，即不同粒子数的叠加态。在这样的态之下，准确的粒子数是未定的，这种物理系统因而不具有包含确定数目粒子这样的性质。在基本粒子的层面上，数字这个记号因而似乎在很大程度上失去了它的明确性。当粒子没有个别性时，当它们的数目不清楚而不确定时，一个"粒子的集合"是什么意思就是不清晰的。

## 11.11  巨大数字带来的问题

尽管它基本上不可能用计数的办法真正进行验证，数学家们仍然坚定地相信，等式[①]

$$8\,864\,759\,012 + 7\,938\,474\,326 = 16\,803\,233\,338$$

与等式5+3=8具有同等意义的正确性。

另一方面，这种量级的数字会在经济学中出现，我们甚至可以用数词来表达它，称它为"一百六十八亿三百二十三万三千三百三十八"。2013年美国的GDP是16.8万亿美元，比上面这个数字还大1000倍，很显然，在我们的文化中，处理这种量级的数字并不存在问题。

数词序列有着系统的构造，它至少在原则上是没有终极的。然而，它在实践中确实有极限，我们的名词和符号难以表达异常巨大的数字。按照美国通用的数词体系，我们拥有如下表示数字的词汇：

  a billion（十亿）............ 1 000 000 000

  a trillion（一万亿）............ 1 000 000 000 000

  a quadrillion（一千万亿）............ 1 000 000 000 000 000

  a quintillion（一百亿亿）............ 1 000 000 000 000 000 000

---

[①] 原文中这个等式有一处数字错误，我们根据计算作出修正，并修改稍后相应的数词陈述。

## 第 11 章　数字与哲学

如此不断继续下去，总之每增加三个"0"就有一个新词，而"*bi-*""*tri-*""*quadri*"等前缀则取自拉丁语。在这种体系下，我们最终可以达到"*centillion*"，它是"1"后面跟着 303 个"0"。但是，这些巨大的数字在我们的生活中没有用处，因而通常也根本没有真正得到命名。此外，任何命名机制都只是暂时性的解决方案，人们可以很轻易地构造出超出命名体系范围的数字，因而产生寻找新的合适名词的问题。比如说，我有一个数字，它是"1"后面跟着 100 亿亿个"0"，你用数词怎么说？

科学记数法采用 10 的次方来表示巨大的数字，例如，一个"billion"是 $10^9$，一个"trillion"是 $10^{12}$，如此等等。这里，次方数表示这个数词所表达的数字中跟随在"1"后面的"0"的数目，描述的是 10 与它自己相乘的次数。因此，一个"billion"是

$$1 \text{ billion} = 10^9 = 10 \times 10 \times 10 \times 10 \times 10 \times 10 \times 10 \times 10 \times 10 = 1\,000\,000\,000,$$

而一个"*quintillion*"则是 $10^{18}$。

科学记数法表示数字的效率显然远比试图用英语名字要高出许多。事实上，我们可以轻易地写出像 $10^{10^{18}} = 10^{(10^{18})}$ 这样的数字，它表示的数字就是"1"后面跟随着 $10^{18}$ 个"0"。然而，数字的科学记号同时也表示着近似的意思，像

$$3\,000\,000\,000\,219\,325 = 3.000\,000\,000\,219\,325 \times 10^{15}$$

这个数字，从实用的角度出发，我们会简单地将它写成 $3 \times 10^{15}$。这里我们可以看到，对于大多数数字，如果要准确地描述它的话，科学记数法并没有提供真正的记号缩简。特别是，除非是表示近似的意思，我们通常并不采用科学记数法来记录很长而又没有规律的数字。在异常巨大的数字中，有少数几个是声名远扬的。在爱德华·卡斯纳（1878—1955）与詹姆斯·纽曼（1907—1966）所著的《数学与想象》一书中，他们讲述了巨大的数字，并引入"古戈尔"这个名字来表示 $10^{100}$，据说这个名词是卡斯纳时年九岁的侄子在 1920 年发明的。后来，这个名词的拼写被稍微修改而为"谷歌"，一个伟大的网络引擎公司以之命名，意指万维网数据量的巨大。

**心中有数**

一古戈尔确实是难以想象的巨大，可观测宇宙所有粒子的估计数目比它要少得多。然而，使用数学符号，我们还可以轻易地定义出比古戈尔又大非常非常多倍的数字，例如一个"古戈普勒"是 10 的一古戈尔次方，即

$$10^{\text{googol}} = 10^{(10^{100})},$$

甚至，我们还可以提出古戈普勒的古戈普勒次方这样的数！

那么，像古戈普勒这样的巨无霸数字有什么意义？因为没有人可以数到那么大，它们在计数中绝对没有用处，而人类观测范围内的宇宙也不会有元素那么多的集合。显然，我们对这样的数有精确描述的机制，比如"古戈尔的古戈尔次方"，它就是底数和指数都为 $10^{100}$ 的数，也就是 $10^{100}$ 的 $10^{100}$ 次方。但是，有这么简短描述的数字其实是例外情形，一个典型的巨大数字，如果它在十进制下有大约 1 古戈普勒位数字，但各位数字中大多不是 0 而是 1、2、3 等等，并且没有什么规律，那么我们也就没有什么可以缩短其表达的描述办法。

对这样一个我们没有合适的办法写下来的巨大数字，我们能说它的存在有什么意义吗？如果我们连表示它的符号都无法给出，我们说它"存在"到底又是什么意思？世界上就没有这样的数字所表达的具体集合。如果一个数有大约 1 古戈普勒位数字，但不知道具体有多少位，那么我们人类根本就没有办法确定它准确的位数，因而也就没有办法将它和与之相差百万倍的其他数字相互区分开——试想，对于差不多有 1 古戈普勒位的巨大数字，多六位或者少六位数字我们能有什么办法知道？对于如此巨大的数字，由于宇宙中的材料、空间和时间都不够用，我们无法将它写下来，更无法对它进行四则运算。考虑到我们无法实现这样的数字，甚至无法准确地描述它们，我们能认为它们具有任何意义吗？我们凭什么声称每一个如此巨大的数都有唯一的后继？当然，我们可以将这样的一个数记成 $n$，然后将它的后继记为 $n + 1$。但是，除了极个别的情形，我们对这个 $n$ 也没有办法作出准确描述，因而它到底指的是什么也就成为疑问。可以说，一般的巨无霸数字在宇宙中得不到表达，连符号表示也没有。因此，现实与想象中都不存在这种 $n$ 的后继，因为连 $n$ 本身在现实与想象中都找不到准确的对应。

数学哲学中有一个支派称为"终极有限主义",它不接受人类无法用某种实际认知方式构造的对象或表达。按照这个学派的观点,甚至对自然数概念的接受也不是没有限制条件的,他们自然也拒绝讨论关于"无穷"的话题。不过,绝大多数数学家的观点没有这么极端,因为将数学限制到有限而且"不特别巨大的"对象的范围内,其对数学应用的限制是令人无法忍受的。

存在巨大无比的自然数,大到不可能用准确的概念来描述,大多数数学家对这一事实并不特别感到忧虑。通常,当把数学应用到实际中时,近似数值就已经可以满足需要,而异常巨大的数字极为罕见。理论上,自然数们只是具有皮亚诺公理所描述结构的序列,人们并不关心序列中某个特殊数字的具体实现问题。每一个数都有唯一的后继,这只是公理系统的规定,并不需要实际的验证。数学家们通常依照公理给定的规则,而不是依靠具体实现来思考问题。数学,其实是依照特定逻辑规则和特定公理系统而进行推证的艺术。这样看来,它不过是最古老的关于符号与单字的游戏之一。

此外,数学的用处绝不仅仅在于有限的情形,也不仅仅限于可以用计算机表达的情形。依赖于无限思想的数学观念,像实数以及微分方程等等,对物理现实的许多方面都是极为有用的模型。

## 11.12 大结局

哲学问题通常都找不到普遍赞同的答案,同样,数到底是发现的还是发明的这个问题,也没有明确多数的数学家赞同某一种回答。就像前几个小节里介绍的一样,对这个问题将来有可能一直都会存在多种观点和解答方式。

但对多数数学家来说,上述问题对他们具体的数学实践并没有什么影响,有些数学家甚至对哲学是否有用都持怀疑的态度。斯蒂芬·温伯格(1933—)是一位获得过诺贝尔物理学奖的美国物理学家,在其1994年出版的《终极理论之梦》一书中,有一章的标题是"反对哲学"。他写道,"关于工作方式或工作目标",我们不应该指望哲学"对今天的科学家提供任何有用的指导"。确实,任何严格

## 心中有数

的哲学立场都有可能妨碍自由的与不存偏见的思考，并因而阻碍人类的进步。例如，如果我们恪守终极有限主义的立场，那么我们就自己放弃了绝大部分的数学，其中包括许多具有极为重要的现实应用的数学分支。

因此，很多数学家认为，关于他们学科基础的思索是"浪费时间"。2013年，在题为《数学需要哲学吗？》的论文注释中，英国哲学家托马斯·福斯特（1948—）写道："很不幸，数学哲学所传达的大多数东西并不来自数学的实践，事实上我甚至相信，哲学系中所有数学哲学的活动几乎全部都是时间的浪费，至少从工作着的数学家的角度看来就是如此。"

在应用于解决具体问题时，数学的成功幸运地不依赖于哲学立场。即便两个数学家在数学基础方面有不一致的看法，他们通常对具体计算的结果都不会有不同意见。无论我们是否相信数字是独立的存在，像"5＋3＝8"这样的陈述在多数情形下都是正确而有用的，关键在于存在一个允许我们解决具体问题的数学框架。一种相当普遍的立场是：只要数学模型的应用是成功的，就没有必要思考其哲学解释。这种立场称为"只做不说"立场。这种表达源自美国物理学家大卫·莫明（1935—），当量子力学的解释出现哲学问题时，他用这个词组来描述物理学家们对该问题的共同态度。

据鲁本·赫尔斯所说，多数数学家似乎在柏拉图主义与形式主义的观点之间摇摆不定。这两种立场非常不相容，因而我们可以发现，哲学并不是典型数学家的主要关注点。另一方面，正如巴里·马祖尔所说，短短几个语句，势必无法"完全而诚实地表达数学对事物鲜活的描绘"。关于其哲学立场以及研究数学的动机之间的复杂感受，马祖尔有过如下的叙述：

> 当我工作的时候，我有时有一种感觉——也许是幻觉——我注目于结构或数学对象纯粹柏拉图主义的美丽；另外的有些时候，我是一个快乐的康德主义者，惊奇于直觉之构造亚里士多德所谓"对象的形式条件"的强大能力；而有的时候，我似乎跨坐于这两个阵营之间。我觉得，这种体验带来的张力，令人眩晕的想象，直觉的跳跃，"看见"契合于某

## 第 11 章 数字与哲学

个概念王国的实体所导致的窒息感,以及我对所有这些怀有的激情,正是使得数学对我来说如此超级重要的原因。当然,这个王国可能只是幻觉,但是体验呢?

# 附　　录

## 附录1　菲波纳契数表

| 序号 | 菲波纳契数 | 序号 | 菲波纳契数 | 序号 | 菲波纳契数 | 序号 | 菲波纳契数 |
| --- | --- | --- | --- | --- | --- | --- | --- |
| 1 | 1 | 26 | 121 393 | 51 | 20 365 011 074 | 76 | 3 416 454 622 906 707 |
| 2 | 1 | 27 | 196 418 | 52 | 32 951 280 099 | 77 | 5 527 939 700 884 757 |
| 3 | 2 | 28 | 317 811 | 53 | 53 316 291 173 | 78 | 8 944 394 323 791 464 |
| 4 | 3 | 29 | 514 229 | 54 | 86 267 571 272 | 79 | 14 472 334 024 676 221 |
| 5 | 5 | 30 | 832 040 | 55 | 139 583 862 445 | 80 | 23 416 728 348 467 685 |
| 6 | 8 | 31 | 1 346 269 | 56 | 225 851 433 717 | 81 | 37 889 062 373 143 906 |
| 7 | 13 | 32 | 2 178 309 | 57 | 365 435 296 162 | 82 | 61 305 790 721 611 591 |
| 8 | 21 | 33 | 3 524 578 | 58 | 591 286 729 879 | 83 | 99 194 853 094 755 497 |
| 9 | 34 | 34 | 5 702 887 | 59 | 956 722 026 041 | 84 | 160 500 643 816 367 088 |
| 10 | 55 | 35 | 9 227 465 | 60 | 1 548 008 755 920 | 85 | 259 695 496 911 122 585 |
| 11 | 89 | 36 | 14 930 352 | 61 | 2 504 730 781 961 | 86 | 420 196 140 727 489 673 |
| 12 | 144 | 37 | 24 157 817 | 62 | 4 052 739 537 881 | 87 | 679 891 637 638 612 258 |
| 13 | 233 | 38 | 39 088 169 | 63 | 6 557 470 319 842 | 88 | 1 100 087 778 366 101 931 |
| 14 | 377 | 39 | 63 245 986 | 64 | 10 610 209 857 723 | 89 | 1 779 979 416 004 714 189 |
| 15 | 610 | 40 | 102 334 155 | 65 | 17 167 680 177 565 | 90 | 2 880 067 194 370 816 120 |
| 16 | 987 | 41 | 165 580 141 | 66 | 27 777 890 035 288 | 91 | 4 660 046 610 375 530 309 |
| 17 | 1597 | 42 | 267 914 296 | 67 | 44 945 570 212 853 | 92 | 7 540 113 804 746 346 429 |
| 18 | 2 584 | 43 | 433 494 437 | 68 | 72 723 460 248 141 | 93 | 12 200 160 415 121 876 738 |
| 19 | 4 181 | 44 | 701 408 733 | 69 | 117 669 030 460 994 | 94 | 19 740 274 219 868 223 167 |
| 20 | 6 765 | 45 | 1 134 903 170 | 70 | 190 392 490 709 135 | 95 | 31 940 434 634 990 099 905 |
| 21 | 1 0946 | 46 | 1 836 311 903 | 71 | 308 061 521 170 129 | 96 | 51 680 708 854 858 323 072 |
| 22 | 1 7711 | 47 | 2 971 215 073 | 72 | 498 454 011 879 264 | 97 | 83 621 143 489 848 422 977 |
| 23 | 2 8657 | 48 | 4 807 526 976 | 73 | 806 515 533 049 393 | 98 | 135 301 852 344 706 746 049 |
| 24 | 4 6368 | 49 | 7 778 742 049 | 74 | 1 304 969 544 928 657 | 99 | 218 922 995 834 555 169 026 |
| 25 | 7 5025 | 50 | 12 586 269 025 | 75 | 2 111 485 077 978 050 | 100 | 354 224 848 179 261 915 075 |

心中有数

# 附录2  10 000以内素数表

| 2 | 3 | 5 | 7 | 11 | 13 | 17 | 19 | 23 | 29 | 31 | 37 |
|---|---|---|---|---|---|---|---|---|---|---|---|
| 41 | 43 | 47 | 53 | 59 | 61 | 67 | 71 | 73 | 79 | 83 | 89 |
| 97 | 101 | 103 | 107 | 109 | 113 | 127 | 131 | 137 | 139 | 149 | 151 |
| 157 | 163 | 167 | 173 | 179 | 181 | 191 | 193 | 197 | 199 | 211 | 223 |
| 227 | 229 | 233 | 239 | 241 | 251 | 257 | 263 | 269 | 271 | 277 | 281 |
| 283 | 293 | 307 | 311 | 313 | 317 | 331 | 337 | 347 | 349 | 353 | 359 |
| 367 | 373 | 379 | 383 | 389 | 397 | 401 | 409 | 419 | 421 | 431 | 433 |
| 439 | 443 | 449 | 457 | 461 | 463 | 467 | 479 | 487 | 491 | 499 | 503 |
| 509 | 521 | 523 | 541 | 547 | 557 | 563 | 569 | 571 | 577 | 587 | 593 |
| 599 | 601 | 607 | 613 | 617 | 619 | 631 | 641 | 643 | 647 | 653 | 659 |
| 661 | 673 | 677 | 683 | 691 | 701 | 709 | 719 | 727 | 733 | 739 | 743 |
| 751 | 757 | 761 | 769 | 773 | 787 | 797 | 809 | 811 | 821 | 823 | 827 |
| 829 | 839 | 853 | 857 | 859 | 863 | 877 | 881 | 883 | 887 | 907 | 911 |
| 919 | 929 | 937 | 941 | 947 | 953 | 967 | 971 | 977 | 983 | 991 | 997 |
| 1 009 | 1 013 | 1 019 | 1 021 | 1 031 | 1 033 | 1 039 | 1 049 | 1 051 | 1 061 | 1 063 | 1 069 |
| 1 087 | 1 091 | 1 093 | 1 097 | 1 103 | 1 109 | 1 117 | 1 123 | 1 129 | 1 151 | 1 153 | 1 163 |
| 1 171 | 1 181 | 1 187 | 1 193 | 1 201 | 1 213 | 1 217 | 1 223 | 1 229 | 1 231 | 1 237 | 1 249 |
| 1 259 | 1 277 | 1 279 | 1 283 | 1 289 | 1 291 | 1 297 | 1 301 | 1 303 | 1 307 | 1 319 | 1 321 |
| 1 327 | 1 361 | 1 367 | 1 373 | 1 381 | 1 399 | 1 409 | 1 423 | 1 427 | 1 429 | 1 433 | 1 439 |
| 1 447 | 1 451 | 1 453 | 1 459 | 1 471 | 1 481 | 1 483 | 1 487 | 1 489 | 1 493 | 1 499 | 1 511 |
| 1 523 | 1 531 | 1 543 | 1 549 | 1 553 | 1 559 | 1 567 | 1 571 | 1 579 | 1 583 | 1 597 | 1 601 |
| 1 607 | 1 609 | 1 613 | 1 619 | 1 621 | 1 627 | 1 637 | 1 657 | 1 663 | 1 667 | 1 669 | 1 693 |
| 1 697 | 1 699 | 1 709 | 1 721 | 1 723 | 1 733 | 1 741 | 1 747 | 1 753 | 1 759 | 1 777 | 1 783 |
| 1 787 | 1 789 | 1 801 | 1 811 | 1 823 | 1 831 | 1 847 | 1 861 | 1 867 | 1 871 | 1 873 | 1 877 |
| 1 879 | 1 889 | 1 901 | 1 907 | 1 913 | 1 931 | 1 933 | 1 949 | 1 951 | 1 973 | 1 979 | 1 987 |
| 1 993 | 1 997 | 1 999 | 2 003 | 2 011 | 2 017 | 2 027 | 2 029 | 2 039 | 2 053 | 2 063 | 2 069 |
| 2 081 | 2 083 | 2 087 | 2 089 | 2 099 | 2 111 | 2 113 | 2 129 | 2 131 | 2 137 | 2 141 | 2 143 |
| 2 153 | 2 161 | 2 179 | 2 203 | 2 207 | 2 213 | 2 221 | 2 237 | 2 239 | 2 243 | 2 251 | 2 267 |
| 2 269 | 2 273 | 2 281 | 2 287 | 2 293 | 2 297 | 2 309 | 2 311 | 2 333 | 2 339 | 2 341 | 2 347 |
| 2 351 | 2 357 | 2 371 | 2 377 | 2 381 | 2 383 | 2 389 | 2 393 | 2 399 | 2 411 | 2 417 | 2 423 |
| 2 437 | 2 441 | 2 447 | 2 459 | 2 467 | 2 473 | 2 477 | 2 503 | 2 521 | 2 531 | 2 539 | 2 543 |
| 2 549 | 2 551 | 2 557 | 2 579 | 2 591 | 2 593 | 2 609 | 2 617 | 2 621 | 2 633 | 2 647 | 2 657 |
| 2 659 | 2 663 | 2 671 | 2 677 | 2 683 | 2 687 | 2 689 | 2 693 | 2 699 | 2 707 | 2 711 | 2 713 |
| 2 719 | 2 729 | 2 731 | 2 741 | 2 749 | 2 753 | 2 767 | 2 777 | 2 789 | 2 791 | 2 797 | 2 801 |
| 2 803 | 2 819 | 2 833 | 2 837 | 2 843 | 2 851 | 2 857 | 2 861 | 2 879 | 2 887 | 2 897 | 2 903 |
| 2 909 | 2 917 | 2 927 | 2 939 | 2 953 | 2 957 | 2 963 | 2 969 | 2 971 | 2 999 | 3 001 | 3 011 |
| 3 019 | 3 023 | 3 037 | 3 041 | 3 049 | 3 061 | 3 067 | 3 079 | 3 083 | 3 089 | 3 109 | 3 119 |
| 3 121 | 3 137 | 3 163 | 3 167 | 3 169 | 3 181 | 3 187 | 3 191 | 3 203 | 3 209 | 3 217 | 3 221 |
| 3 229 | 3 251 | 3 253 | 3 257 | 3 259 | 3 271 | 3 299 | 3 301 | 3 307 | 3 313 | 3 319 | 3 323 |
| 3 329 | 3 331 | 3 343 | 3 347 | 3 359 | 3 361 | 3 371 | 3 373 | 3 389 | 3 391 | 3 407 | 3 413 |
| 3 433 | 3 449 | 3 457 | 3 461 | 3 463 | 3 467 | 3 469 | 3 491 | 3 499 | 3 511 | 3 517 | 3 527 |
| 3 529 | 3 533 | 3 539 | 3 541 | 3 547 | 3 557 | 3 559 | 3 571 | 3 581 | 3 583 | 3 593 | 3 607 |
| 3 613 | 3 617 | 3 623 | 3 631 | 3 637 | 3 643 | 3 659 | 3 671 | 3 673 | 3 677 | 3 691 | 3 697 |
| 3 701 | 3 709 | 3 719 | 3 727 | 3 733 | 3 739 | 3 761 | 3 767 | 3 769 | 3 779 | 3 793 | 3 797 |
| 3 803 | 3 821 | 3 823 | 3 833 | 3 847 | 3 851 | 3 853 | 3 863 | 3 877 | 3 881 | 3 889 | 3 907 |

附　录

| | | | | | | | | | | | |
|---|---|---|---|---|---|---|---|---|---|---|---|
| 3 911 | 3 917 | 3 919 | 3 923 | 3 929 | 3 931 | 3 943 | 3 947 | 3 967 | 3 989 | 4 001 | 4 003 |
| 4 007 | 4 013 | 4 019 | 4 021 | 4 027 | 4 049 | 4 051 | 4 057 | 4 073 | 4 079 | 4 091 | 4 093 |
| 4 099 | 4 111 | 4 127 | 4 129 | 4 133 | 4 139 | 4 153 | 4 157 | 4 159 | 4 177 | 4 201 | 4 211 |
| 4 217 | 4 219 | 4 229 | 4 231 | 4 241 | 4 243 | 4 253 | 4 259 | 4 261 | 4 271 | 4 273 | 4 283 |
| 4 289 | 4 297 | 4 327 | 4 337 | 4 339 | 4 349 | 4 357 | 4 363 | 4 373 | 4 391 | 4 397 | 4 409 |
| 4 421 | 4 423 | 4 441 | 4 447 | 4 451 | 4 457 | 4 463 | 4 481 | 4 483 | 4 493 | 4 507 | 4 513 |
| 4 517 | 4 519 | 4 523 | 4 547 | 4 549 | 4 561 | 4 567 | 4 583 | 4 591 | 4 597 | 4 603 | 4 621 |
| 4 637 | 4 639 | 4 643 | 4 649 | 4 651 | 4 657 | 4 663 | 4 673 | 4 679 | 4 691 | 4 703 | 4 721 |
| 4 723 | 4 729 | 4 733 | 4 751 | 4 759 | 4 783 | 4 787 | 4 789 | 4 793 | 4 799 | 4 801 | 4 813 |
| 4 817 | 4 831 | 4 861 | 4 871 | 4 877 | 4 889 | 4 903 | 4 909 | 4 919 | 4 931 | 4 933 | 4 937 |
| 4 943 | 4 951 | 4 957 | 4 967 | 4 969 | 4 973 | 4 987 | 4 993 | 4 999 | 5 003 | 5 009 | 5 011 |
| 5 021 | 5 023 | 5 039 | 5 051 | 5 059 | 5 077 | 5 081 | 5 087 | 5 099 | 5 101 | 5 107 | 5 113 |
| 5 119 | 5 147 | 5 153 | 5 167 | 5 171 | 5 179 | 5 189 | 5 197 | 5 209 | 5 227 | 5 231 | 5 233 |
| 5 237 | 5 261 | 5 273 | 5 279 | 5 281 | 5 297 | 5 303 | 5 309 | 5 323 | 5 333 | 5 347 | 5 351 |
| 5 381 | 5 387 | 5 393 | 5 399 | 5 407 | 5 413 | 5 417 | 5 419 | 5 431 | 5 437 | 5 441 | 5 443 |
| 5 449 | 5 471 | 5 477 | 5 479 | 5 483 | 5 501 | 5 503 | 5 507 | 5 519 | 5 521 | 5 527 | 5 531 |
| 5 557 | 5 563 | 5 569 | 5 573 | 5 581 | 5 591 | 5 623 | 5 639 | 5 641 | 5 647 | 5 651 | 5 653 |
| 5 657 | 5 659 | 5 669 | 5 683 | 5 689 | 5 693 | 5 701 | 5 711 | 5 717 | 5 737 | 5 741 | 5 743 |
| 5 749 | 5 779 | 5 783 | 5 791 | 5 801 | 5 807 | 5 813 | 5 821 | 5 827 | 5 839 | 5 843 | 5 849 |
| 5 851 | 5 857 | 5 861 | 5 867 | 5 869 | 5 879 | 5 881 | 5 897 | 5 903 | 5 923 | 5 927 | 5 939 |
| 5 953 | 5 981 | 5 987 | 6 007 | 6 011 | 6 029 | 6 037 | 6 043 | 6 047 | 6 053 | 6 067 | 6 073 |
| 6 079 | 6 089 | 6 091 | 6 101 | 6 113 | 6 121 | 6 131 | 6 133 | 6 143 | 6 151 | 6 163 | 6 173 |
| 6 197 | 6 199 | 6 203 | 6 211 | 6 217 | 6 221 | 6 229 | 6 247 | 6 257 | 6 263 | 6 269 | 6 271 |
| 6 277 | 6 287 | 6 299 | 6 301 | 6 311 | 6 317 | 6 323 | 6 329 | 6 337 | 6 343 | 6 353 | 6 359 |
| 6 361 | 6 367 | 6 373 | 6 379 | 6 389 | 6 397 | 6 421 | 6 427 | 6 449 | 6 451 | 6 469 | 6 473 |
| 6 481 | 6 491 | 6 521 | 6 529 | 6 547 | 6 551 | 6 553 | 6 563 | 6 569 | 6 571 | 6 577 | 6 581 |
| 6 599 | 6 607 | 6 619 | 6 637 | 6 653 | 6 659 | 6 661 | 6 673 | 6 679 | 6 689 | 6 691 | 6 701 |
| 6 703 | 6 709 | 6 719 | 6 733 | 6 737 | 6 761 | 6 763 | 6 779 | 6 781 | 6 791 | 6 793 | 6 803 |
| 6 823 | 6 827 | 6 829 | 6 833 | 6 841 | 6 857 | 6 863 | 6 869 | 6 871 | 6 883 | 6 899 | 6 907 |
| 6 911 | 6 917 | 6 947 | 6 949 | 6 959 | 6 961 | 6 967 | 6 971 | 6 977 | 6 983 | 6 991 | 6 997 |
| 7 001 | 7 013 | 7 019 | 7 027 | 7 039 | 7 043 | 7 057 | 7 069 | 7 079 | 7 103 | 7 109 | 7 121 |
| 7 127 | 7 129 | 7 151 | 7 159 | 7 177 | 7 187 | 7 193 | 7 207 | 7 211 | 7 213 | 7 219 | 7 229 |
| 7 237 | 7 243 | 7 247 | 7 253 | 7 283 | 7 297 | 7 307 | 7 309 | 7 321 | 7 331 | 7 333 | 7 349 |
| 7 351 | 7 369 | 7 393 | 7 411 | 7 417 | 7 433 | 7 451 | 7 457 | 7 459 | 7 477 | 7 481 | 7 487 |
| 7 489 | 7 499 | 7 507 | 7 517 | 7 523 | 7 529 | 7 537 | 7 541 | 7 547 | 7 549 | 7 559 | 7 561 |
| 7 573 | 7 577 | 7 583 | 7 589 | 7 591 | 7 603 | 7 607 | 7 621 | 7 639 | 7 643 | 7 649 | 7 669 |
| 7 673 | 7 681 | 7 687 | 7 691 | 7 699 | 7 703 | 7 717 | 7 723 | 7 727 | 7 741 | 7 753 | 7 757 |
| 7 759 | 7 789 | 7 793 | 7 817 | 7 823 | 7 829 | 7 841 | 7 853 | 7 867 | 7 873 | 7 877 | 7 879 |
| 7 883 | 7 901 | 7 907 | 7 919 | 7 927 | 7 933 | 7 937 | 7 949 | 7 951 | 7 963 | 7 993 | 8 009 |
| 8 011 | 8 017 | 8 039 | 8 053 | 8 059 | 8 069 | 8 081 | 8 087 | 8 089 | 8 093 | 8 101 | 8 111 |
| 8 117 | 8 123 | 8 147 | 8 161 | 8 167 | 8 171 | 8 179 | 8 191 | 8 209 | 8 219 | 8 221 | 8 231 |
| 8 233 | 8 237 | 8 243 | 8 263 | 8 269 | 8 273 | 8 287 | 8 291 | 8 293 | 8 297 | 8 311 | 8 317 |
| 8 329 | 8 353 | 8 363 | 8 369 | 8 377 | 8 387 | 8 389 | 8 419 | 8 423 | 8 429 | 8 431 | 8 443 |
| 8 447 | 8 461 | 8 467 | 8 501 | 8 513 | 8 521 | 8 527 | 8 537 | 8 539 | 8 543 | 8 563 | 8 573 |
| 8 581 | 8 597 | 8 599 | 8 609 | 8 623 | 8 627 | 8 629 | 8 641 | 8 647 | 8 663 | 8 669 | 8 677 |
| 8 681 | 8 689 | 8 693 | 8 699 | 8 707 | 8 713 | 8 719 | 8 731 | 8 737 | 8 741 | 8 747 | 8 753 |
| 8 761 | 8 779 | 8 783 | 8 803 | 8 807 | 8 819 | 8 821 | 8 831 | 8 837 | 8 839 | 8 849 | 8 861 |
| 8 863 | 8 867 | 8 887 | 8 893 | 8 923 | 8 929 | 8 933 | 8 941 | 8 951 | 8 963 | 8 969 | 8 971 |
| 8 999 | 9 001 | 9 007 | 9 011 | 9 013 | 9 029 | 9 041 | 9 043 | 9 049 | 9 059 | 9 067 | 9 091 |
| 9 103 | 9 109 | 9 127 | 9 133 | 9 137 | 9 151 | 9 157 | 9 161 | 9 173 | 9 181 | 9 187 | 9 199 |

心中有数

| 9 203 | 9 209 | 9 221 | 9 227 | 9 239 | 9 241 | 9 257 | 9 277 | 9 281 | 9 283 | 9 293 | 9 311 |
|---|---|---|---|---|---|---|---|---|---|---|---|
| 9 319 | 9 323 | 9 337 | 9 341 | 9 343 | 9 349 | 9 371 | 9 377 | 9 391 | 9 397 | 9 403 | 9 413 |
| 9 419 | 9 421 | 9 431 | 9 433 | 9 437 | 9 439 | 9 461 | 9 463 | 9 467 | 9 473 | 9 479 | 9 491 |
| 9 497 | 9 511 | 9 521 | 9 533 | 9 539 | 9 547 | 9 551 | 9 587 | 9 601 | 9 613 | 9 619 | 9 623 |
| 9 629 | 9 631 | 9 643 | 9 649 | 9 661 | 9 677 | 9 679 | 9 689 | 9 697 | 9 719 | 9 721 | 9 733 |
| 9 739 | 9 743 | 9 749 | 9 767 | 9 769 | 9 781 | 9 787 | 9 791 | 9 803 | 9 811 | 9 817 | 9 829 |
| 9 833 | 9 839 | 9 851 | 9 857 | 9 859 | 9 871 | 9 883 | 9 887 | 9 901 | 9 907 | 9 923 | 9 929 |
| 9 931 | 9 941 | 9 949 | 9 967 | 9 973 | | | | | | | |

## 附录3  已知的梅森素数列表

| k | 梅森数 $2^k - 1$ | 位 数 | 发现年代 |
|---|---|---|---|
| 2 | 3 | 1 | 约公元前 430 |
| 3 | 7 | 1 | 约公元前 430 |
| 5 | 31 | 2 | 约公元前 430 |
| 7 | 127 | 3 | 约公元前 430 |
| 13 | 8 191 | 4 | 1456 |
| 17 | 131 071 | 6 | 1588 |
| 19 | 524 287 | 6 | 1588 |
| 31 | 2 147 483 647 | 10 | 1772 |
| 61 | 2 305 843 009 213 690 951 | 19 | 1883 |
| 89 | 618970019642⋯137449562111 | 27 | 1911 |
| 107 | 162259276829⋯578010288127 | 33 | 1914 |
| 127 | 170141183460⋯715884105727 | 39 | 1876 |
| 521 | 686479766013⋯291115057151 | 157 | 1952 |
| 607 | 531137992816⋯219031728127 | 183 | 1952 |
| 1 279 | 104079321946⋯703168729087 | 386 | 1952 |
| 2 203 | 147597991521⋯686697771007 | 664 | 1952 |
| 2 281 | 446087557183⋯418132836351 | 687 | 1952 |
| 3 217 | 259117086013⋯362909315071 | 969 | 1957 |
| 4 253 | 190797007524⋯815350484991 | 1 281 | 1961 |
| 4 423 | 285542542228⋯902608580607 | 1 332 | 1961 |
| 9 689 | 478220278805⋯826225754111 | 2 917 | 1963 |
| 9 941 | 346088282490⋯883789463551 | 2 993 | 1963 |
| 11 213 | 281411201369⋯087696392191 | 3 376 | 1963 |
| 19 937 | 431542479738⋯030968041471 | 6 002 | 1971 |
| 21 701 | 448679166119⋯353511882751 | 6 533 | 1978 |
| 23 209 | 402874115778⋯523779264511 | 6 987 | 1979 |
| 44 497 | 854509824303⋯961011228671 | 13 395 | 1979 |
| 86 243 | 536927995502⋯709433438207 | 25 962 | 1982 |

| $k$ | 梅森数 $2^k - 1$ | 位 数 | 发现年代 |
| --- | --- | --- | --- |
| 110 503 | 521928313341⋯083465515007 | 33 265 | 1988 |
| 132 049 | 512740276269⋯455730061311 | 39 751 | 1983 |
| 216 091 | 746093103064⋯103815528447 | 65 050 | 1985 |
| 756 839 | 174135906820⋯328544677887 | 227 832 | 1992 |
| 859 433 | 129498125604⋯243500142591 | 258 716 | 1994 |
| 1 257 787 | 412245773621⋯976089366527 | 378 632 | 1996 |
| 1 398 269 | 814717564412⋯868451315711 | 420 921 | 1996 |
| 2 976 221 | 623340076248⋯743729201151 | 895 932 | 1997 |
| 3 021 377 | 127411683030⋯973024694271 | 909 526 | 1998 |
| 6 972 593 | 437075744127⋯142924193791 | 2 098 960 | 1999 |
| 13 466 917 | 924947738006⋯470256259071 | 4 053 946 | 2001 |
| 20 996 011 | 125976895450⋯762855682047 | 6 320 430 | 2003 |
| 24 036 583 | 299410429404⋯882733969407 | 7 235 733 | 2004 |
| 25 964 951 | 122164630061⋯280577077247 | 7 816 230 | 2005 |
| 30 402 457 | 315416475618⋯411652943871 | 9 152 052 | 2005 |
| 32 582 657 | 124575026015⋯154053967871 | 9 808 358 | 2006 |
| 37 156 667 | 202254406890⋯022308220927 | 11 185 272 | 2008 |
| 42 643 801 | 169873516452⋯765562314751 | 12 837 064 | 2009 |
| 43 112 609 | 316470269330⋯166697152511 | 12 978 189 | 2008 |
| 57 885 161 | 581887266232⋯071724285951 | 17 425 170 | 2013 |
| 74 207 281 | 300376418084⋯391086436351 | 22 338 618 | 2015 |
| 77 232 917 | 467333183359⋯069762179071 | 23 249 425 | 2017 |
| 82 589 933 | 148894445742⋯325217902591 | 24 862 048 | 2018 |

注：最后三个梅森素数是译者根据最新数据增加的。另外，原文中有个别数据有误，译者也做了修正。

## 附录4 已知的完全数列表

| $k$ | 完全数 | 位 数 | 发现年代 |
| --- | --- | --- | --- |
| 2 | 6 | 1 | 约公元前400年 |
| 3 | 28 | 2 | 约公元前400年 |
| 5 | 496 | 3 | 约公元前400年 |
| 7 | 8 128 | 4 | 约公元前400年 |
| 13 | 33 550 336 | 8 | 1456 |
| 17 | 8 589 869 056 | 10 | 1588 |
| 19 | 137 438 691 328 | 12 | 1588 |
| 31 | 2 305 843 008 139 952 128 | 19 | 1772 |
| 61 | 265845599156⋯615953842176 | 37 | 1883 |
| 89 | 191561942608⋯321548169216 | 54 | 1911 |
| 107 | 131640364585⋯117783728128 | 65 | 1914 |
| 127 | 144740111546⋯131199152128 | 77 | 1876 |

## 心中有数

| k | 完全数 | 位 数 | 发现年代 |
| --- | --- | --- | --- |
| 521 | 235627234572…160555646976 | 314 | 1952 |
| 607 | 141053783706…759537328128 | 366 | 1952 |
| 1 279 | 541625262843…764984291328 | 770 | 1952 |
| 2 203 | 108925835505…834453782528 | 1 327 | 1952 |
| 2 281 | 994970543370…675139915776 | 1 373 | 1952 |
| 3 217 | 335708321319…332628525056 | 1 937 | 1957 |
| 4 253 | 182017490401…437133377536 | 2 561 | 1961 |
| 4 423 | 407672717110…642912534528 | 2 663 | 1961 |
| 9 689 | 114347317530…558429577216 | 5 834 | 1963 |
| 9 941 | 598885496387…324073496576 | 5 985 | 1963 |
| 11 213 | 395961321281…702691086336 | 6 751 | 1963 |
| 19 937 | 931144559095…790271942656 | 12 003 | 1971 |
| 21 701 | 100656497054…255141605376 | 13 066 | 1978 |
| 23 209 | 811537765823…603941666816 | 13 973 | 1979 |
| 44 497 | 365093519915…353031827456 | 26 790 | 1979 |
| 86 243 | 144145836177…957360406528 | 51 924 | 1982 |
| 110 503 | 136204582133…233603862528 | 66 530 | 1988 |
| 132 049 | 131451295454…491774550016 | 79 502 | 1983 |
| 216 091 | 278327459220…416840880128 | 130 100 | 1985 |
| 756 839 | 151616570220…600565731328 | 455 663 | 1992 |
| 859 433 | 838488226750…540416167936 | 517 430 | 1994 |
| 1 257 787 | 849732889343…028118704128 | 757 263 | 1996 |
| 1 398 269 | 331882354881…017723375616 | 841 842 | 1996 |
| 2 976 221 | 194276425328…724174462976 | 1 791 864 | 1997 |
| 3 021 377 | 811686848628…573022457856 | 1 819 050 | 1998 |
| 6 972 593 | 955176030521…475123572736 | 4 197 919 | 1999 |
| 13 466 917 | 427764159021…460863021056 | 8 107 892 | 2001 |
| 20 996 011 | 793508909365…578206896128 | 12 640 858 | 2003 |
| 24 036 583 | 448233026179…460572950528 | 14 471 465 | 2004 |
| 25 964 951 | 746209841900…874791088128 | 15 632 458 | 2005 |
| 30 402 457 | 497437765459…536164704256 | 18 304 103 | 2005 |
| 32 582 657 | 775946855336…476577120256 | 19 616 714 | 2006 |
| 37 156 667 | 204534225534…975074480128 | 22 370 543 | 2008 |
| 42 643 801 | 144285057960…837377253376 | 25 674 127 | 2009 |
| 43 112 609 | 500767156849…221145378816 | 25 956 377 | 2008 |
| 57 885 161 | 169296395301…626270130176 | 34 850 340 | 2013 |
| 74 207 281 | 451129962706…557930315776 | 44 677 235 | 2015 |
| 77 232 917 | 109200152134…402016301056 | 46 498 850 | 2017 |

# 附录5 卡布列克数表

| $k$ | $k$ 的平方 | | 平方的分拆 |
|---|---|---|---|
| 1 | $1^2=$ | 1 | 1 = 1 |
| 9 | $9^2=$ | 81 | 8 +1= 9 |
| 45 | $45^2=$ | 2 025 | 20 +25= 45 |
| 55 | $55^2=$ | 3 025 | 30 +25 =55 |
| 99 | $99^2=$ | 9 801 | 98+01 = 99 |
| 297 | $297^2=$ | 88 209 | 88 + 209 = 297 |
| 703 | $703^2=$ | 494 209 | 494 + 209 = 703 |
| 999 | $999^2=$ | 998 001 | 998 + 001 = 999 |
| 2 223 | $2\ 223^2=$ | 4 941 729 | 494 + 1 729 = 2 223 |
| 2 728 | $2\ 728^2=$ | 7 441 984 | 744 + 1 984 = 2 728 |
| 4 879 | $4\ 879^2=$ | 23 804 641 | 238 + 04 641 = 4 879 |
| 4 950 | $4\ 950^2=$ | 24 502 500 | 2 450 + 2 500 = 4 950 |
| 5 050 | $5\ 050^2=$ | 25 502 500 | 2 550 + 2 500 = 5 050 |
| 5 292 | $5\ 292^2=$ | 28 005 264 | 28 + 005 264 = 5 292 |
| 7 272 | $7\ 272^2=$ | 52 881 984 | 5 288 + 1 984 = 7 272 |
| 7 777 | $7\ 777^2=$ | 60 481 729 | 6 048 + 1 729 = 7 777 |
| 9 999 | $9\ 999^2=$ | 99 980 001 | 9 998 + 0 001 = 9 999 |
| 17 344 | $17\ 344^2=$ | 300 814 336 | 3 008 + 14 336 = 17 344 |
| 22 222 | $22\ 222^2=$ | 493 817 284 | 4 938 + 17 284 = 22 222 |
| 38 962 | $38\ 962^2=$ | 1 518 037 444 | 1 518 + 03 7444 = 38 962 |
| 77 778 | $77\ 778^2=$ | 6 049 417 284 | 60 494 + 17 284 = 77 778 |
| 82 656 | $82\ 656^2=$ | 6 832 014 336 | 68 320 + 14 336 = 82 656 |
| 95 121 | $95\ 121^2=$ | 9 048 004 641 | 90 480 + 04 641 = 95 121 |
| 99 999 | $99\ 999^2=$ | 9 999 800 001 | 99 998 + 00 001 = 99 999 |
| 142 857 | $142\ 857^2=$ | 20 408 122 449 | 20 408 + 122 449 = 142 857 |
| 148 149 | $148\ 149^2=$ | 21 948 126 201 | 21 948 + 126 201 = 148 149 |
| 181 819 | $181\ 819^2=$ | 33 058 148 761 | 33 058 + 148 761 = 181 819 |
| 187 110 | $187\ 110^2=$ | 35 010 152 100 | 35 010 + 152 100 = 187 110 |

注：此后的卡布列克数是：208 495，318 682，329 967，351 352，356 643，390 313，461 539，466 830，499 500，500 500，533 170，857 143，…

# 附录6  阿姆斯特朗数表

| 序号 | 位数 | 阿姆斯特朗数 | 序号 | 位数 | 阿姆斯特朗数 |
|---|---|---|---|---|---|
| 0 | 1 | 0 | 45 | 17 | 35 641 594 208 964 132 |
| 1 | 1 | 1 | 46 | 17 | 35 875 699 062 250 035 |
| 2 | 1 | 2 | 47 | 19 | 1 517 841 543 307 505 039 |
| 3 | 1 | 3 | 48 | 19 | 3 289 582 984 443 187 032 |
| 4 | 1 | 4 | 49 | 19 | 4 498 128 791 164 624 869 |
| 5 | 1 | 5 | 50 | 19 | 4 929 273 885 928 088 826 |
| 6 | 1 | 6 | 51 | 20 | 63 105 425 988 599 693 916 |
| 7 | 1 | 7 | 52 | 21 | 128 468 643 043 731 391 252 |
| 8 | 1 | 8 | 53 | 21 | 449 177 399 146 038 697 307 |
| 9 | 1 | 9 | 54 | 23 | 21 887 696 841 122 916 288 858 |
| 10 | 3 | 153 | 55 | 23 | 27 879 694 893 054 074 471 405 |
| 11 | 3 | 370 | 56 | 23 | 27 907 865 009 977 052 567 814 |
| 12 | 3 | 371 | 57 | 23 | 28 361 281 321 319 229 463 398 |
| 13 | 3 | 407 | 58 | 23 | 35 452 590 104 031 691 935 943 |
| 14 | 4 | 1 634 | 59 | 24 | 174 088 005 938 065 293 023 722 |
| 15 | 4 | 8 208 | 60 | 24 | 188 451 485 447 897 896 036 875 |
| 16 | 4 | 9 474 | 61 | 24 | 239 313 664 430 041 569 350 093 |
| 17 | 5 | 54 748 | 62 | 25 | 1 550 475 334 214 501 539 088 894 |
| 18 | 5 | 92 727 | 63 | 25 | 1 553 242 162 893 771 850 669 378 |
| 19 | 5 | 93 084 | 64 | 25 | 3 706 907 995 955 475 988 644 380 |
| 20 | 6 | 548 834 | 65 | 25 | 3 706 907 995 955 475 988 644 381 |
| 21 | 7 | 1 741 725 | 66 | 25 | 4 422 095 118 095 899 619 457 938 |
| 22 | 7 | 4 210 818 | 67 | 27 | 121 204 998 563 613 372 405 438 066 |
| 23 | 7 | 9 800 817 | 68 | 27 | 121 270 696 006 801 314 328 439 376 |
| 24 | 7 | 9 926 315 | 69 | 27 | 128 851 796 696 487 777 842 012 787 |
| 25 | 8 | 24 678 050 | 70 | 27 | 174 650 464 499 531 377 631 639 254 |
| 26 | 8 | 24 678 051 | 71 | 27 | 177 265 453 171 792 792 366 489 765 |
| 27 | 8 | 88 593 477 | 72 | 29 | 14 607 640 612 971 980 372 614 873 089 |
| 28 | 9 | 146 511 208 | 73 | 29 | 19 008 174 136 254 279 995 012 734 740 |
| 29 | 9 | 472 335 975 | 74 | 29 | 19 008 174 136 254 279 995 012 734 741 |
| 30 | 9 | 534 494 836 | 75 | 29 | 23 866 716 435 523 975 980 390 369 295 |
| 31 | 9 | 912 985 153 | 76 | 31 | 1 145 037 275 765 491 025 924 292 050 346 |
| 32 | 10 | 4 679 307 774 | 77 | 31 | 1 927 890 457 142 960 697 580 636 236 639 |
| 33 | 11 | 32 164 049 650 | 78 | 31 | 2 309 092 682 616 190 307 509 695 338 915 |
| 34 | 11 | 32 164 049 651 | 79 | 32 | 17 333 509 997 782 249 308 725 103 962 772 |
| 35 | 11 | 40 028 394 225 | 80 | 33 | 186 709 961 001 538 790 100 634 132 976 990 |
| 36 | 11 | 42 678 290 603 | 81 | 33 | 186 709 961 001 538 790 100 634 132 976 991 |
| 37 | 11 | 44 708 635 679 | 82 | 34 | 1 122 763 285 329 372 541 592 822 900 204 593 |
| 38 | 11 | 49 388 550 606 | 83 | 35 | 12 639 369 517 103 790 328 947 807 201 478 392 |
| 39 | 11 | 82 693 916 578 | 84 | 35 | 12 679 937 780 272 278 566 303 885 594 196 922 |
| 40 | 11 | 94 204 591 914 | 85 | 37 | 1 219 167 219 625 434 121 569 735 803 609 966 019 |
| 41 | 14 | 28 116 440 335 967 | 86 | 38 | 12 815 792 078 366 059 955 099 770 545 296 129 367 |
| 42 | 16 | 4 338 281 769 391 370 | 87 | 39 | 115 132 219 018 763 992 565 095 597 973 971 522 400 |
| 43 | 16 | 4 338 281 769 391 371 | 88 | 39 | 115 132 219 018 763 992 565 095 597 973 971 522 401 |
| 44 | 17 | 21 897 142 587 612 075 | | | |

## 附录7 亲和数表

| 序 号 | 第一个数 | 第二个数 | 发现年代 |
| --- | --- | --- | --- |
| 1 | 220 | 284 | 约公元前 500 年 |
| 2 | 1 184 | 1 210 | 1866 |
| 3 | 2 620 | 2 924 | 1747 |
| 4 | 5 020 | 5 564 | 1747 |
| 5 | 6 232 | 6 368 | 1747 |
| 6 | 10 744 | 10 856 | 1747 |
| 7 | 12 285 | 14 595 | 1939 |
| 8 | 17 296 | 18 416 | 约 1300//1636 |
| 9 | 63 020 | 76 084 | 1747 |
| 10 | 66 928 | 66 992 | 1747 |
| 11 | 67 095 | 71 145 | 1747 |
| 12 | 69 615 | 87 633 | 1747 |
| 13 | 79 750 | 88 730 | 1964 |
| 14 | 100 485 | 124 155 | 1747 |
| 15 | 122 265 | 139 815 | 1747 |
| 16 | 122 368 | 123 152 | 1941/42 |
| 17 | 141 664 | 153 176 | 1747 |
| 18 | 142 310 | 168 730 | 1747 |
| 19 | 171 856 | 176 336 | 1747 |
| 20 | 176 272 | 180 848 | 1747 |
| 21 | 185 368 | 203 432 | 1966 |
| 22 | 196 724 | 202 444 | 1747 |
| 23 | 280 540 | 365 084 | 1966 |
| 24 | 308 620 | 389 924 | 1747 |
| 25 | 319 550 | 430 402 | 1966 |
| 26 | 356 408 | 399 592 | 1921 |
| 27 | 437 456 | 455 344 | 1747 |
| 28 | 469 028 | 486 178 | 1966 |
| 29 | 503 056 | 514 736 | 1747 |
| 30 | 522 405 | 525 915 | 1747 |
| 31 | 600 392 | 669 688 | 1921 |
| 32 | 609 928 | 686 072 | 1747 |
| 33 | 624 184 | 691 256 | 1921 |
| 34 | 635 624 | 712 216 | 1921 |

心中有数

| 序 号 | 第一个数 | 第二个数 | 发现年代 |
| --- | --- | --- | --- |
| 35 | 643 336 | 652 664 | 1747 |
| 36 | 667 964 | 783 556 | 1966 |
| 37 | 726 104 | 796 696 | 1921 |
| 38 | 802 725 | 863 835 | 1966 |
| 39 | 879 712 | 901 424 | 1966 |
| 40 | 898 216 | 980 984 | 1747 |
| 41 | 947 835 | 1 125 765 | 1946 |
| 42 | 998 104 | 1 043 096 | 1966 |
| 43 | 1 077 890 | 1 099 390 | 1966 |
| 44 | 1 154 450 | 1 189 150 | 1957 |
| 45 | 1 156 870 | 1 292 570 | 1946 |
| 46 | 1 175 265 | 1 438 983 | 1747 |
| 47 | 1 185 376 | 1 286 744 | 1929 |
| 48 | 1 280 565 | 1 340 235 | 1747 |
| 49 | 1 328 470 | 1 483 850 | 1966 |
| 50 | 1 358 595 | 1 486 845 | 1747 |
| 51 | 1 392 368 | 1 464 592 | 1747 |
| 52 | 1 466 150 | 1 747 930 | 1966 |
| 53 | 1 468 324 | 1 749 212 | 1967 |
| 54 | 1 511 930 | 1 598 470 | 1946 |
| 55 | 1 669 910 | 2 062 570 | 1966 |
| 56 | 1 798 875 | 1 870 245 | 1967 |
| 57 | 2 082 464 | 2 090 656 | 1747 |
| 58 | 2 236 570 | 2 429 030 | 1966 |
| 59 | 2 652 728 | 2 941 672 | 1921 |
| 60 | 2 723 792 | 2 874 064 | 1929 |
| 61 | 2 728 726 | 3 077 354 | 1966 |
| 62 | 2 739 704 | 2 928 136 | 1747 |
| 63 | 2 802 416 | 2 947 216 | 1747 |
| 64 | 2 803 580 | 3 716 164 | 1967 |
| 65 | 3 276 856 | 3 721 544 | 1747 |
| 66 | 3 606 850 | 3 892 670 | 1967 |
| 67 | 3 786 904 | 4 300 136 | 1747 |
| 68 | 3 805 264 | 4 006 736 | 1929 |
| 69 | 4 238 984 | 4 314 616 | 1967 |
| 70 | 4 246 130 | 4 488 910 | 1747 |
| 71 | 4 259 750 | 4 445 050 | 1966 |

# 附 录

| 序 号 | 第一个数 | 第二个数 | 发现年代 |
|---|---|---|---|
| 72 | 4 482 765 | 5 120 595 | 1957 |
| 73 | 4 532 710 | 6 135 962 | 1957 |
| 74 | 4 604 776 | 5 162 744 | 1966 |
| 75 | 5 123 090 | 5 504 110 | 1966 |
| 76 | 5 147 032 | 5 843 048 | 1747 |
| 77 | 5 232 010 | 5 799 542 | 1967 |
| 78 | 5 357 625 | 5 684 679 | 1966 |
| 79 | 5 385 310 | 5 812 130 | 1967 |
| 80 | 5 459 176 | 5 495 264 | 1967 |
| 81 | 5 726 072 | 6 369 928 | 1921 |
| 82 | 5 730 615 | 6 088 905 | 1966 |
| 83 | 5 864 660 | 7 489 324 | 1967 |
| 84 | 6 329 416 | 6 371 384 | 1966 |
| 85 | 6 377 175 | 6 680 025 | 1966 |
| 86 | 6 955 216 | 7 418 864 | 1946 |
| 87 | 6 993 610 | 7 158 710 | 1957 |
| 88 | 7 275 532 | 7 471 508 | 1967 |
| 89 | 7 288 930 | 8 221 598 | 1966 |
| 90 | 7 489 112 | 7 674 088 | 1966 |
| 91 | 7 577 350 | 8 493 050 | 1966 |
| 92 | 7 677 248 | 7 684 672 | 1884 |
| 93 | 7 800 544 | 7 916 696 | 1929 |
| 94 | 7 850 512 | 8 052 488 | 1966 |
| 95 | 8 262 136 | 8 369 864 | 1966 |
| 96 | 8 619 765 | 9 627 915 | 1957 |
| 97 | 8 666 860 | 10 638 356 | 1966 |
| 98 | 8 754 130 | 10 893 230 | 1946 |
| 99 | 8 826 070 | 10 043 690 | 1967 |
| 100 | 9 071 685 | 9 498 555 | 1946 |
| 101 | 9 199 496 | 9 592 504 | 1929 |
| 102 | 9 206 925 | 10 791 795 | 1967 |
| 103 | 9 339 704 | 9 892 936 | 1966 |
| 104 | 9 363 584 | 9 437 056 | 约 1600/1638 |
| 105 | 9 478 910 | 11 049 730 | 1967 |
| 106 | 9 491 625 | 10 950 615 | 1967 |
| 107 | 9 660 950 | 10 025 290 | 1966 |
| 108 | 9 773 505 | 11 791 935 | 1967 |

## 附录8　回文勾股数表

| 3 | 4 | 5 |
|---|---|---|
| 6 | 8 | 10 |
| 363 | 484 | 605 |
| 464 | 777 | 905 |
| 3 993 | 6 776 | 7 865 |
| 6 776 | 23 232 | 24 200 |
| 313 | 48 984 | 48 985 |
| 8 228 | 69 696 | 70 180 |
| 30 603 | 40 804 | 51 005 |
| 34 743 | 42 824 | 55 145 |
| 29 192 | 60 006 | 66 730 |
| 25 652 | 55 755 | 61 373 |
| 52 625 | 80 808 | 96 433 |
| 36 663 | 616 616 | 617 705 |
| 48 984 | 886 688 | 888 040 |
| 575 575 | 2 152 512 | 2 228 137 |
| 6 336 | 2 509 052 | 2 509 060 |
| 2 327 232 | 4 728 274 | 5 269 970 |
| 3 006 003 | 4 008 004 | 5 010 005 |
| 3 458 543 | 4 228 224 | 5 462 545 |
| 80 308 | 5 578 755 | 5 579 333 |
| 2 532 352 | 5 853 585 | 6 377 873 |
| 5 679 765 | 23 711 732 | 24 382 493 |
| 4 454 544 | 29 055 092 | 29 394 580 |
| 677 776 | 237 282 732 | 237 283 700 |
| 300 060 003 | 400 080 004 | 500 100 005 |
| 304 070 403 | 402 080 204 | 504 110 405 |
| 276 626 672 | 458 515 854 | 535 498 930 |
| 341 484 143 | 420 282 024 | 541 524 145 |
| 345 696 543 | 422 282 224 | 545 736 545 |
| 359 575 953 | 401 141 104 | 538 710 545 |
| 277 373 772 | 694 808 496 | 748 127 700 |
| 635 191 536 | 2 566 776 652 | 2 644 203 220 |
| 6 521 771 256 | 29 986 068 992 | 30 687 095 560 |
| 21 757 175 712 | 48 337 273 384 | 53 008 175 720 |
| 27 280 108 272 | 55 873 637 855 | 62 177 710 753 |
| 30 000 600 003 | 40 000 800 004 | 50 001 000 005 |
| 30 441 814 403 | 40 220 802 204 | 50 442 214 405 |
| 34 104 840 143 | 42 002 820 024 | 54 105 240 145 |

附 录

# 附录9 部分译名对照表

| 中文译名 | 英文原文 | 页码 |
|---|---|---|
| **人 名** | | |
| 阿尔·卡西 | Jamshīd al-Kāshī | 254 |
| 阿基米德 | Archimedes | 232 |
| 阿姆斯 | Ahmose | 60 |
| 阿姆斯特朗，迈克尔 | Michael F. Armstrong | 193 |
| 阿皮安，彼特 | Peter Apian | 117 |
| 埃尔米特，夏尔 | Charles Hermite | 267 |
| 爱因斯坦 | Albert Einstein | 282 |
| 奥马尔·哈亚姆 | Omar Khayyām | 116 |
| 奥斯特，保罗 | Paul Auster | 3 |
| 奥托三世 | Otto III | 75 |
| 巴湿伐那陀 | Parshvanath | 144 |
| 柏拉图 | Plato | 266 |
| 贝纳塞拉夫，保罗 | Paul Benacerraf | 279 |
| 本杰明，阿瑟 | Arthur Benjamin | 77 |
| 比奈，雅克 | Jacques-Philippe-Marie Binet | 132 |
| 比萨的列奥纳多 | Leonardo da Pisa | 76 |
| 毕达哥拉斯 | Pythagoras | 78 |
| 宾伽罗 | Pingala | 100 |
| 波利克拉特斯 | Polycrates | 79 |
| 波萨门蒂，A.S. | A. S. Posamentier | 133 |
| 布劳恩，A. | A. Braun | 130 |
| 布劳威尔 | L. E. J Brouwer | 269 |
| 布龙克尔，威廉 | William Brouncker | 249 |
| 达·芬奇 | Leonardo da Vinci | 240 |
| 戴德金，里查德 | Richard Dedekind | 269 |
| 戴维斯，布赖恩 | E. Brian Davies | 267 |
| 德谟克里特 | Democritus | 234 |
| 德亚纳，斯坦尼斯拉斯 | Stanislas Dehaene | 36 |
| 笛卡尔 | René Descartes | 198 |
| 丢番图，亚历山大的 | Diophantus of Alexandria | 92 |
| 丢勒，阿尔布雷特 | Albrecht Dürer | 128 |
| 厄拉多塞 | Eratosthenes | 176 |

· 307 ·

# 心中有数

| | | |
|---|---|---|
| 伐罗诃密希罗 | Varāhamihira | 114 |
| 范奎因，威拉德 | Willard van Quine | 282 |
| 菲波纳契 | Fibonacci | 76 |
| 菲洛劳斯，克罗顿的 | Philolaus of Croton | 79 |
| 费马 | Pierre de Fermat | 178 |
| 冯诺伊曼 | John von Neumann | 272 |
| 弗雷格，戈特洛布 | Gottlob Frege | 269 |
| 弗森，凯伦 | Karen Fuson | 43 |
| 福斯特，托马斯 | Thomas Forster | 292 |
| 高斯 | Carl Friedrich Gauss | 91 |
| 戈登，彼得 | Peter Gordon | 40 |
| 哥德巴赫 | Christian Goldbach | 179 |
| 格里高利五世 | Gregory V | 75 |
| 葛培特，奥里亚克的 | Gerbert d'Aurillac | 75 |
| 哈代 | Godfrey Harold Hardy | 267 |
| 哈拉瑜哈 | Halayudha | 100 |
| 哈特内尔，蒂姆 | Tim Hartnell | 193 |
| 赫尔斯，鲁本 | Reuben Hersh | 268 |
| 赫兹费希，罗杰 | Roger Herz-Fischler | 258 |
| 吉尔曼，罗歇 | Rochel Gelman | 7 |
| 加里斯特，C.R. | C. R. Gallistel | 7 |
| 嘉德纳，马丁 | Martin Gardner | 143 |
| 金田康正 | Yasumasa Kanada | 255 |
| 金月 | Hemachandra | 104 |
| 近藤贸 | Shigeru Kondo | 251 |
| 卡布列克 | Dattaraya Ramchandra Kaprekar | 186 |
| 卡拉吉 | Al Karaji | 116 |
| 卡斯纳，爱德华 | Edward Kasner | 289 |
| 康德 | Immanuel Kant | 280 |
| 康托 | Georg Cantor | 12 |
| 康威，约翰 | John Conway | 250 |
| 科伊伦，鲁道夫 | Ludolph van Ceulen | 254 |
| 克劳斯 | N. Claus de Siam | 132 |
| 克罗内克 | Leopold Kronecker | 5 |
| 拉马努金 | Srinivasa Ramanujan | 254 |
| 莱布尼兹 | Gottfried Leibniz | 254 |
| 朗伯，约翰·海因里希 | Johann Heinrich Lambert | 247 |
| 雷曼，英格玛 | I. Lehmann | 133 |

| | | |
|---|---|---|
| 雷亚尔，乔瓦尼 | Giovanni Reale | 82 |
| 留基伯 | Leucippus | 234 |
| 卢卡斯，爱德华 | Édouard Lucas | 105 |
| 罗素，伯特兰 | Bertrand Russell | 10 |
| 马蒙（哈里发） | Caliph al-Ma'mun | 74 |
| 马祖尔，巴里 | Barry Mazur | 268 |
| 玛德瓦 | Madhava of Sangamagrame | 254 |
| 麦考利，詹姆斯 | James D. McCawley | 101 |
| 毛罗里科，弗朗切斯科 | Franciscus Maurolycus | 185 |
| 梅森 | Marin Mersenne | 179 |
| 门德尔松，柯特 | Kurt Mendelssohn | 260 |
| 明斯基，马文 | Marvin Minsky | 2 |
| 莫明，大卫 | David Mermin | 292 |
| 穆罕默德·伊本·穆萨·花拉子米 | Muhammad ibn Mūsā al-Khwārizmī | 75 |
| 纳皮尔，约翰 | John Napier | 166 |
| 纽曼，詹姆斯 | James Newmann | 289 |
| 欧多克索斯 | Eudoxus | 232 |
| 欧几里得 | Euclid | 80 |
| 欧拉 | Leonhard Euler | 178 |
| 欧姆，马丁 | Martin Ohm | 240 |
| 帕格尼尼，尼科洛 | Nicolò I. Paganini | 198 |
| 帕乔利，卢卡 | Luca Pacioli | 240 |
| 帕斯卡，布莱士 | Blaise Pascal | 117 |
| 皮卡，彼埃尔 | Pierre Pica | 40 |
| 皮亚杰，让 | Jean Piaget | 35 |
| 皮亚诺 | Giuseppe Peano | 273 |
| 婆罗摩笈多 | Brahmagupta | 74 |
| 琼斯，威廉 | William Jones | 250 |
| 丘德诺夫斯基兄弟 | Chudnovsky Brothers | 255 |
| 山克斯，丹尼尔 | Daniel Shanks | 254 |
| 施蒂费尔，迈克尔 | Michael Stifel | 206 |
| 史密斯，查尔斯 | Charles Piazzi Smyth | 255 |
| 思维二世 | Silvester II | 75 |
| 塔塔戈利亚 | Nicolo Tartaglia | 117 |
| 泰勒，约翰 | John Taylor | 257 |
| 托尔金 | Tolkien | 2 |
| 瓦尔特斯豪森，沃尔夫冈 | Wolfgang Sartorius von Waltershausen | 91 |
| 外尔，赫尔曼 | Hermann Weyl | 279 |

# 心中有数

| 威斯，海克 | Heike Wiese | 280 |
| --- | --- | --- |
| 韦伯-费希勒(定律) | Weber-Fechner (law) | 39 |
| 维格纳，尤金 | Eugene P. Wigner | 286 |
| 维特鲁威 | Vitruvius | 241 |
| 温伯格，斯蒂芬 | Steven Weinberg | 291 |
| 西尔维斯特，詹姆斯 | James Joseph Sylvester | 249 |
| 希尔伯特，大卫 | David Hilbert | 269 |
| 希罗多德 | Herodotus | 257 |
| 希帕索斯 | Hippasus | 245 |
| 希思，T.L. | T. L. Heath | 87 |
| 席姆佩尔，K.F. | K. F. Schimper | 130 |
| 夏皮罗，斯图尔特 | Stewart Shapiro | 282 |
| 许普西克勒斯 | Hypsicles | 92 |
| 亚里士多德 | Aristotle | 79 |
| 伊本·班纳 | Ibn al-Banna al-Marrakushi al-Azdi | 197 |
| 伊弗拉，乔治 | Georges Ifrah | 56 |
| 以利亚，维尔纳的 | Elijah of Vilna | 252 |
| 余智恒 | Alexander Yee | 251 |

## 著作·文献

| π，世界最神奇数字的传记 | Pi: A Biography of the World's Most Mysterious Number | 255 |
| --- | --- | --- |
| 毕达哥拉斯定理：其美丽与威力的故事 | The Pythagorean Theorem: The Story of Its Beauty and Power | 201 |
| 《编年纪》第4章第2节 | 2 Chronicles 4:2 | 252 |
| 大金字塔的形状 | The Shape of the Great Pyramid | 258 |
| 菲波纳契季刊 | The Fibonacci Quarterly | 133 |
| 古代哲学史 | A History of Ancient Philosophy | 82 |
| 辉煌的黄金比例 | The Glorious Golden Ratio | 246 |
| 几何原本 | Elements | 80 |
| 计算之书 | Liber Abaci | 76 |
| 金字塔之谜 | The Riddle of the Pyramids | 260 |
| 科学美国人 | Scientific American | 143 |
| 莱因德纸草书 | The Papyrus Rhind | 60 |
| 《列王纪》第7章第23节 | 1 Kings 7:23 | 252 |
| 莫斯科纸草书 | The Papyrus Moscow | 60 |
| 牛津数学哲学与逻辑学手册 | The Oxford Handbook of Philosophy of Mathematics and Logic | 282 |
| 偶然之音 | The Music of Chance | 3 |

· 数学与文化 ·

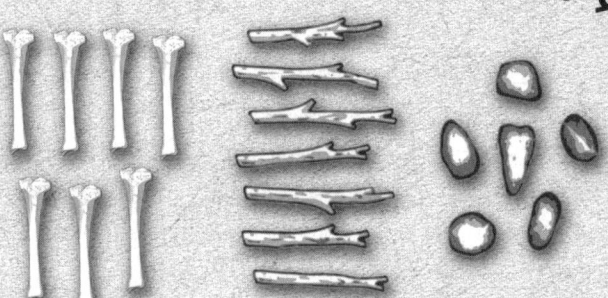

# Numbers:
## Their Tales Types and Treasures

# 心中有数

## 数字的故事及其中的宝藏

〔美〕阿尔弗雷德·S.波萨门蒂（Alfred S. Posamentier）
〔奥〕伯恩德·塔勒（Bernd Thaller） / 著

吴朝阳 / 译

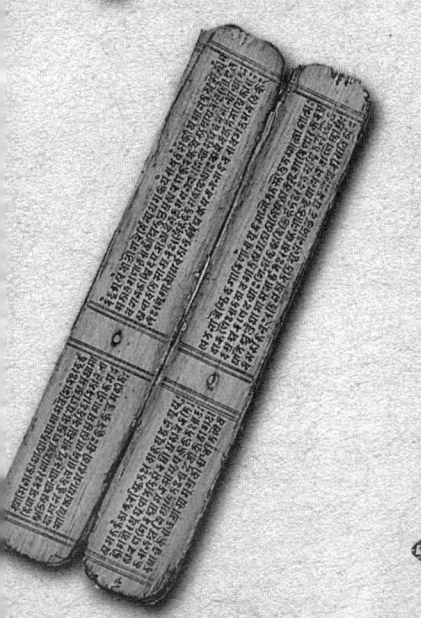

世界图书出版社

## 一本关于数字的百科全书

数字是我们每天必须面对的对象,同时也是非常重要的文化成就。本书是一本对数字进行全方位解读的有趣的著作。这本书讲述了数字许多不同的方面,如计数和数字符号的文化历史、数字感觉的心理学,数字与音乐、诗歌的关系,以及数学和数字的哲学等等,并且将娱乐性与数学结合于其中。本书所涉范围之广,是与其他关于数字的书籍截然不同的地方,每个人都能从中发现有趣的东西。本书假定读者拥有一些高中的数学知识,但其实非常通俗易懂。不仅容易阅读,而且常常给出令人惊讶的结果。例如,为什么学习计数这么困难?组合计数与诗歌之间有什么联系?如何构建幻方?埃及金字塔中是否隐藏着黄金比例?这些话题既有趣读起来也毫无困难。

本书虽然只涉及了一些众所周知的主题,但其内容常常是意想不到的,特别是关于儿童数字概念发展的章节以及与韵律的联系令人耳目一新。一些有趣的模式简直是出乎意料。阅读本书不需要特殊的数学训练,专业人士和对数学感兴趣的读者均可推荐阅读。

——欧洲数学学会网站

一般读者可能会觉得这本书既有趣味性信息量也很大,但它最好的用途是作为擅长和对数学感兴趣的八年级或九年级学生的礼物。本书可以大大扩充他们对数学的认识,扩展知识面。

——美国数学学会网站

## 作者及译者简介

阿尔弗雷德·S.波萨门蒂,1942年生,数学教育博士,曾任美国纽约城市大学城市学院所属教育学院院长和数学教育教授,纽约州教育局数学考试组专员,现任纽约长岛大学国际化和资助项目执行董事。他在数学教育方面名声远播欧美,已出版了50多种为教师和中学生编著的数学普及著作。

伯恩德·塔勒,1956年生,奥地利格拉茨大学博士,数学物理学家,格拉茨大学在职教授,主要研究领域是量子力学光谱及散射理论。近年来,其工作重点转向教学和数学教育。曾任欧洲中学数学教学软件发展项目主席,2008年创立了数学与几何教学法的区域中心,目前担任主任一职。

吴朝阳,男,1964年生,福建石狮人,南京大学数学系副教授,科普作者、译者。美国路易斯安那州立大学数学博士,计算机科学硕士,南京师范大学历史学博士。著作包括史学专著一部,数学科普著作及译作四部,长篇武侠小说一部,科普专栏文章30余篇,文史研究论文十余篇。

分类建议:科普读物/数学

ISBN 978-7-5012-6015-7

定价:58.00元